TURING 图灵程序设计丛书

Swift基础教程（第2版）

【美】Boisy G. Pitre 著 袁国忠 译

人民邮电出版社

北京

图书在版编目（CIP）数据

Swift基础教程 / （美）皮特（Pitre,B.G.）著；袁国忠译. -- 2版. -- 北京：人民邮电出版社，2016.6（2017.3重印）
（图灵程序设计丛书）
ISBN 978-7-115-42230-9

Ⅰ. ①S… Ⅱ. ①皮… ②袁… Ⅲ. ①程序语言—程序设计 Ⅳ. ①TP312

中国版本图书馆CIP数据核字(2016)第083125号

内 容 提 要

本书针对初学者，将类、函数、闭包等 Swift 概念的介绍贯穿全书始终，结合 Swift 实例，一步步指导读者开发 App。书的第二部分创建了 2 个简单但完备的应用程序，并研究了一个完整 2D 游戏的源代码。第 2 版针对 Swift 2 进行了全面更新，并增加了实例，旨在基于概念和交互式场景让读者快速扎实掌握苹果开发技能。

本书适合任何想学习 Swift 的人参考。

◆ 著　　　　[美] Boisy G. Pitre
　译　　　　袁国忠
　责任编辑　朱　巍
　责任印制　彭志环
◆ 人民邮电出版社出版发行　　北京市丰台区成寿寺路 11 号
　邮编　100164　　电子邮件　315@ptpress.com.cn
　网址　http://www.ptpress.com.cn
　固安县铭成印刷有限公司印刷
◆ 开本：800×1000　1/16
　印张：16
　字数：378千字　　　　2016年 6 月第 2 版
　印数：3 601－4 000 册　　　　2017年 3 月河北第 3 次印刷
著作权合同登记号　图字：01-2016-0260号

定价：49.00元

读者服务热线：(010)51095186转600　印装质量热线：(010)81055316

反盗版热线：(010)81055315

广告经营许可证：京东工商广字第 8052 号

版权声明

谨以此书献给这些女孩：Toni、Hope、Heidi、Lillian、Sophie和Belle。

致　谢

Peachpit执行编辑Cliff Colby提议我编写《Swift基础教程》第2版，鉴于以下几个原因，我欣然接受了提议。首先，Apple对Swift语言做了很大的改进，有必要对第1版进行修订，以涵盖Swift 2和Xcode 7所做的改进；其次，第1版的出版团队非常杰出，我渴望与他们再次携手合作。

这个项目启动后不久，Cliff离开Peachpit另谋高就，但离开前向我引见了新任执行编辑Connie Jeung-Mills。Connie Jeung-Mills召集了第1版编辑团队的成员——编辑Robyn Thomas和技术编辑Steve Phillips，并邀请新人Scout Festa加入团队，以加强编辑力量。在本书的出版过程中，这些团队成员都扮演着不可或缺的重要角色，这里要感谢他们的协助。

在技术层面，我依然从众多朋友的作品中吸取了灵感。这些朋友都是iOS和Mac OS开发人员社区的作者，他们是Chris Adamson、Bill Cheeseman、James Dempsey、Bill Dudney、Daniel Steinberg和Richard Warren。感谢MacTech杂志社的Ed Marczak和Neil Ticktin以及CocoaConf协调人Dave Klein，感谢他们给我提供写作和演讲的机会。感谢Dave et Ray's Camp Jam/Supper Club的朋友，本书多个编码示例的灵感都来自他们。还要感谢Troy Deville将其游戏Downhill Challenge的代码贡献出来。

感谢苹果公司的员工开发并改善Swift，推出了Swift 2。仅发布一年后，Swift就已相当完善；作为一门计算机语言，它如此年轻，却如此受欢迎，确实非比寻常。

最后，感谢我的家人，尤其是妻子Toni在我写作本书期间的耐心和鼓励。

前　　言

欢迎阅读本书！Swift 是苹果公司新推出的用于开发 iOS 和 Mac OS X 应用程序的语言，注定将成为移动和桌面领域首屈一指的计算机语言。作为一门新的计算机语言，Swift 犹如闪闪发亮的新车般充满诱惑：谁都想凑近瞧一瞧，踢踢它的轮胎，开着它去兜风。这可能就是你阅读本书的原因：你听说过 Swift，并决定一探究竟。

Swift 是一门易学易用的语言，这无疑是优点，相比于其前身 Objective-C 来说尤其如此，Objective-C 虽然功能强大，但学习起来更难。长期以来，苹果公司一直将 Objective-C 作为其平台的软件开发语言，但随着 Swift 的面世，情况正在发生变化。

针对的读者

本书是为初学者编写的。鉴于 Swift 面世时间极短，从某种意义上说我们都是初学者。然而，对很多人来说，Swift 是其学习的第一门或第二门语言，他们大多未接触过 Objective-C 以及 C 和 C++等相关语言。

读者最好对计算机语言有一定认识和经验，但本书也适合有足够学习欲望的新手。经验较丰富的开发人员可能发现前几章属于复习材料，类似休闲读物，因为其中介绍的概念在众多计算机语言中都有，但对于初学者来说，这些概念必须介绍。

如何使用本书

与其他同类图书一样，本书也最适合从头到尾地按顺序阅读，因为后续章节要求你已经掌握之前介绍的知识。然而，几乎每章的示例代码都自成一体。

本书篇幅适中，既涵盖了丰富的内容，又不会让读者不堪重负。书中包含大量的屏幕截图，让初学者能够全面了解 Swift 和 Xcode 工具集。

你将如何学习

学习 Swift 的最佳方式是使用它，而本书包含大量的代码和示例，始终将使用 Swift 作为重点。

每章都包含基于其中的概念编写的代码。Swift 提供了两种交互式环境，可供你用来测试概念以及加深对 Swift 本身的认识——REPL 和游乐场（playground）。在本书的第二部分，你将创建两个简单而完备的应用程序：一个运行于 Mac OS X 系统下的贷款计算器和一个 iOS 记忆游戏；在最后一章，你将研究一个完整 2D 游戏的源代码，这个游戏使用了 Apple 的多种游戏开发技术。

对 Swift 概念的介绍贯穿本书始终，这包括类、函数、闭包等。建议你不要着急，慢慢地阅读每一章，并在必要时反复阅读，然后再进入下一章。

www.peachpit.com/swiftbeginners2 提供了本书源代码，你可下载每章的源代码。直接下载代码可节省大量的输入时间，但我深信应手工输入，这样做可获得仅阅读本书并依赖于下载的代码无法获得的洞见和认识。请花点时间输入所有的代码示例。

为清晰起见，代码和类名语言结构使用了等宽字体。

```
  1> let candyJar = ["Peppermints", "Gooey Bears", "Happy Ranchers"]
candyJar: [String] = 3 values {
  [0] = "Peppermints"
  [1] = "Gooey Bears"
  [2] = "Happy Ranchers"
}
  2>
```

对于 REPL 显示的错误消息，使用了粗体。

```
  8> x = y
repl.swift:8:5: error: cannot assign a value of type 'Double'
→ to a value of type 'Int'
x = y
    ^

  8>
```

“注意”提供了有关当前介绍的主题的额外信息。

注意　字典键并不一定是按字母顺序排列的，Swift 总是采用可最大限度地提高检索和访问效率的顺序来排列它们。

你将学到哪些知识

本书的终极目标是，介绍如何使用 Swift 代码来表达思想。等阅读到本书最后一页时，你将对 Swift 的功能有深入认识，并具备开始编写应用程序所需的技能。本书第二部分提供了 iOS 和 Mac OS X 应用程序示例。

本书并非包罗万象的 Swift 编程语言综合指南，要全面了解 Swift，苹果公司的官方文档是最佳的资源。本书的重点是 Swift 语言本身，但为帮助理解示例，简要地介绍了相关的 Cocoa 和 CocoaTouch 框架。

欢迎来到 Swift 世界

Swift 是苹果公司新推出的一款有趣而易学的计算机语言。掌握本书介绍的知识后，你将能够开始编写 iOS 和 Mac OS X 应用程序。要开始学习 Swift，Xcode 集成开发环境（IDE，Integrated Development Environment）是必须有的主要工具。Xcode 提供了 Swift 编译器以及 iOS 和 Mac OS X 软件开发包（SDK，Software Development Kit），这些 SDK 包含为你开发的应用程序提供支持的基础设施。

技术

在这次 Swift 学习之旅中，你将领略下面的风景。

Swift 2

Swift 2 是你将在本书中学习的语言，这是一款从头打造的现代语言，功能强大且易于学习。苹果公司已将其作为日益增长的 iOS、watchOS、tvOS 和 Mac OS X 应用程序开发语言。

Xcode 7

Xcode 7 是苹果公司首要的应用程序开发环境，提供了编辑器、调试器、项目管理器和编译器，其中编译器用于将 Swift 代码转换为能够运行的代码。Xcode 可从 Apple Mac App Store 下载。

LLVM

在 Xcode 中，LLVM 在幕后工作，这种编译器技术让 Swift 语言变得优雅，并将 Swift 代码转换为 Apple 设备处理器能够运行的机器码。

REPL

REPL（Read-Eval-Print-Loop）是一个命令行工具，可用于快速尝试 Swift 代码。在 Mac OS X 中，可在应用程序 Terminal 中运行它。

```
Terminal — lldb — 81×29
 23> for loopCounter in 0..<9{
 24.     print("value at index \(loopCounter) is \(numbersArray[loopCounter])")
 25. }
value at index 0 is 11
value at index 1 is 22
value at index 2 is 33
value at index 3 is 44
value at index 4 is 55
value at index 5 is 66
value at index 6 is 77
value at index 7 is 88
value at index 8 is 99
 26> for loopCounter = 0; loopCounter < 9; loopCounter = loopCounter + 2 {
 27.     print("value at index \(loopCounter) is \(numbersArray[loopCounter])")
 28. }
value at index 0 is 11
value at index 2 is 33
value at index 4 is 55
value at index 6 is 77
value at index 8 is 99
 29> for loopCounter = 8; loopCounter >= 0; loopCounter = loopCounter - 2 {
 30.     print("value at index \(loopCounter) is \(numbersArray[loopCounter])")
 31. }
value at index 8 is 99
value at index 6 is 77
value at index 4 is 55
value at index 2 is 33
value at index 0 is 11
 32> 
```

REPL

游乐场

Xcode 游乐场提供了交互性和实时的结果，在学习 Swift 时非常适合用来尝试代码。

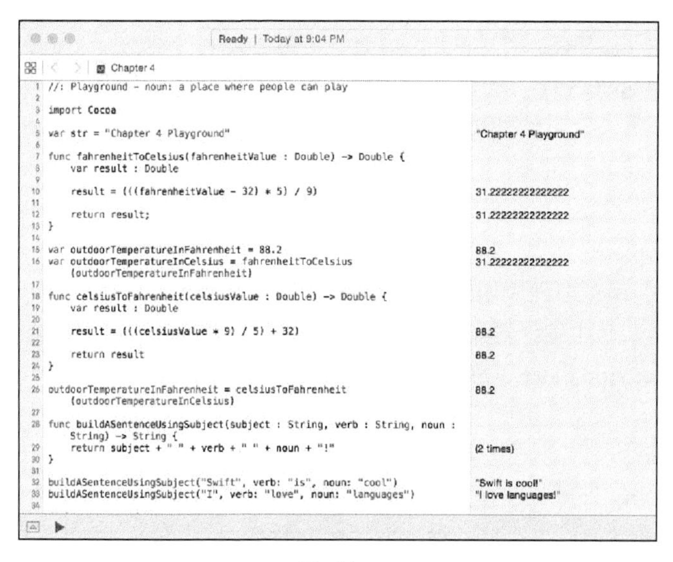

游乐场

目　录

第一部分　基础知识

第 1 章　Swift 简介 …… 2
1.1　革命性的改良 …… 2
1.2　准备工作 …… 3
1.2.1　专业工具 …… 3
1.2.2　与 Swift 交互 …… 3
1.3　准备出发 …… 4
1.4　开始探索 Swift …… 6
1.4.1　帮助和退出 …… 6
1.4.2　Hello World …… 7
1.5　声明的威力 …… 7
1.6　常量 …… 9
1.7　类型 …… 10
1.7.1　检查上限和下限 …… 11
1.7.2　类型转换 …… 11
1.7.3　显式地声明类型 …… 13
1.8　字符串 …… 13
1.8.1　字符串拼接 …… 14
1.8.2　Character 类型 …… 14
1.9　数学运算符 …… 15
1.9.1　表达式 …… 15
1.9.2　混用不同的数值类型 …… 16
1.9.3　数值表示 …… 16
1.10　布尔类型 …… 17
1.11　轻松显示 …… 18
1.12　使用类型别名 …… 19
1.13　使用元组将数据编组 …… 20
1.14　可选类型 …… 21
1.15　小结 …… 22

第 2 章　使用集合 …… 23
2.1　糖果罐 …… 23
2.1.1　数组中所有元素的类型都必须相同 …… 26
2.1.2　增长数组 …… 26
2.1.3　替换和删除值 …… 27
2.1.4　将值插入到指定位置 …… 28
2.1.5　合并数组 …… 29
2.2　字典 …… 30
2.2.1　查找条目 …… 31
2.2.2　添加条目 …… 32
2.2.3　更新条目 …… 33
2.2.4　删除条目 …… 33
2.3　数组的数组 …… 34
2.4　创建空数组和空字典 …… 36
2.4.1　空数组 …… 36
2.4.2　空字典 …… 37
2.5　迭代集合 …… 37
2.5.1　迭代数组 …… 38
2.5.2　迭代字典 …… 39
2.6　小结 …… 40

第 3 章　流程控制 …… 41
3.1　for 循环 …… 41
3.1.1　计数 …… 41
3.1.2　包含还是不包含结束数字 …… 42
3.1.3　老式 for 循环 …… 43
3.1.4　简写 …… 44
3.2　游乐场 …… 45
3.3　决策 …… 48
3.3.1　if 语句 …… 49

3.3.2 检查多个条件 …… 52
3.3.3 switch 语句 …… 53
3.3.4 while 循环 …… 57
3.3.5 检查代码 …… 59
3.3.6 提早结束循环 …… 62
3.4 小结 …… 62

第 4 章 编写函数和闭包 …… 63

4.1 函数 …… 63
4.1.1 使用 Swift 编写函数 …… 64
4.1.2 执行函数 …… 65
4.1.3 参数并非只能是数字 …… 66
4.1.4 可变参数 …… 67
4.1.5 函数是一级对象 …… 70
4.1.6 从函数返回函数 …… 71
4.1.7 嵌套函数 …… 74
4.1.8 默认参数 …… 76
4.1.9 函数名包含哪些内容 …… 77
4.1.10 清晰程度 …… 78
4.1.11 用不用参数名 …… 79
4.1.12 变量参数 …… 79
4.1.13 inout 参数 …… 81
4.2 闭包 …… 82
4.3 小结 …… 84
4.4 类 …… 84

第 5 章 使用类和结构组织代码 …… 85

5.1 对象无处不在 …… 85
5.2 Swift 对象是使用类定义的 …… 86
5.2.1 定义类 …… 86
5.2.2 创建对象 …… 88
5.2.3 开门和关门 …… 88
5.2.4 锁门和开锁 …… 89
5.2.5 查看属性 …… 92
5.2.6 门应是各式各样的 …… 92
5.2.7 修改颜色 …… 94
5.3 继承 …… 95
5.3.1 创建基类 …… 96
5.3.2 创建子类 …… 98
5.3.3 实例化子类 …… 100
5.3.4 便利初始化方法 …… 104
5.4 枚举 …… 106
5.5 结构 …… 109
5.6 值类型和引用类型 …… 110
5.7 小结 …… 112

第 6 章 使用协议和扩展进行规范化 …… 113

6.1 遵循协议 …… 113
6.1.1 类还是协议 …… 113
6.1.2 协议并非只能定义方法 …… 115
6.1.3 遵循多个协议 …… 117
6.1.4 协议也可继承 …… 118
6.1.5 委托 …… 119
6.2 扩展 …… 122
6.2.1 扩展基本类型 …… 123
6.2.2 在扩展中使用闭包 …… 127
6.3 小结 …… 129

第二部分 使用 Swift 开发软件

第 7 章 使用 Xcode …… 132

7.1 Xcode 简史 …… 132
7.2 创建第一个 Swift 项目 …… 133
7.3 Xcode 界面 …… 135
7.3.1 与 Xcode 窗口交互 …… 136
7.3.2 运行应用程序 …… 138
7.4 开发应用程序 …… 139
7.4.1 腾出空间 …… 139
7.4.2 创建界面 …… 141
7.4.3 美化 …… 143
7.4.4 编写代码 …… 145
7.4.5 建立连接 …… 149
7.5 小结 …… 151

第 8 章 改进应用程序 …… 152

8.1 细节很重要 …… 152
8.1.1 显示金额 …… 152
8.1.2 再谈可选类型 …… 154
8.1.3 可选类型拆封 …… 155
8.1.4 美化 …… 155

8.1.5 另一种格式设置方法 ······156
8.2 计算复利 ······160
8.2.1 连接起来 ······162
8.2.2 测试 ······165
8.3 调试 ······165
8.3.1 bug在哪里 ······165
8.3.2 断点 ······166
8.3.3 复杂的复利计算 ······169
8.4 测试的价值 ······170
8.4.1 单元测试 ······170
8.4.2 编写测试 ······171
8.4.3 如果测试未通过 ······173
8.4.4 始终运行的测试 ······174
8.5 小结 ······175
第9章 Swift移动开发 ······176
9.1 移动设备和台式机 ······176
9.2 挑战记忆力 ······176
9.2.1 考虑玩法 ······177
9.2.2 设计UI ······177
9.3 创建项目 ······178
9.4 创建用户界面 ······180
9.4.1 创建按钮 ······181
9.4.2 在模拟器中运行 ······183
9.4.3 设置约束 ······184
9.5 MVC ······187
9.6 编写游戏代码 ······187
9.6.1 类 ······190
9.6.2 枚举 ······191
9.6.3 视图对象 ······191
9.6.4 模型对象 ······191
9.6.5 可重写的方法 ······192
9.6.6 游戏的方法 ······193
9.6.7 处理输赢 ······196
9.7 回到故事板 ······198
9.8 开玩 ······200
第10章 成为专家 ······201
10.1 Swift内存管理 ······201
10.1.1 值和引用 ······201
10.1.2 引用计数 ······202
10.1.3 引用循环 ······203
10.1.4 演示引用循环 ······203
10.1.5 编写测试代码 ······204
10.1.6 断开引用循环 ······206
10.1.7 闭包中的引用循环 ······207
10.1.8 感恩 ······209
10.2 逻辑运算符 ······209
10.2.1 逻辑非 ······209
10.2.2 逻辑与 ······210
10.2.3 逻辑或 ······210
10.3 泛型 ······211
10.4 运算符重载 ······212
10.5 相等和相同 ······214
10.6 错误处理 ······216
10.6.1 引发错误 ······216
10.6.2 捕获错误 ······217
10.7 Swift脚本编程 ······219
10.7.1 创建脚本 ······219
10.7.2 设置权限 ······221
10.7.3 执行脚本 ······221
10.7.4 工作原理 ······222
10.8 获取帮助 ······223
10.9 小结 ······225
第11章 高山滑雪 ······226
11.1 游戏开发技术 ······226
11.1.1 GameKit ······226
11.1.2 SpriteKit ······227
11.2 始于构思 ······227
11.2.1 高山滑雪 ······227
11.2.2 社交功能 ······227
11.3 出发 ······227
11.3.1 怎么玩 ······228
11.3.2 玩一玩 ······228
11.4 研究这个项目的组织结构 ······231
11.4.1 类 ······231
11.4.2 素材 ······232
11.4.3 场景 ······232
11.5 探索源代码 ······232

11.5.1 场景 Home ······232
11.5.2 场景 Game······235
11.5.3 游戏视图控制器······239
11.5.4 全面了解 ······241
11.6 独闯江湖······241
11.6.1 研究苹果公司提供的框架 ·····241
11.6.2 加入苹果开发者计划······242
11.6.3 成为社区的一分子······242
11.6.4 活到老学到老 ······242
11.6.5 一路平安 ······242

Part 1 第一部分

基础知识

无论学习什么新东西，都得从基础开始，Swift 语言也不例外。Swift 是一款卓越的新语言，这部分介绍了使用它编写一流应用程序所需的全部知识！

本部分内容

- 第 1 章　Swift 简介
- 第 2 章　使用集合
- 第 3 章　流程控制
- 第 4 章　编写函数和闭包
- 第 5 章　使用类和结构组织代码
- 第 6 章　使用协议和扩展进行规范化

第1章 Swift简介

欢迎来到Swift这个美丽的新世界。Swift是在2014年苹果全球开发者大会上推出的，仅仅一年后，它就成了一门功能强大的新编程语言。由于苹果的倡导和开发人员的积极响应，Swift被广泛采纳，成了开发iOS、watchOS和Mac应用程序的主流语言。Swift不但功能强大，还简单易学，你在不知不觉间就能编写出简单应用。

Swift提供了一些编写代码的新方式，比功能强大而著名的前身Objective-C容易理解得多。Swift向开发人员提供了全新而有趣的方式表达，其功能学习起来也很有趣。

Swift作为计算机语言虽已推出一年之久，但依然是一门新语言，苹果公司很可能对其进行修改和增补。从未有一种计算机语言像Swift这样，在即将修改和修订前能获得如此高的曝光度和采纳度，这都要归功于Swift的创新带来的刺激。

1.1 革命性的改良

语言是分享、交流和传达信息的工具，人类通过它向朋友、家人和同事表达自己的意图。与计算机系统交流也需要通过计算机语言。

与人类的语言一样，计算机语言也非新鲜事物，事实上，它们以这样或那样的形式存在了很多年。计算机语言的目的始终是让人类能够与计算机交流，命令它执行特定的操作。

不断发展变化的是计算机语言本身。早期的计算机开拓者意识到，以0和1的方式向计算机发指令既繁琐又容易出错。一路上人们始终在不断努力，旨在在语言语法的丰富性和处理与解读它所需的计算能力之间寻求平衡，最终诸如C和C++语言在争夺现代计算机应用程序通用语言之战中取得了胜利。

在C和C++被广泛接受，得以用于主要的计算平台的同时，苹果携Objective-C给这场盛宴带来了清新之风。Objective-C是一款建立在C语言基础之上的面向对象语言。苹果生态系统由Macintosh计算机和iOS设备构成，在为该生态系统开发应用程序中，Objective-C多年来始终发挥着中流砥柱的作用。

Objective-C虽然功能强大而优雅，但也存在着其前身——C语言遗留下来的包袱。对于熟悉C语言的人来说，这根本就不是什么问题，但近年来大量新开发人员进入Mac和iOS平台，他们渴望更容易理解和使用的新语言。

为满足这种需求，并降低进入门槛，苹果公司推出了Swift。使用它编写应用程序容易得多，向应用程序发出指令也更加简便。

1.2 准备工作

你可能会问，要学习Swift需要满足哪些条件呢？实际上，开始阅读本书就迈出了学习Swift的第一步。学习新的计算机语言可能令人望而却步，这正是笔者为Swift初学者编写本书的原因所在。如果你是Swift新手，本书正是为你编写的；如果你从未使用过C、C++和Objective-C，本书也适合你阅读。即便你是经验丰富的开发人员，熟悉前面提及的各种语言，本书也可帮助你快速掌握Swift。

虽然并非绝对必要，但熟悉或大致了解其他编程语言对阅读本书很有帮助。本书不介绍如何编程，也不提供有关软件开发的基本知识，而假定你对计算机语言的基本概念有一定认识，因此你必须对计算机语言有所了解。

虽然如此，本书将向你提供尽可能多的帮助：详尽地解释新引入的术语，并对概念做尽可能清晰的阐述。

1.2.1 专业工具

至此，你做好了学习Swift的心理准备。这很好！但首先得将学习用品准备妥当。回想一下上小学时的情形吧，开学前父母都会收到所需学习用品清单：笔记本、剪刀、美术纸、胶水、2号铅笔等。当然，阅读本书不需要这些东西，但要学习Swift，必须有合适的专业工具。

首先，强烈建议你以交互方式运行本书列出的代码。为此，需要一台运行OS X 10.10（Yosemite）或OS X 10.11（El Capitan）的Macintosh计算机；还需要Xcode 7，它提供了Swift编译器和配套环境。最重要的是，你需要加入苹果开发者计划，这样才能充分利用El Capitan和Xcode 7。如果你还未加入苹果开发者计划，可访问https://developer.apple.com/programs，其中提供了有关如何加入该计划的完整信息。

将Xcode 7下载并安装到Mac计算机后，便可以开始学习Swift了。

1.2.2 与 Swift 交互

首先，我们将通过一个有趣的交互式环境——REPL，来探索Swift。REPL是Read-Eval-Print-Loop（读取–执行–输出–循环）的首字母缩写，这指出了这个工具的特征：它读取指令、执行指令、输出结果，再重新开始。

事实上，这种交互性是Swift有别于C和Objective-C等众多编译型语言的特点之一。如果你使用过Ruby或Python等提供了REPL环境的脚本语言，就知道这并非什么新东西，但对编译型语言来说，这种理念还是很新颖的。只要问问C、C++或Objective-C开发人员就知道，他们很多时候都希望能够直接运行代码，而不用创建包含调试语句的源代码文件，再编译、运行并查看结果。Swift REPL的优点在于，它让上述重复而漫长的工作流程一去不复返了。

这种交互性带来的另一大好处是，它让学习新语言这种原本艰难的任务变得容易多了。你不用再学习一系列复杂的编译工具，也无需了解集成开发环境的细枝末节，只需将全部精力都放在新语言本身上。事实上，本书前半部分将探索、测试、细究Swift的方方面面，你将很快发现，以这种交互方式学习能够更快地理解Swift语言本身。

不需要运行阶段环境就能实时运行代码，一开始这可能让人感觉怪怪的，但很快你就会喜欢它提供的即时结果。事实上，REPL会让有些人想起以前的岁月：在家用计算机革命的早期，BASIC等解释型语言就提供了这种交互性。真是从终点又回到了起点。

1.3　准备出发

已下载了Xcode 7？这很好，但请暂时将它抛在脑后吧。事实上，我鼓励你去探索Xcode 7及其新特性，但接下来的几章将把注意力完全放在Terminal[1]中的REPL上。

如果你以前没有运行过Terminal应用程序，也不用担心。在Mac计算机中，它位于文件夹Applications/Utilities下。要运行它，最简单的方式是单击图标Spotlight，再输入Terminal，如图1-1所示。

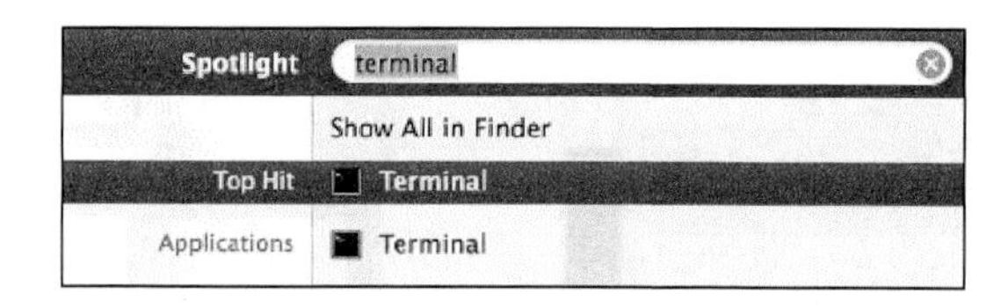

图1-1　使用Spotlight来查找应用程序Terminal

另一种方法是，单击Dock中的Finder图标，再选择菜单Go>Utilities[2]，如图1-2所示。

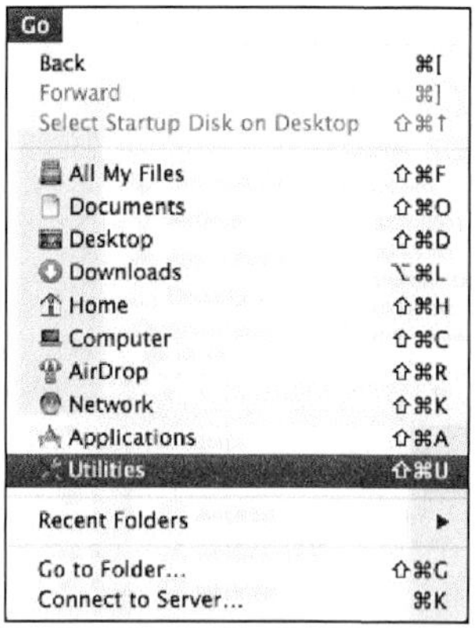

图1-2　Finder菜单栏中的Go菜单

① 在简体中文版Mac操作系统中被称为“终端”，故本书有时也会用终端来代指它。——编者注

② 在简体中文版Mac操作系统中被称为“实用工具”。——编者注

这将打开一个新的Finder窗口，其中显示了文件夹Utilities的内容，如图1-3所示。要找到应用程序Terminal，可能需要向下滚动。双击Terminal图标启动这个应用程序。

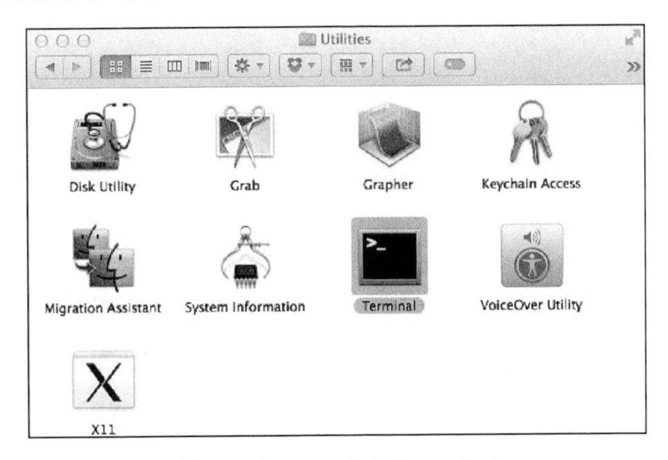

图1-3　在Finder中查找Terminal

启动Terminal后，将看到类似于图1-4所示的窗口。在你的Terminal窗口中，文本和背景色可能与这里显示的不同。

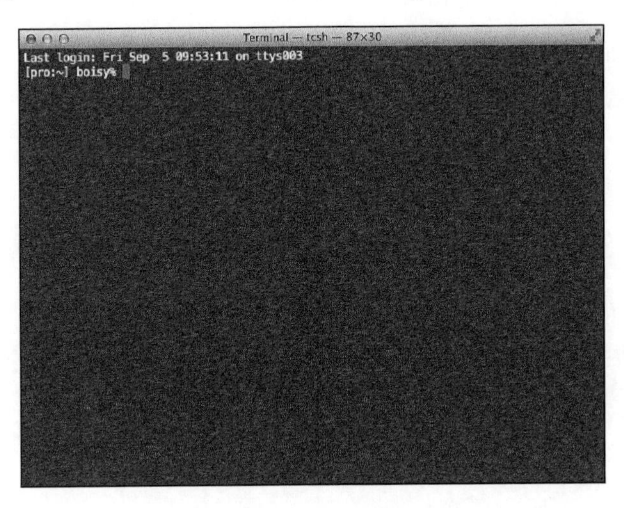

图1-4　Terminal窗口

至此，差不多为探索Swift做好了准备，但在此之前，还需要在这个新打开的Terminal窗口中执行几个命令。

首先，输入下面的命令并按回车：

```
sudo xcode-select -s /Applications/Xcode.app/Contents/Developer/
```

系统将提示你输入管理员密码。按要求输入即可。必须执行这个命令，它是用来确保Xcode 7

是Mac计算机运行的Xcode默认版本，以防止你安装的是以前的Xcode版本。好消息是，你只需执行一次这个命令。它指定的设置将被保存，除非你要切换到其他Xcode版本，否则不用再执行这个命令。

输入下面的命令并按回车以进入Swift REPL：

```
xcrun swift
```

根据你以前使用Xcode的情况，可能出现类似于图1-5所示的对话框，要求你输入密码。如果出现该对话框，输入密码即可。

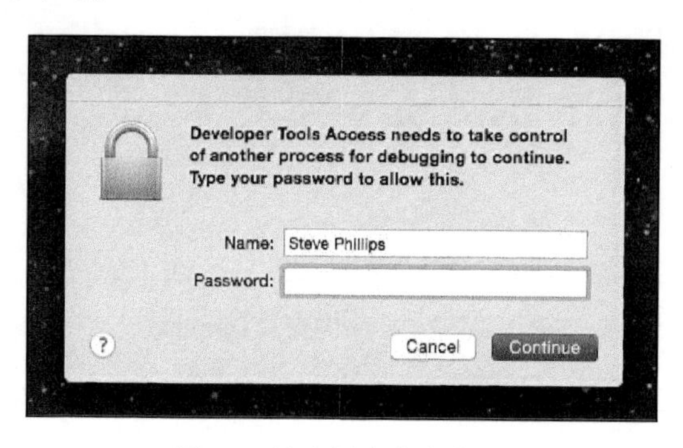

图1-5　输入用户名和密码

很快就会出现下面的问候消息：

```
Welcome to Apple Swift version 2.0.  Type :help for assistance.
  1>
```

祝贺你走到了这一步。下面开始探索之旅。

1.4　开始探索 Swift

至此，你运行了Swift REPL，它位于Terminal窗口中，耐心地等待你执行命令。Swift掌握了控制权，它显示一个提示符，告诉你可以输入命令了。每次启动REPL时，提示符都为1和大于号。下面按回车键执行检查：

```
Welcome to Apple Swift version 2.0.  Type :help for assistance.
  1>
  2>
```

每当你输入一行后，提示符数字都加1——非常简单。当你输入命令时，提示符中不断增大的数字提供了参考点。

1.4.1　帮助和退出

Swift内置了REPL命令帮助信息。在提示符下输入`:help`可列出REPL命令清单，这些命令开头都有一个冒号，Swift使用它来区分REPL命令和Swift语句。

请输入:help（它本身也是一个命令），以查看命令清单。清单中的命令很多，不少都与调试相关，但大部分都不用考虑。

要退出Swift并返回到Terminal的默认shell，可随时执行命令:quit。退出REPL后，要再次进入Swift，只需在shell提示符下执行命令xcrun swift。

1.4.2 Hello World

期待已久的时刻到了。每个程序员学习新语言时，都首先会编写必要的代码来向世界问好。稍后你将看到，使用Swift编写这样的代码易如反掌。

来道开胃菜：显示一句俏皮话，作为你首次与这种新语言打交道的问候语。下面用法语向世界问好。在提示符2>下输入下面的代码并按回车：

```
print("Bonjour, monde")
```

屏幕上的内容如下：

```
Welcome to Apple Swift version 2.0.  Type :help for assistance.
  1>
  2> print("Bonjour, monde")
Bonjour, monde
  3>
```

祝贺你编写了第一行Swift代码。必须承认，这有点小儿科，但总算开始了。这个示例还表明编写可执行的代码很容易。

这行代码很简单。print是一个Swift方法，命令计算机显示括号内用引号括起的所有内容（字符串）。方法指的是一组可通过指定名称执行的指令。在本书中，你将用到很多常见的Swift方法，其中print你将经常使用到。

现在是学习一个快捷键的好时机，它让你能够更高效地使用REPL。下面来再次使用方法print，但这次在输出末尾加上一个惊叹号（!）。你可能想再次输入整个命令，但REPL记录了你以前输入的命令，你只需按上箭头键，刚才输入的代码行将显示出来，且光标位于行尾。你只需用左箭头键向左移两个字符，再输入惊叹号。然后，按右箭头键两次，将光标重新移到行尾，再按回车键。

```
  3> print("Bonjour, monde!")
Bonjour, monde!
  4>
```

REPL会记录你输入的每行代码，你可不断按上箭头键来遍历以前输入的所有命令。

至此，你掌握了一项基本技能——知道如何让Swift显示一串文本。这微不足道，但为理解Swift开了个好头。咱们接着往下走，看看一些简单而重要的Swift结构。

1.5 声明的威力

如果回想一下中学的代数课，你肯定还记得变量是表示某种量的占位符。当你说*x*等于12或*y*

等于42时，实际上是在声明，将某个变量声明为特定的数字。

Swift让代数课老师自豪，它也能够声明变量，但使用的语法稍有不同。请输入如下内容：

```
  4> var x = 12
x: Int = 12
  5>
```

你刚才使用关键字var声明了第一个变量。第4行让Swift将变量x声明为12，Swift完全按你的指示做，将变量x声明为12。不仅如此，Swift还更进一步：将x声明为值为12的Int变量。

Int是什么呢？它是integer的缩写，表示不带小数部分的整数。通过像前面那样输入12，让Swift对被赋值的变量做出了推断：x是一个值为12的整数变量。在响应中，Swift使用表示法x: Int指出了这个变量的类型。稍后将更详细地介绍这种表示法。

前面不费吹灰之力就声明了一个名为x的变量，下面将问题再弄得复杂一些，声明第2个变量：

```
  5> var y = 42.0
y: Double = 42
  6>
```

这里添加了小数点和0，这种表示法告诉Swift，y是一个Double变量。Double表示带小数部分的数字，不用于表示整数，而用于表示实数（也叫浮点数）。

Float还是Double？

如果你使用过其他编程语言，可能熟悉浮点数，知道它们分两种：Float和Double。Float通常长32位，而Double通常长64位（精度是Float的两倍）。除Double类型外，Swift也支持Float类型。然而，鉴于现代计算机体系结构是64位的，Swift默认使用Double类型来表示浮点数，而在本书的示例中，总是使用Double类型。

下面简单地复习一下。在前面的两种情况下，Swift都给变量指定了类型。变量x和y的类型分别是Int和Double，只要不重新启动REPL，这种差别将始终存在。

声明变量后，就可将不同的值赋给它。例如，前面将数字12赋给了变量x。将不同的值赋给变量很简单，只需使用等号即可：

```
  6> x = 28
  7>
```

注意到将数字28赋给变量x时，Swift没有任何反应。下面核实一下这个新值是否赋给了变量x：

```
  7> print(x)
28
```

与预期的一样，x存储的是最后一次赋给它的值：28。

还可以将一个变量的值赋给另一个变量。为核实这一点，下面将变量y赋给变量x。你猜结果将如何呢？

```
  8> x = y
repl.swift:8:5: error: cannot assign a value of type 'Double'
```

```
→ to a value of type 'Int'
x = y
    ^

  8>
```

Swift显示的错误消息非常详细，提供了错误所在的行号和列号（这里是第8行和第5列），并使用冒号分隔它们。在错误消息后面，还显示了相应代码行的内容，并用脱字符指出了错误的位置。最后，由于存在错误，在接下来显示的提示符中没有将数字增加到9，而再次使用以前的数字8。（这相当于Swift在对你说："哥们，别紧张，再试试。"）

变量名包含什么？

在Swift中，变量名可以用除数字外的任何字符打头。前面使用的是单字母变量名，但应使用更长、意义更丰富的变量名，以提高代码的可读性。

这里到底出了什么问题呢？很简单，你试图将类型为Double的变量y赋给类型为Int的变量x，这种赋值违反了Swift的类型规则。稍后将更详细地介绍类型，现在来看看能否规避这种规则。

假设你一根筋，就是要将y的值赋给x，即便它们的类型不同。你完全可以达到目的，但需要做些"说服"工作。前面说过，x的类型为Int，而y的类型为Double；考虑到这一点后，可输入如下语句：

```
  8> x = Int(y)
  9> print(x)
42
 10>
```

经过一番"说服"后，赋值成功了。个中原因是什么呢？

第8行将变量y的Double值"转换"成了变量x的类型。只要进行显式转换，Swift就允许这样赋值。稍后将更详细地讨论类型转换。

保险起见，使用命令print显示了变量x的值。与预期的一样，现在变量x的值为整数42。

1.6 常量

在很多情况下，变量都很有用，因为它们的值可随时间而变。在循环中，变量非常适合用于存储临时数字、字符串以及本书后面将讨论的其他对象。

在Swift中，另一种可用于存储值的结构是常量。顾名思义，常量存储的值始终不变。不同于变量，常量一旦赋值就不能修改，就像被锁定一样。然而，与变量一样，常量也有类型，且类型一旦指定就不能改变。

下面来看看如何使用常量：声明常量z，并将变量x的值赋给它：

```
 10> let z = x
z: Int = 42
 11>
```

第10行使用了let命令，这是用于创建常量的Swift关键字。常量z的类型和值都与变量x相同：它是一个值为42的Int常量。

如果常量的值真是固定不变的，就不能将另一个数字或变量赋给它。下面来检验这一点：

```
 11> z = 4
repl.swift:11:3: error: cannot assign to value: 'z' is a 'let' constant
z = 4
~ ^
repl.swift:10:1: note: change 'let' to 'var' to make it mutable
let z = x
^~~
var

 11>
```

试图给常量z重新赋值引发了错误。同样，Swift精准的错误报告指明了方向，它指出了错误所处的行号（11）和列号（3）。在这里，Swift还更进了一步，建议将第10行的关键字let改为var，这样就可以赋值了。对于Swift的这种聪明劲，你怎么看？

为何Swift要同时支持变量和常量呢？考虑到变量可以修改，而常量不能，使用变量不是更灵活吗？问得好，答案要在底层编译器技术中去找。知道内存单元存储的值不会变时，Swift编译器可更好地决策和优化代码。对于不变的值，务必在代码中使用常量来存储；仅当确定值将发生变化时，才使用变量来存储。总之，常量需要的开销比变量小，这正是因为它们不变。

在你学习Swift开发的过程中，将在确定值不变的情况下越来越多地使用常量。事实上，苹果鼓励在代码中使用常量，不管这样做出于什么考虑。

1.7　类型

在本章前面，Swift自动推断出了变量的类型，你注意到了吗？你不用输入额外的代码去告知Swift变量的类型究竟为Int还是Double，Swift自会根据等号右边的值推断出变量或常量的类型。

计算机语言使用类型将值和存储它们的容器分类。类型明确地指出了值、变量或常量的特征，让代码的意图更清晰，消除了二义性。类型犹如不可更改的契约，将变量或常量与其值紧密关联在一起。Swift是一种类型意识极强的语言，这一点在本章前面的一些示例中已经体现出来了。

表1-1列出了Swift基本类型。还有其他一些类型没有列出。另外你将在本书后面看到，可创建自定义类型，但目前我们只使用这些类型。

表1-1　变量类型

类　型	特　征	示　例
Bool	只有两个可能取值的类型，要么为true要么为false	true、false
Int、Int32、Int64	32或64位的整数值，用于表示较大的数字，不包含小数部分	3、117、-502001、10045
Int8、Int16	8或16位的整数，用于表示较小的数字，不包含小数部分	-11、83、122

（续）

类 型	特 征	示 例
UInt、UInt32、UInt64	32或64位的正整数，用于表示较大的数字，不包含小数部分	3、117、50、10045
UInt8、UInt16	8或16位的正整数，用于表示较小的数字，不包含小数部分	44、86、255
Float、Double	可正可负的浮点数，可能包含小数部分	324.147、−2098.8388、16.0
Character	用双引号括起的单个字符、数字或其他符号	"A" "!" "*" "5"
String	用双引号括起的一系列字符	" Jambalaya " " Crawfish Pie " " Filet Gumbo"

前面介绍过Int，但未介绍Int8、Int32和Int64，UInt、UInt8、UInt32和UInt64也未介绍。可正可负的整数被称为有符号整数，其表示类型包括8、16、32和64位；只能为正的整数被称为无符号整数，也有8、16、32和64位版本。如果没有指定32或64位，Int和UInt默认为64位。事实上，在开发工作中很少需要考虑类型的长度。就现在而言，请不要考虑这些细节。

1.7.1 检查上限和下限

表1-1列出的每种数值类型都有上限和下限，即每种类型可存储的数字都不能小于下限，也不能大于上限，这是因为用于表示数值类型的位数是有限的。Swift让你能够查看每种类型可存储的最大值和最小值：

```
 11> print(Int.min)
-9223372036854775808
 12> print(Int.max)
9223372036854775807
 13> print(UInt.min)
0
 14> print(UInt.max)
18446744073709551615
 15>
```

在类型名后面加上.min或.max，即可获悉相应类型可存储的上下限值。第11~14行显示了类型Int和UInt的取值范围。你也可以自己检查表1-1列出的其他类型的可能取值范围。

1.7.2 类型转换

鉴于类型是值、常量和变量的固有特征，你可能想知道不同类型交互式需要遵循的规则。还记得吗，在本书前面的一个示例中，你尝试将一种类型的变量赋给另一种类型的变量。第一次尝试这样做时引发了错误；经过“说服”后，才让Swift同意将一个Double型变量赋给一个Int型变量。下面来重温这个示例（不用重新输入代码，只需在Terminal中向上滚动到能够看到前面输入的代码即可）：

```
  4> var x = 12
x: Int = 12
```

```
  5> var y = 42.0
y: Double = 42
```

这些代码分别将Int和Double值赋给变量x和y，然后试图将y的值赋给x：

```
  8> x = y
rep.swift:8:5: error: cannot assign a value of type 'Double'
→ to a value of type 'Int'
x = y
    ^

  8> x = Int(y)
  9> print(x)
42
```

第4行声明了变量x并将数字12赋给它，这使其类型为Int。接下来，将y声明为Double变量。然后，将y赋给x时引发了错误，这迫使我们将y的值转换为Int，如第8行所示。这个过程称为强制转换（casting），即强制将值从一种类型转换为另一种类型。在计算机语言中，这种功能被称为类型转换。每种语言都有其类型转换规则，Swift当然也不例外。

一种常见规则是，类型转换只能在相似的类型之间进行。在C等流行的计算机语言中，可在整数和双精度浮点数之间转换，因为它们都是数值类型。但强行将整数转换为字符串属于非法类型转换，因为它们是截然不同的类型。在这方面，Swift更灵活些。请尝试下面的操作：

```
 15> var t = 123
t: Int = 123
 16> var s = String(t)
s: String = "123"
 17>
```

这里声明了变量t，并将一个Int值赋给它。接下来，声明了另一个变量s，将Int变量t的值强制转换为String类型，并将结果赋给变量s。

能将String类型强行转换为Int乃至Double吗？

```
 17> var u = Int(s)
u: Int? = 123
 18> var v = Double(s)
v: Double? = 123
```

可以。Swift让你能够将数据从一种类型转换为另一种类型。咱们来搅搅局，使用不是数字的字符串给Swift设置点障碍：

```
 19> var w = Int("this is not a number")
w: Int? = nil
 20>
```

显然，将这个字符串转换为整数是不明智的，因此Swift不允许这样做。但Swift没有返回错误，而返回表示什么都没有的nil。你可能感到迷惑，响应第17~19行时Swift显示了Int?，这其中的问号到底是什么意思呢？这表明myConvertedInt是特殊的Int类型：可选Int类型。可选类型将在后面更详细地介绍，你现在只需知道它们让变量可以为特殊值nil。

1.7.3 显式地声明类型

让Swift推断变量或常量的类型很方便：不用告诉Swift变量的类型是整型还是浮点型，它根据赋给变量的值就能推断出来。然后，有时需要显式地声明变量或常量的类型，Swift允许你在声明中指出这一点：

```
 20> var myNewNumber : Double = 3
myNewNumber: Double = 3
 21>
```

将变量或常量声明为特定类型很简单，只需在变量或常量的名称后面加上冒号和类型名。上面的代码将myNewNumber声明为Double变量，并将数字3赋给它，而Swift忠实地报告了声明结果。

如果在第20行省略Double，结果将如何呢？Swift将根据赋给变量myNewNumber的值确定其类型为Int。在这个示例中，我们推翻了Swift的假设，强制将变量声明为所需的类型。

如果没有给变量或常量赋值，结果将如何呢？

```
 21> var m : Int
repl:swift:21:1 error: variables currently must have an initial value when
→ entered at the top level of the REPL
var m : Int
^

 21> let rr : Int
repl:swift:21:1: error: variables currently must have an initial value when
→ entered at the top level of the REPL
let rr : Int
^
```

第21行将变量m声明为Int类型，但没有在声明的同时给它赋值。Swift显示一条错误消息，指出在REPL中必须给变量赋初值。

接下来的一行使用let命令将rr声明为Int常量，但没有赋值。注意到Swift显示了同样的错误消息。在REPL中，无论是变量还是常量，都必须在声明时给它们赋值。

1.8 字符串

前面简要地介绍了数值类型，但还有一种Swift类型也用得非常多，它就是String类型。前面说过，在Swift中，字符串是用双引号（""）括起的一系列字符。

下面是合法的字符串声明：

```
 21> let myState = "Louisiana"
myState: String = "Louisiana"
 22>
```

下面的字符串声明亦如此：

```
 22> let myParish : String = "St. Landry"
myParish: String = "St. Landry"
 23>
```

这些示例分别演示了类型推断和显式声明类型。在第一个示例中，Swift根据赋给变量的值确定其类型；在第二个示例中，显式地指定了变量的类型。这两种做法都可行。

1.8.1　字符串拼接

可使用加号（+）运算符将多个字符串连接，或者说拼接起来，组成更大的字符串。下面声明了多个常量，再将它们拼接起来，生成一个更长的常量字符串：

```
 23> let noun = "Wayne"
noun: String = "Wayne"
 24> let verb = "drives"
verb: String = "drives"
 25> let preposition = "to Cal's gym"
preposition: String = "to Cal's gym"
 26> let sentence = noun + " " + verb + " " + preposition + "."
sentence: String = "Wayne drives to Cal's gym."
 27>
```

第26行将6个字符串拼接在一起，再将结果赋给常量sentence。

1.8.2　Character 类型

前面介绍了三种类型：Int（用于存储整数）、Double（用于存储带小数的数字）和String（用于存储一系列字符）。在Swift中，你必将用到的另一种类型是Character，它实际上是特殊的String。类型为Character的变量和常量包含单个用双引号括起的字符。

下面就来试一试：

```
 27> let myFavoriteLetter = "A"
myFavoriteLetter: String = "A"
 28>
```

你可能抓破了头皮也想不明白，Swift为何说变量myFavoriteLetter的类型为String？如果没有显式地指定类型Character，Swift默认将用双引号括起的单个字符视为String类型。Character是Swift无法推断的类型之一，下面来纠正上述错误：

```
 28> let myFavoriteLetter : Character = "A"
myFavoriteLetter: Character = "A"
 29>
```

现在结果与期望一致了！

既然字符串是由一个或多个字符组成的，那么应该能够使用字符来创建字符串。确实如此，为此可使用前面用于拼接字符串的加号（+）运算符，但需要注意的是，必须先将字符强制转换为String类型：

```
 29> let myFavoriteLetters = String(myFavoriteLetter) + String(myFavoriteLetter)
myFavoriteLetters: String = "AA"
 30>
```

如果你以前使用过对字符串拼接支持不强的C或Objective-C语言，将感觉到Swift字符串拼接非常简单。要拼接字符，在C语言中必须使用函数strcat()，而在Objective-C中必须使用Foundation类NSString的方法stringWithFormat:，而在Swift中只需使用加号运算符就能拼接字符和字符串，因此需要输入的代码少得多。这充分说明了Swift的简洁和优美：拼接字符串就像将两个数字相加一样。说到将数字相加，下面来看看在Swift中如何执行简单的数学运算。

1.9　数学运算符

Swift很擅长做数学运算。前面介绍过String类型可使用加号来拼接字符串，但加号并非只能用于拼接字符串，它还是加法运算的通用表示方式，而现在正是探索Swift数学运算功能的好时机。来看一些执行算术运算的数学表达式：

```
 30> let addition = 2 + 2
addition: Int = 4
 31> let subtraction = 4 - 3
subtraction: Int = 1
 32> let multiplication = 10 * 5
multiplication: Int = 50
 33> let division = 24 / 6
division: Int = 4
 34>
```

这里演示了四种基本运算：加（+）、减（–）、乘（*）、除（/）。Swift提供的结果符合预期，它给常量指定的类型（Int）也符合预期。同样，Swift根据等号右边的值推断出这些常量的类型为Int。

还可使用%运算符来执行求模运算，它返回除法运算的余数：

```
 34> let modulo = 23 % 4
modulo: Int = 3
 35>
```

在Swift中，甚至可将求模运算符用于Double值：

```
 35> let modulo = 23.5 % 4.3
modulo: Double = 2.0000000000000009
 36>
```

另外，加号和减号还可用作单目运算符。在值前面加上加号意味着正数，加上减号意味着负数：

```
 36> var positiveNumber : Int = +33
positiveNumber: Int = 33
 37> var negativeNumber : Int = -33
negativeNumber: Int = -33
 38>
```

1.9.1　表达式

Swift全面支持数学表达式，包括标准的运算符优先级（按从左到右的顺序先执行乘法和除法运算，再执行加法和减法运算）：

```
 38> let r = 3 + 5 * 9
```

```
r: Int = 48
 39> let g = (3 + 5) * 9
g: Int = 72
 40>
```

第38行先将5乘以9，再将结果加上3，而第39行将前两个值用括号括起来，因此先将这两个值相加，再将结果与9相乘。Swift与其他现代语言一样按规范顺序执行数学运算。

1.9.2　混用不同的数值类型

如何混用小数和整数，结果如何呢？

```
 40> let anotherDivision = 48 / 5.0
anotherDivision: Double = 9.5999999999999996
 41>
```

这里将整数48除以小数5.0。小数点提供了足够的线索，让Swift将相应数字的类型视为Double。结果常量anotherDivision的类型也被指定为Double。这里演示了Swift的类型提升概念：将Int值48与一个Double值放在同一个表达式中时，它被提升为Double类型。同样，常量也被指定为Double类型。这种规则必须牢记。

在同一个表达式中包含不同类型的数值时，总是将表达力较弱的类型提升为表达力较强的类型。由于Double类型可表示Int值，而Int类型无法表示Double值，因此将Int值提升为Double值。

1.9.3　数值表示

在Swift中，可以多种方式表示数值。本章前面使用的都是最常见、最自然的表示方式：十进制，即以10为底的计数法。下面来看看其他表示数值的方式。

1. 二进制、八进制和十六进制

如果你有编程经验，肯定遇到过以2、16甚至8为底的数字，它们分别被称为二进制、十六进制和八进制。这些进位制在软件开发中经常会出现，根据它们本身的特性使用简捷记法很有帮助：

```
 41> let binaryNumber = 0b110011
binaryNumber: Int = 51
 42> let octalNumber = 0o12
octalNumber: Int = 10
 43> let hexadecimalNumber = 0x32
hexadecimalNumber: Int = 50
 44>
```

二进制数用前缀0b表示，八进制数字用0o表示，而十六进制数用0x表示。当然，没有前缀意味着为十进制数。

2. 科学记数法

另一种表示数字的方法是科学记数法，这种记数法可简化大型小数的表示：

```
 44> let scientificNotation = 4.434e-10
scientificNotation: Double = 0.00000000044339999999999999
 45>
```

其中e表示以10为底的指数，这里为4.434×10^{-10}。

3. 大数字表示法

如果你曾坐在Mac计算机前数数字末尾有多少个0，以确定其量级，肯定会喜欢下面这种特性。Swift支持下面这种方式表示大数，让其量级一目了然：

```
 45> let fiveMillion = 5_000_000
fiveMillion: Int = 5000000
 46>
```

下划线会被Swift忽略，但这些下划线对提高数字的可读性大有裨益。

1.10 布尔类型

Swift支持的另一种类型是Bool，即布尔类型。布尔类型的取值要么为true要么为false，通常在比较表达式中使用它们来回答类似于下面的问题：12是否大于3，或55是否等于12？在软件开发中，从结束对象列表迭代到确定一组条件语句的执行路径，经常会用到这样的逻辑比较：

```
 46> 100 > 50
$R0: Bool = true
 47> 1.1 >= 0.3
$R1: Bool = true
 48> 66.22 < 7
$R2: Bool = false
 49> 44 <= 1
$R3: Bool = false
 50> 5.4 == 9.3
$R4: Bool = false
 51> 6 != 7
$R5: Bool = true
 52>
```

这里使用了如下比较：大于、大于等于、小于、小于等于、等于、不等于。根据比较结果，返回布尔值true或false。这里比较了Int字面量和Double字面量，旨在说明这两种数值类型都是可以比较的，甚至可以对Double值和Int值进行比较。

结果

注意到这里没有使用关键字let或var将布尔表达式的结果赋给常量或变量；另外，这些条件表达式的结果各不相同，如第49行的结果所示：

```
$R3: Bool = false
```

其中的$R3是什么呢？在Swift REPL中，这被称为临时变量，它存储了结果的值，这里为false。可像声明过的变量一样引用临时变量：

```
 52> print($R3)
false
 53>
```

还可以给这些临时变量赋值，就像它们是声明过的变量一样。

如何比较字符串？

如果能够使用前述比较运算符来检查字符串是否相等，那就太好了。如果你使用过C或Objective-C，就知道检查两个字符串是否相等很麻烦。

在C语言中，需要像下面这样做：

```
int result = strcmp("this string", "that string")
```

在Objective-C中，需要像下面这样做：

```
NSComparisonResult result = [@"this string" compare:@ "that string"];
```

在Swift中，编写比较字符串的代码易如反掌，这些代码也很容易理解：

```
 53> "this string" == "that string"
$R6: Bool = false
 54> "b" > "a"
$R7: Bool = true
 55> "this string" == "this string"
$R8: Bool = true
 56> "that string" <= "a string"
$R9: Bool = false
 57>
```

结果说明了一切：Swift比较字符串的方式更自然、更具表达力。

1.11　轻松显示

前面在REPL中显示字符串时，使用的都是方法print。下面重温这个方法，看看如何使用它来显示更复杂的字符串。

方法print提供的便利之一是，不费吹灰之力就能将变量的值嵌入到其他文本中。如果你熟悉C或Objective-C，就知道设置文本输出格式需要输入的代码非常多，最典型的例子是C语言中的方法printf和Objective-C中的方法NSLog()。请看下面的Objective-C代码片段：

```
NSString *myFavoriteCity = @"New Orleans";
NSString *myFavoriteFood = @"Seafood Gumbo";
NSString *myFavoriteRestaurant = @"Mulates";
NSInteger yearsSinceVisit = @3;
NSLog(@"When I visited %@ %d years ago, I went to %@ and ordered %@.",
→ myFavoriteCity, yearsSinceVisit, myFavoriteRestaurant, myFavoriteFood);
```

如果你能看懂这段代码，就知道它很糟糕，其中的原因有多个。首先，变量的位置与其值将显示的位置不同，这要求你以正确的顺序指定变量，否则结果将不符合预期。其次，设置两种类型不同的变量的格式时，需要使用不同格式设置代码：对于NSString变量，需要使用%@；对于

NSInteger变量，需要使用%d（如果你不熟悉格式设置代码，也不用担心，因为Swift不使用它们）。

在Swift中，无需使用格式设置代码，也无需考虑格式设置代码和变量的顺序。相反，只需将变量放在要显示的位置，它们就会与其他文本一起显示出来。下面是上述Objective-C代码的Swift版本：

```
 57> let myFavoriteCity = "New Orleans"
myFavoriteCity: String = "New Orleans"
 58> let myFavoriteFood = "Seafood Gumbo"
myFavoriteFood: String = "Seafood Gumbo"
 59> let myFavoriteRestaurant = "Mulates"
myFavoriteRestaurant: String = "Mulates"
 60> let yearsSinceVisit = 3
yearsSinceVisit: Int = 3
 61> print("When I visited \(myFavoriteCity) \(yearsSinceVisit) years ago,
    → I went to \(myFavoriteRestaurant) and ordered \(myFavoriteFood).")
When I visited New Orleans 3 years ago, I went to Mulates and ordered
→ Seafood Gumbo.
 62>
```

第61行中用于显示变量的标记非常简单，其中使用了嵌入表示法\()来引用第57~60行声明的四个常量。这种表示法非常简洁，如果将其与前述语言的处理方式进行比较，这一点尤其明显。

同样，将合并得到的字符串赋给变量与显示它一样简单：

```
 62> let sentence = "When I visited \(myFavoriteCity) \(yearsSinceVisit)
    → years ago, I went to \(myFavoriteRestaurant) and ordered \
    → (myFavoriteFood)."
sentence: String = "When I visited New Orleans 3 years ago, I went to Mulates
→ and ordered Seafood Gumbo."
 63>
```

1.12 使用类型别名

本章前面介绍过类型，它们是Swift对变量和常量进行分类的核心。作为一种不可变的属性，类型是程序中每个数字和字符串的有机组成部分。然而，为改善源代码的可读性，有时需要使用类型别名。

类型别名是一种让Swift给类型提供其他名称的简单方式：

```
 63> typealias EightBits = UInt8
 64> var reg : EightBits = 0
reg: EightBits = 0
 65>
```

这里给Swift类型UInt8指定了别名EightBits，并在接下来的声明中使用了这个别名。甚至可以给类型别名指定别名：

```
 65> typealias NewBits = EightBits
 66> var reg2 : NewBits = 0
reg2: NewBits = 0
 67>
```

当然，NewBits和EightBits其实都是UInt8。指定类型别名并没有创建新类型，但代码的可读性更高了。虽然类型别名是一种改善代码的极佳方式，但必须慎用并提供完善的文档，在需要与其他开发人员共享代码时这尤其重要。还有什么比见到一种新类型却不知道它表示的是什么更让人困惑呢？

1.13　使用元组将数据编组

有时候，将不同的数据元素组合成更大的类型很有用。前面使用的都是单项数据：整数、字符串等。这些基本类型是Swift数据存储和操作功能的基础，但可以用有趣的方式组合它们，你将在本书中经常看到这种情况。

这里探索其中一种组合方式——元组（Tuple）。元组是由一个或多个变量、常量或字面量组成的单个实体，由放在括号内用逗号分隔的列表表示，比如像下面这样：

```
 67> let myDreamCar = (2016, "Mercedes-Benz", "M-Class")
myDreamCar: (Int, String, String) = {
  0 = 2016
  1 = "Mercedes-Benz"
  2 = "M-Class"
}
68>
```

这里将常量myDreamCar定义成了包含三个元素的元组：一个Int字面量和两个String字面量。注意到Swift推断出了元组的每个成员的类型，就像你显式地指定了类型一样。另外，元组成员的顺序与定义时的顺序相同。

定义元组后，可对其做什么呢？显然，可以查看它。要查看元组的内容，可使用句点和索引，其中索引是从0开始的，如下所示：

```
 68> print(myDreamCar.0)
2016
 69> print(myDreamCar.1)
Mercedes-Benz
 70> print(myDreamCar.2)
M-Class
 71> print(myDreamCar)
(2016, "Mercedes-Benz", "M-Class")
 72>
```

如果你试图访问不存在的元组成员，Swift将显示错误消息：

```
 72> print(myDreamCar.3)
repl:swift::72:7: error: '(Int, String, String)' does not have a member
→ named '3'
print(myDreamCar.3)
      ^         ~


 72>
```

需要将多项信息作为一个整体返回时，使用元组非常方便。等更熟悉Swift后，你将发现元组很有用。

1.14　可选类型

你可能还记得，本章前面对String变量使用了方法Int()来将其内容转换为Int值，以便将结果赋给另一个变量：

```
 17> var u = Int(s)
u: Int? = 123
 18>
```

在Swift显示的类型说明中，有一个问号。这个问号表明变量u的类型不是Int，而是可选Int类型。

可选是什么意思呢？它实际上是一个类型修饰符，告诉Swift指定的变量或常量可以为空。空值很久前就出现在了编程语言中，在Objective-C中用nil表示，而在C/C++中用NULL表示。nil和NULL的含义完全相同，都表示空值。

还记得前面的第19行吗？你在其中试图将一个字符串转换为一个整数：

```
 19> var w = Int("this is not a number")
w: Int? = nil
 20>
```

w的类型被设置为Int?（可选Int），但其值不是字符串，而是nil。这是对的，因为无法将字符串this is not a number转换为Int。Swift通过返回nil来指出转换失败，而可选类型提供了另一条成功地给变量赋值的路径。在这里，方法Int()返回nil，指出它无法将这个字符串转换为数字。

将变量声明为可选类型很简单，只需在声明时在类型名后面加上一个问号：

```
 72> var v : Int?
v: Int? = nil
 73>
```

Swift的应答表明，变量v的类型确实是可选Int。由于声明时没有赋值，因此默认值不是0，而是nil。

下面尝试给这个变量赋值：

```
73> v = 3
74>
```

最后，显示这个变量的值：不使用方法print，而只是输入变量名。Swift将把它的值赋给一个临时变量：

```
 74> v
$R10: Int? = 3
 75>
```

正如你看到的，Swift指出这个变量的值确实是3。

并非只有Int类型可以是可选的。事实上，任何类型都可声明为可选的。下面的示例声明了两个可选变量，它们的类型分别为String和Character：

```
 75> var s : String? = "Valid text"
s: String? = "Valid text"
 76> var u : Character? = "a"
u: Character? = "a"
 77> u = nil
 78>
```

第77行将变量u的值设置成了nil，旨在表明任何被声明为可选的变量都可设置为nil。

本书后面将更详细地探讨可选类型，就目前而言，你只需能够识别可选变量就够了。

1.15 小结

祝贺你学完了第1章。本章简要地介绍了Swift，其中有大量的知识需要消化，如果必要请回过头去复习。

本章介绍了如下主题：

- 变量
- 常量
- 方法print
- 类型（Int、Double、Character、String等）
- 数学运算符
- 数值表示法（二进制、十六进制、科学记数法等）
- 字符串拼接
- 类型推断及显式声明类型
- 类型别名
- 元组
- 可选类型

别忘了，要从事Swift编程工作，必须掌握这些基本概念。请务必熟悉并搞懂它们，因为本书后面讨论Swift的其他特性时，需要用到本章介绍的知识。

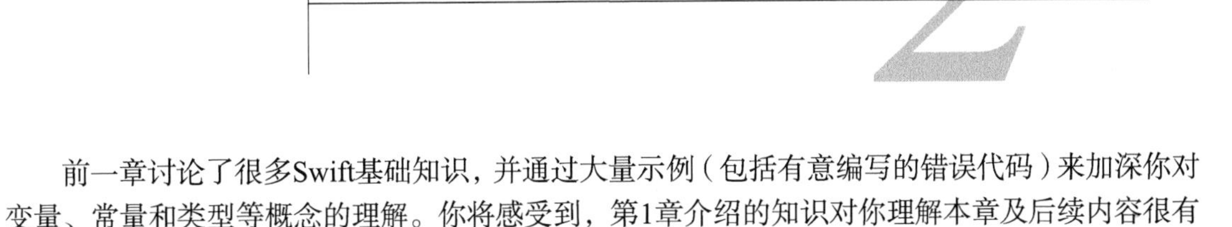

使用集合

前一章讨论了很多Swift基础知识，并通过大量示例（包括有意编写的错误代码）来加深你对变量、常量和类型等概念的理解。你将感受到，第1章介绍的知识对你理解本章及后续内容很有帮助。

本章将注意力转向集合。

说到集合，你脑海中浮现的是什么呢？下面是几个你可能遇到的集合：

- 各色动作人偶和配饰；
- 不同国家发行的邮票或硬币；
- 杂货店购物清单。

集合的分类也可能更为常见：

- 停车场中车辆的制造商和型号；
- 婚礼邀请名单中的人名。

这些例子都会让人想起将不同的元素或东西（玩具、邮票、车辆等）编组。集合由相关（甚至不相关）的元素组成，在Swift语言中非常重要。稍后你将看到，集合有多种。

本章重点讨论集合，它让你能够以各种方式将信息和数据编组。在本书后面以及Swift开发中，将大量使用集合，请务必花时间搞懂它们。

2.1 糖果罐

为探索Swift集合概念，想想商店柜台上的空糖果罐，你可以将各种糖果放入其中。我们将这个糖果罐称为容器，可存储一个或多个糖果（值）。在Swift中，可以用多种方式模拟糖果罐及其存放的东西，下面从数组开始。

数组不过是具有指定长度的有序值列表，它是计算机语言中常见的结构。在Swift中，声明数组很简单。

重新开始

本书将继续使用REPL来探索各种概念。本章假设重启了REPL，因此代码片段从行号1开始。别忘了，要退出REPL，可执行命令`:quit`，要在Terminal中启动REPL，可执行命令`xcrun swift`。

下面的数组表示一个虚拟的糖果罐，其中包含三颗糖果：

```
  1> let candyJar = ["Peppermints", "Gooey Bears", "Happy Ranchers"]
candyJar: [String] = 3 values {
  [0] = "Peppermints"
  [1] = "Gooey Bears"
  [2] = "Happy Ranchers"
}
  2>
```

知道关键字let吗？这是用于声明常量的关键字。这里声明了一个名为candyJar的常量，并使用了特殊表示法：左中括号（[）和右中括号（]）。将数组的元素放在一对中括号内，Swift就知道声明的是数组。

这个数组包含三个String常量：

- "Peppermints"
- "Gooey Bears"
- "Happy Ranchers"

数组元素之间的逗号指出了一个元素的结束位置和另一个元素的开始位置。另外，注意到Swift也根据每个元素的表示方式推断出了它们的类型是字符串，这是因为它们都用双引号括起来了。

注意到Swift报告了声明结果，它明确地指出了candyJar是一个String数组：

```
candyJar: [String] = 3 values {
  [0] = "Peppermints"
  [1] = "Gooey Bears"
  [2] = "Happy Ranchers"
}
```

Swift确认这个数组包含三个值，这些值按顺序排列，编号从0开始。事实上，所有Swift数组的元素编号都从0开始，并按顺序递增。这种编号被称为*数组索引*，对应于数组包含的值。

到目前为止，一切顺利。这很好。下面学习如何查看数组的特定值。假设你要查看这个数组的第二个元素；鉴于索引从0开始，因此第二个元素的索引为1。

```
  2> candyJar[1]
$R0: String = "Gooey Bears"
  3>
```

注意　使不使用print呢？别忘了，使用REPL时，可使用元素名来显示其值，而无需使用方法print。这样做时，表达式的结果将被赋给一个临时变量，这里为$R0。

Swift显示第二个元素的值Gooey Bears，同时指出了其类型是String。

如果将[1]替换为另一个数组索引，将显示相应位置处的值：

```
  3> candyJar[2]
$R1: String = "Happy Ranchers"
```

```
  4>
```

这种表示法很方便。要访问数组的元素，只需使用其索引并将其放在方括号中。

如果引用不存在的位置，结果将如何呢？下面使用了一个显然不在可用索引范围内的索引：

```
  4> candyJar[5]
fatal error: Array index out of range
Execution interrupted. Enter Swift code to recover and continue.
Enter LLDB commands to investigate (type :help for assistance.)
  5>
```

2

你请求了一个不存在的元素，这显然触犯了Swift的禁忌。这个数组没有第6个元素，它只有3个元素，索引分别为0、1和2。Swift是一种非常严格的语言，对于这种违规操作，它报以致命错误。

这是Swift优于其他一些计算机语言的地方：它很重视安全。Swift打造了一个安全的环境，绝不容忍使用不存在的数组索引等不恰当的行为。如果你使用过C语言数组，就知道完全能够访问不存在的数组部分。事实上，特洛伊木马病毒的编写者正是利用了这种漏洞来攻击计算机系统。

上述错误消息提出了一个很好的问题：如果要在数组中存储更多的值，该如何办呢？Swift提供了一个用于数组的特殊方法：append()。要在数组中添加值，只需使用这个方法附加即可。下面将我喜欢的糖果加入到这个糖果罐中：

```
  5> candyJar.append("Candy Canes")
repl.swift:5:1: error: immutable value of type '[String]' only has mutating
→ members named 'append'
candyJar.append("Candy Canes")
^        ~~~~~~

  5>
```

又出现了错误消息！看来你想松口气都不行了。我们都是在犯错中成长的，在学习Swift的过程中犯错不可避免。

你能找出导致错误的原因吗？请仔细查看错误消息：

```
error: immutable value of type '[String]' only has mutating members
→ named 'append'
```

Swift指出这个String数组是不可修改的，而你竟然试图修改常量数组的内容。别忘了，前面使用let将这个数组声明成了常量数组。不能修改常量的值，包括被声明为常量的数组的值。

你需要创建另一个数组——可变数组。这很容易，这里使用了前述不可变数组的内容：

```
  5> var refillableCandyJar = candyJar
refillableCandyJar: [String] = 3 values {
  [0] = "Peppermints"
  [1] = "Gooey Bears"
  [2] = "Happy Ranchers"
}
  6>
```

就这么简单！你声明了变量refillableCandyJar，并使用了常量数组candyJar的内容来初始化它。现在，前述常量数组的所有值都包含在这个可变数组中。

2.1.1 数组中所有元素的类型都必须相同

可在数组中包含不同类型的值吗？请尝试像下面这样做：

```
  6> var arrayTest = ["x", 3]
repl.swift:6:23: error: 'Int' is not convertible to 'IntegerLiteralConvertible'
var arrayTest = ["x", 3]
                      ^


  6>
```

显然，Swift禁止这样做，这表明一个数组的所有值的类型都必须相同。

说到类型，如果要在声明数组时指定其值的类型，该怎么做呢？

```
  6> var h2o:[String] = ["Hydrogen", "Hydrogen", "Oxygen"]
h2o: [String] = 3 values {
  [0] = "Hydrogen"
  [1] = "Hydrogen"
  [2] = "Oxygen"
}
  7>
```

要声明用于存储特定类型值的数组，需要在数组名后面加上冒号，再加上放在方括号（[]）的类型名。

2.1.2 增长数组

回到数组refillableCandyJar，前面的第5行将其声明成了可变数组。现在可以在这个数组末尾附加值吗？下面来试试：

```
  7> refillableCandyJar.append("Candy Canes")
  8>
```

除提示符外，没有任何指出这种操作是否成功的信息，但毕竟没有出现错误消息。来看看这个数组的内容，核实Candy Canes是否被添加到其中：

```
  8> refillableCandyJar
$R2: [String] = 4 values {
  [0] = "Peppermints"
  [1] = "Gooey Bears"
  [2] = "Happy Ranchers"
  [3] = "Candy Canes"
}
  9>
```

它确实出现在这个数组的第四个位置（数组索引为3），与我们预期的一致。

下面在这个糖果罐中再加入几颗糖果，但使用不同的语法：

```
  9> refillableCandyJar += ["Peanut Clusters"]
 10> refillableCandyJar += ["Banana Taffy", "Bubble Gum"]
```

```
 11> refillableCandyJar
$R3: [String] = 7 values {
  [0] = "Peppermints"
  [1] = "Gooey Bears"
  [2] = "Happy Ranchers"
  [3] = "Candy Canes"
  [4] = "Peanut Clusters"
  [5] = "Banana Taffy"
  [6] = "Bubble Gum"
}
 12>
```

第9~10行附加了一个数组，而不是单个String值，这充分说明了Swift的灵活性：只需使用运算符+=就可将一个数组的内容加入到另一个数组中。最后，第11行请求显示数组refillableCandyJar的内容，Swift显示了这个虚拟糖果罐内的所有东西：全部七种美味的糖果。

至此，你创建了一个常量数组和一个变量数组，还将常量数组的值赋给了变量数组，以创建一个可以修改的数组。你还使用方法append()和运算符+=成功地修改了这个数组。下面更深入地探索数组。

2.1.3 替换和删除值

替换数组的值很简单，只需指定数组索引并赋给它新值即可。下面将Happy Ranchers替换为另一种糖果：

```
 12> refillableCandyJar[2] = "Lollipops"
 13> refillableCandyJar
$R4: [String] = 7 values {
  [0] = "Peppermints"
  [1] = "Gooey Bears"
  [2] = "Lollipops"
  [3] = "Candy Canes"
  [4] = "Peanut Clusters"
  [5] = "Banana Taffy"
  [6] = "Bubble Gum"
}
 14>
```

通过以上操作成功地完成了替换。那么，该如何删除值呢？你可能不喜欢Gooey Bears糖果，能将其从这个虚拟糖罐中删除吗？当然可以。前面将值附加到了一个可变数组中，下面将一些值完全删除：

```
 14> refillableCandyJar.removeAtIndex(1)
$R5: String = "Gooey Bears"
 15> refillableCandyJar
$R6: [String] = 6 values {
  [0] = "Peppermints"
  [1] = "Lollipops"
  [2] = "Candy Canes"
  [3] = "Peanut Clusters"
  [4] = "Banana Taffy"
```

```
    [5] = "Bubble Gum"
  }
   16>
```

第14行使用了数组的方法removeAtIndex()，它接受一个参数，即要删除的值的索引。调用这个方法的结果是，指定的值被删除并被赋给$R5。

第15行显示变量refillableCandyJaron的内容，结果表明Gooey Bears确实被删除了，且后面的值都向前移了。现在，糖果罐中只有6种糖果，而不是7种。

别忘了，每当数组中有元素被删除时，后面的元素都将向前移，以填补它留下的空缺。

下面是删除数组最后一个值的另一种便利方式：

```
 16> refillableCandyJar.removeLast()
$R7: String = "Bubble Gum"
 17>
```

同样，这么操作将返回被删除的值，而数组从包含6个值缩短到只包含5个值：

```
 17> refillableCandyJar
$R8: [String] = 5 values {
  [0] = "Peppermints"
  [1] = "Lollipops"
  [2] = "Candy Canes"
  [3] = "Peanut Clusters"
  [4] = "Banana Taffy"
}
 18>
```

2.1.4　将值插入到指定位置

本章前面，你使用方法append()在数组末尾添加了值，还让Swift将指定位置的值从数组中删除。下面来看看插入值有多容易。

将"Twirlers"插入到"Candy Canes"当前所属的位置，即索引2处（数组的第三个位置）：

```
 18> refillableCandyJar.insert("Twirlers", atIndex: 2)
 19>
```

下面来查看这个数组的内容，看看插入是否成功了：

```
 19> refillableCandyJar
$R9: [String] = 6 values {
  [0] = "Peppermints"
  [1] = "Lollipops "
  [2] = "Twirlers"
  [3] = "Candy Canes"
  [4] = "Peanut Clusters"
  [5] = "Banana Taffy"
 20>
```

确实成功了，Twirlers现在位于索引2处。后面的值向后移了一个位置，为这个新值腾出空间，这都是方法insert()的功劳。

注意到方法insert()接受两个参数：要插入到数组中的值以及要插入到什么位置（索引）。这个方法的第二个参数很有趣，它前面有名称atIndex:。命名参数为传递参数提供了上下文，可提高Swift代码的可读性。稍后将更详细地介绍Swift中如何为方法命名。

2.1.5 合并数组

在Swift中，数组合并语法很自然，就像字符串拼合语法一样。为演示这一点，再创建一个数组，其中包含一组糕点：

```
 20> var anotherRefillableCandyJar = ["Sour Tarts", "Cocoa Bar",
     → "Coconut Rounds"]
anotherRefillableCandyJar: [String] = 3 values {
  [0] = "Sour Tarts"
  [1] = "Cocoa Bar"
  [2] = "Coconut Rounds"
}
 21>
```

现在创建第三个数组，这是使用合并语法将前面包含6个值的数组refillableCandyJar与包含3个值的新数组anotherRefillableCandyJar合并得到的：

```
 21> var combinedRefillableCandyJar = refillableCandyJar +
     → anotherRefillableCandyJar
combinedRefillableCandyJar: [String] = 9 values {
  [0] = "Peppermints"
  [1] = "Lollipops"
  [2] = "Twirlers"
  [3] = "Candy Canes"
  [4] = "Peanut Clusters"
  [5] = "Banana Taffy"
  [6] = "Sour Tarts"
  [7] = "Cocoa Bar"
  [8] = "Coconut Rounds"
}
 22>
```

这个数组包含9个值，其中6个来自第一个数组，另外3个来自第二个数组。另外，这些值的排列顺序不变。

前面介绍了很多有关数组的知识。数组非常适合用于存储值列表，这些值是否彼此相关没有关系。数组可以是不可变的（通过使用命令let将其声明为常量），也可以是可变的（可以添加、删除或替换值）。最后，在同一个数组中，所有值的类型都必须相同。

下一节介绍另一种集合：字典。

2.2　字典

说到字典，你脑海中浮现的可能是丹尼尔·韦伯斯特（Danieal Webster）[1]。图书馆书架上的字典由单词定义组成，你按字母顺序查找单词以获悉其定义。在Swift中，字典的工作原理与此类似。

与数组一样，Swift字典也由一个或多个条目组成。然而与数组所不同的是，字典中的条目包含两个不同的部分：键（key）和值（value）。虽然键和值的类型可以不同，但所有键的类型都必须相同，所有值的类型也必须相同。

为介绍字典，我将以自己最喜欢的佐料——辣椒为例。辣椒的辣度各不相同，辣度用史高维尔指标（Scoville）表示。下面使用了一个字典来定义一些辣椒的辣度，其中每个条目的键都是辣椒名，而值为辣椒的辣度：

```
 22> var scovilleScale = ["Poblano":1_000, "Serrano":700, "Red Amazon":
    → 75_000, "Red Savina Habanero" : 500_000]
scovilleScale: [String : Int] = 4 key/value pairs {
  [0] = {
   key = "Serrano"
   value = 700
  }
  [1] = {
   key = "Red Savina Habanero"
   value = 500000
  }
  [2] = {
   key = "Poblano"
   value = 1000
  }
  [3] = {
   key = "Red Amazon"
   value = 75000
  }
}
 23>
```

这创建了一个包含四个条目的字典：辣度为1000的Poblano、辣度为700的Serrano、辣度为75 000的Red Amazon和辣度为500 000的Red Savina Habanero（这种辣椒真是变态辣）。

注意　字典键并不一定是按字母顺序排列的，Swift总是采用可最大限度地提高检索和访问效率的顺序来排列它们。

当你声明上述字典时，Swift也推断键和值的类型。显然，键的类型是`String`，值的类型为`Int`，REPL显示的声明结果印证了这一点。另外，这里在数字中将下划线用作千分位，别忘了这纯粹

[1] 疑为原书错误，应该是诺亚·韦伯斯特（N.Webster），韦氏词典的最初编纂者。——编者注

是语法糖，对Int的值没有影响：REPL显示的结果不再有下划线。

你发现了不正常的地方吗？如果仔细查看REPL的输出，将发现你声明字典时指定的条目顺序，与REPL报告中的条目顺序不同。Swift排列字典条目的顺序与你声明的顺序不同，这种差别说明了字典的一个重要特征：Swift通过排列键来确保检索和访问的效率。你不能根据声明顺序确定存储顺序。

2.2.1 查找条目

访问字典条目与访问数组值很像，只是方括号中包含的值不同。访问数组值时，使用的是值在数组中的位置（0、1、2、3等）；而访问字典条目时，使用的是其键：

```
 23> scovilleScale["Serrano"]
$R10: Int? = 700
 24>
```

注意到Int后面也有问号。前面说过，问号表示值是可选的，即可以为nil。从字典返回的值总是可选的，但这并不意味着可以将字典条目的值设置为nil，如下所示：

```
 24> var myNilArray = ["someKey" : nil]
repl.swift:24:19: error: 'String' is not convertible to 'StringLiteralConvertible'
var myNilArray = ["someKey" : nil]
                  ^~~~~~~~~

 24>
```

这条错误消息有点难懂，它指出nil是一个无效值。另外，也不能将键指定为nil。

```
 24> var myNilArray = [nil : "x"]
repl.swift:24:19: error: expression does not conform to type
→ 'NilLiteralConvertible'
var myNilArray = [nil : "x"]
                  ^~~


 24>
```

那么，当你访问字典中的值时，Swift为何还要将其作为可选类型返回呢？再来看看包含辣度的字典：

```
 24> scovilleScale
$R11: [String : Int] = 4 key/value pairs {
  [0] = {
   key = "Serrano"
   value = 700
  }
  [1] = {
   key = "Red Savina Habanero"
   value = 500000
  }
  [2] = {
   key = "Poblano"
   value = 1000
  }
```

```
    [3] = {
      key = "Red Amazon"
      value = 75000
    }
  }
 25>
```

这个字典依然包含以前的四个条目。如果访问字典中的值时，使用的键不存在，结果将如何呢？来看看这个字典是否记录了Tabasco的辣度：

```
 25> scovilleScale["Tabasco"]
$R12: Int? = nil
 26>
```

返回的值为nil。这正是将字典的值以可选类型返回的原因所在：查询字典时使用的键可能不存在。

2.2.2 添加条目

知道使用不存在的键查询辣度字典的结果后，我们将刚才查询的辣椒加入到这个字典中。由于这个字典是使用关键字var创建的可变字典，因此可以使用下面的语法在其中添加条目：

```
 26> scovilleScale["Tabasco"] = 50_000
 27>
```

来核实一下：

```
 27> scovilleScale
$R13: [String : Int] = 5 key/value pairs {
  [0] = {
    key = "Serrano"
    value = 700
  }
  [1] = {
    key = "Red Savina Habanero"
    value = 500000
  }
  [2] = {
    key = "Tabasco"
    value = 50000
  }
  [3] = {
    key = "Poblano"
    value = 1000
  }
  [4] = {
    key = "Red Amazon"
    value = 75000
  }
}
 28>
```

注意到新加入的辣椒在字典中的位置也是预先无法确定的。

2.2.3　更新条目

如果你熟悉各种辣椒，就知道前述Serrano的辣度不对。其辣度值差了一个数量级，是7000而不是700。下面就来修正这种错误：

```
28> scovilleScale["Serrano"] = 7_000
29>
```

更新字典条目的语法与添加条目相同，但使用的键是既有的。下面Swift将原来的值（700）替换为新值：

```
 29> scovilleScale
$R14: [String : Int] = 5 key/value pairs {
  [0] = {
   key = "Serrano"
   value = 7000
  }
  [1] = {
   key = "Red Savina Habanero"
   value = 500000
  }
  [2] = {
   key = "Tabasco"
   value = 50000
  }
  [3] = {
   key = "Poblano"
   value = 1000
  }
  [4] = {
   key = "Red Amazon"
   value = 75000
  }
}
 30>
```

2.2.4　删除条目

删除字典条目的语法与前两个示例很像。

```
30> scovilleScale["Tabasco"] = nil
31>
```

将值设置为nil就会将相应的条目删除。

```
 31> scovilleScale
$R15: [String : Int] = 4 key/value pairs {
  [0] = {
   key = "Serrano"
   value = 7000
  }
  [1] = {
   key = "Red Savina Habanero"
```

```
    value = 500000
  }
  [2] = {
    key = "Poblano"
    value = 1000
  }
  [3] = {
    key = "Red Amazon"
    value = 75000
  }
}
 32>
```

另一种删除字典条目的方式是使用方法removeValueForKey()：

```
 32> scovilleScale.removeValueForKey("Poblano")
$R16: Int? = 1000
 33>
```

这里返回了被删除的条目的值（1000）。在有些情况下，这种删除字典条目的方式更佳，你将在本书后面发现这一点。

2.3　数组的数组

本章前面介绍数组和字典时，使用的是基本类型：字符串和整数。那么该如何声明字典数组或数组字典呢？在Swift中，数组和字典与字符串和整数一样也是类型，因此可以彼此包含对方。

下面将糖果罐类比再向前推进一步。Arceneaux先生定期给三家商店送糖果：Fontenot先生开的Grocery、Dupre先生开的Quick Mart和Smith先生开的Pick-n-Sack；这些商店都有糖果罐。Arceneaux先生每周前往这些商店一次，将他们的糖果罐填满。

Fontenot先生的顾客喜欢Choppers和Jaw Bombs，Dupre先生的顾客喜欢购买巧克力糖果，如Butterbar、Mrs. Goodbuys和Giggles，而Smith先生的顾客喜欢Jelly Munchers和Gooey Bears。如何使用数组或字典给这些糖果和商店建模呢？出于简化考虑，先从糖果罐着手。

```
 33> var fontenotsCandyJar = ["Choppers", "Jaw Bombs"]
fontenotsCandyJar: [String] = 2 values {
  [0] = "Choppers"
  [1] = "Jaw Bombs"
}
 34> var dupresCandyJar = ["Butterbar", "Mrs. Goodbuys", "Giggles"]
dupresCandyJar: [String] = 3 values {
  [0] = "Butterbar"
  [1] = "Mrs. Goodbuys"
  [2] = "Giggles"
}
 35> var smithsCandyJar = ["Jelly Munchers", "Gooey Bears"]
smithsCandyJar: [String] = 2 values {
  [0] = "Jelly Munchers"
  [1] = "Gooey Bears"
}
```

```
36>
```

三个数组代表三个糖果罐，其中的变量名指出了糖果罐所属商店的名称。

现在，只需再创建一个数组：

```
36> let arceneauxsCandyRoute = [fontenotsCandyJar, dupresCandyJar,
    → smithsCandyJar]
arceneauxsCandyRoute: [[String]] = 3 values {
  [0] = 2 values {
   [0] = "Choppers"
   [1] = "Jaw Bombs"
  }
  [1] = 3 values {
   [0] = "Butterbar"
   [1] = "Mrs. Goodbuys"
   [2] = "Giggles"
  }
  [2] = 2 values {
   [0] = "Jelly Munchers"
   [1] = "Gooey Bears"
  }
}
 37>
```

Swift使用[[String]]指出arceneauxCandyRoute是一个元素为字符串数组的数组。

查询这个数组的第一个元素可显示该数组的第一个值，这个元素本身也是一个数组。

```
 37> arceneauxsCandyRoute[0]
$R17: [String] = 2 values {
  [0] = "Choppers"
  [1] = "Jaw Bombs"
}
 38>
```

注意，虽然糖果罐包含在数组arceneauxCandyRoute中，但并没有指出哪个糖果罐是哪家商店的。这是因为变量名并没有加入到数组中，加入的只有变量的值。

为让这个示例更清晰，我们不使用数组来存储糖果罐数组，而使用字典来存储它们：

```
 38> let arceneauxsOtherCandyRoute = ["Fontenot's Grocery": fontenotsCandyJar,
    → "Dupre's Quick Mart": dupresCandyJar, "Smith's Pick-n-Sack":
    → smithsCandyJar]
arceneauxsOtherCandyRoute: [String: [String]] = 3 key/value pairs {
  [0] = {
   key = "Dupre's Quick Mart"
   value = 3 values {
      [0] = "Butterbar"
      [1] = "Mrs. Goodbuys"
      [2] = "Giggles"
   }
  }
  [1] = {
   key = "Smith's Pick-n-Sack"
   value = 2 values {
```

```
        [0] = "Jelly Munchers"
        [1] = "Gooey Bears"
      }
    }
    [2] = {
      key = "Fontenot's Grocery"
      value = 2 values {
        [0] = "Choppers"
        [1] = "Jaw Bombs"
      }
    }
  }
 39>
```

Swift使用[String : [String]]指出了arceneauxsOtherCandyRoute的类型，即这是一个字典，其中的键为字符串，而值为字符串数组。

相比于前面的数组的数组，这个数组字典的不同之处在于，其中的键（类型为String）对值（糖果罐）做了描述。现在获取所需的值时，可使用键而不是模糊不清的索引：

```
 39> arceneauxsOtherCandyRoute["Smith's Pick-n-Sack"]
$R18: [String]? = 2 values {
  [0] = "Jelly Munchers"
  [1] = "Gooey Bears"
}
```

使用数组、字典还是结合使用它们更合适呢？这取决于建模的具体情形。熟能生巧。

2.4　创建空数组和空字典

前面创建数组和字典时，都在声明时进行了初始化。在Swift开发中，有时必须在创建字典或数组时不对其进行初始化。原因可能是创建时还不知道它们的值，也可能是必须提供一个空数组或字典，由库或框架中的方法进行填充。

2.4.1　空数组

声明空数组的方式有两种：

```
 40> var myEmptyArray:Array<Int> = []
myEmptyArray: [Int] = 0 values
 41>
```

这是数组声明的普通方式，需要使用关键字Array，并在尖括号（<>）内指定数组的类型。还可使用Swift提供的简写方式：

```
 41> var myEmptyArray = [Int]()
myEmptyArray: [Int] = 0 values
 42>
```

这些示例都声明了一个用于存储Int值的可变空数组。由于是可变数组，可像其他数组一样修改或填充它。下面在这个数组中添加三个整数：

```
 42> myEmptyArray += [33, 44, 55]
 43> myEmptyArray
$R19: [Int] = 3 values {
  [0] = 33
  [1] = 44
  [2] = 55
}
 44>
```

还可将一个空数组赋给这个变量，从而将该数组的所有元素删除：

```
 44> myEmptyArray = []
 45> myEmptyArray
$R20: [Int] = 0 values
 46>
```

现在，这个数组的所有值都删除了，可使用它来存储其他数据。

2.4.2 空字典

空字典的创建方式与空数组类似，需要使用单词Dictionary和一对尖括号：

```
 46> var myEmptyDictionary = Dictionary<String, Double>()
myEmptyDictionary: [String : Double] = 0 key/value pairs
 47>
```

使用普通方式还是简写方式

Swift语法极其丰富而灵活，对于同一个操作，通常提供了多种表示方式。就数组和字典声明而言，使用简写方式可减少输入量，而普通方式更清晰。不管你决定采用哪种方式，建议始终采用同一种方式。

在这个示例中，指定了字典的键和值的类型：键的类型为String，值的类型为Double。这些类型是在尖括号内指定的，并用逗号分隔。现在，可以像下面这样在这个字典中添加条目了。

```
 47> myEmptyDictionary = ["MyKey":1.125]
 48> myEmptyDictionary
$R21: [String : Double] = 1 key/value pair {
  [0] = {
   key = "MyKey"
   value = 1.125
  }
}
 49>
```

2.5 迭代集合

介绍基本集合类型（数组和字典）后，该探索如何迭代它们了。迭代集合指的是查看数组或字典中的每个值，并可能对其做某种处理。

我们每天都在做迭代，当你按书面步骤清单完成一项任务时，其实就在迭代该清单，迭代数据也与之类似。迭代是一项极其常见的编码任务，稍后你将看到，Swift提供了多种结构让迭代集合易如反掌。

2.5.1 迭代数组

如果你使用过其他编程语言（如C语言），肯定非常熟悉for循环。Swift提供了多种for循环，它们的表达力比C语言中的for循环更强。即便你没有任何编程经验，也能很快学会这种概念。

for-in循环的结构类似于下面这样：

```
for itemName in list {
 ... do something with itemName
}
```

其中itemName可以是你想使用的任何名称；它将成为一个变量，迭代期间将依次把列表中的每个值赋给它。list是要迭代的对象，而大括号内的一切都是要执行的代码。

来重温一下本章前面的数组combinedRefillableCandyJar。

```
 49> combinedRefillableCandyJar
$R22: [String] = 9 values {
  [0] = "Peppermints"
  [1] = "Lollipops"
  [2] = "Twirlers"
  [3] = "Candy Canes"
  [4] = "Peanut Clusters"
  [5] = "Banana Taffy"
  [6] = "Sour Tarts"
  [7] = "Cocoa Bar"
  [8] = "Coconut Rounds"
}
 50>
```

下面的代码段使用Swift的for-in结构显示该数组的每个值。这段代码包含多行，当你在REPL中输入它们时，提示符将从由数字和大于号组成变为由数字和句点组成。这是输入左大括号（{）导致的，它告诉REPL接下来是一个代码块。

由于这种行为，等你输入右大括号（最后一行）后结果才会出现：

```
 50> for candy in combinedRefillableCandyJar {
 51.     print("I enjoy eating \(candy)!")
 52. }
I enjoy eating Peppermints!
I enjoy eating Lollipops!
I enjoy eating Twirlers!
I enjoy eating Candy Canes!
I enjoy eating Peanut Clusters!
I enjoy eating Banana Taffy!
I enjoy eating Sour Tarts!
I enjoy eating Cocoa Bar!
I enjoy eating Coconut Rounds!
 53>
```

下面详细解读这个代码块。数组combinedRefillableCandyJar的各个值依次被赋给变量candy。由于这个数组包含9个值，因此for-in循环将迭代9次。每次迭代时，都将执行大括号内的代码。这里将当前值与一个格式字符串合并，并将结果显示到屏幕上。

for-in循环还有另一个变种，它迭代数组的值及其索引：

```
53> for (index, candy) in combinedRefillableCandyJar.enumerate() {
54.     print("Candy \(candy) is in position \(index) of the array")
55. }
Candy Peppermints is in position 0 of the array
Candy Lollipops is in position 1 of the array
Candy Twirlers is in position 2 of the array
Candy Candy Canes is in position 3 of the array
Candy Peanut Clusters is in position 4 of the array
Candy Banana Taffy is in position 5 of the array
Candy Sour Tarts is in position 6 of the array
Candy Cocoa Bar is in position 7 of the array
Candy Coconut Rounds is in position 8 of the array
56>
```

在这里，将前面定义的数组combinedRefillableCandyJar作为参数传递给了方法enumerate()。这个方法返回一个元组（见第1章），其中包含数组的值及其索引。接下来，使用变量index和candy创建了一个字符串。

2.5.2 迭代字典

使用for-in循环迭代字典时，方式与刚才介绍的数组示例相同。为演示这一点，我们重用前面为模拟Arceneaux先生给商店送糖果而创建的字典。

```
56> for (key, value) in arceneauxsOtherCandyRoute {
57.     print("\(key) has a candy jar with the following contents: \(value)")
58. }
Dupre's Quick Mart has a candy jar with the following contents:
→ [Butterbar, Mrs. Goodbuys, Giggles]
Smith's Pick-n-Sack has a candy jar with the following contents:
→ [Jelly Munchers, Gooey Bears]
Fontenot's Grocery has a candy jar with the following contents:
→ [Choppers, Jaw Bombs]
59>
```

由于字典由键和值组成，因此使用for-in循环迭代时，将自动返回一个元组。该元组被捕获，其内容被赋给变量key和value。请注意，value本身是一个数组，而使用方法print显示该数组非常方便。另外，别忘了字典中的键并不一定是按字母顺序排列的。

为进一步演示迭代，我们直接对前面的for-in循环进行扩展，其中包含另一个for-in循环，如下所示：

```
59> for (key, value) in arceneauxsOtherCandyRoute {
60.     for (index, candy) in value.enumerate() {
61.         print("\(key)'s candy jar contains \(candy) at position
            → \(index)")
```

```
62.     }
63. }
Dupre's Quick Mart's candy jar contains Butterbar at position 0
Dupre's Quick Mart's candy jar contains Mrs. Goodbuys at position 1
Dupre's Quick Mart's candy jar contains Giggles at position 2
Smith's Pick-n-Sack's candy jar contains Jelly Munchers at position 0
Smith's Pick-n-Sack's candy jar contains Gooey Bears at position 1
Fontenot's Grocery's candy jar contains Choppers at position 0
Fontenot's Grocery's candy jar contains Jaw Bombs at position 1
 64>:quit
```

这是一个嵌套for-in循环。迭代字典arceneauxsOtherCandyRoute时，Swift将值（一个数组）捕获到变量value中，再将这个变量传递给方法enumerate()以便对其进行迭代。

注意 需要提醒你的是，虽然数组内容的存储顺序是固定不变的，但字典不是这样的。遍历字典时，不要假定字典内容的存储顺序与你加入的顺序相同。

2.6 小结

有关集合的旋风之旅已接近尾声。正如你看到的，数组和字典都非常适合用于编组各种数据类型，从文本到数字。这些集合甚至可以包含其他集合，让你能够打造出相当精致的数据引用方案。最后，你见识了Swift的数组和字典声明语法的灵活性：创建新集合时，你几乎能够完全控制代码的可读性。

下一章将介绍控制结构，它们让编程变得有趣起来。

第3章 流程控制

前一章介绍了Swift集合（数组和字典）及其迭代方式，本章将继续介绍迭代，然后讨论Swift决定执行路径的功能。

如果还没有在Terminal应用程序中启动REPL，现在就请这样做（可执行命令xcrun swift）。本章图示中的行号是重启了REPL的结果。

3.1 for 循环

你在前一章看到过，在Swift中，可使用for-in循环来迭代集合——无论是数组还是字典。for-in循环的另一个变种也可用于迭代——不仅仅是对集合进行迭代。

3.1.1 计数

for-in循环的一种常见用途是用作枚举机制。使用Swift提供的特殊语法，可编写在特定范围内计数的for-in循环；这种for-in循环的结构如下：

```
for loopVariable in startNumber...endNumber
```

与前一章一样，这种for-in循环也需要一个循环变量，用于存储每次迭代的值。在这个循环变种中，关键字in的后面依次为起始数字、三个句点（...）和结束数字。

三个句点告诉Swift，起始数字和结束数字指定的是范围。这种for循环将起始数字赋给循环变量，执行循环，将循环变量加1，再将其与结束数字进行比较。只要循环变量不大于结束数字，就继续执行循环。

请尝试下面的代码片段：

```
  1> var loopCounter : Int = 0
loopCounter: Int = 0
  2> for loopCounter in 1...10 {
  3.     print("\(loopCounter) times \(loopCounter) equals \(loopCounter *
         → loopCounter)")
  4. }
1 times 1 equals 1
2 times 2 equals 4
3 times 3 equals 9
4 times 4 equals 16
```

```
5 times 5 equals 25
6 times 6 equals 36
7 times 7 equals 49
8 times 8 equals 64
9 times 9 equals 81
10 times 10 equals 100
  5>
```

驼峰式大小写

你可能注意到了，在本书中变量名都采用了一种特殊的大小写组合：第一个单词小写，其他单词的首字母都大写。这被称为**驼峰式大小写**，是Objective-C使用的一种约定。myFirstBirthday、rockyMountainHigh和bedAndBreakfast都采用了驼峰式大小写。Swift继承了这种约定。虽然你并非必须在代码中采用驼峰式大小写，但建议你在代码中始终遵循这种或其他大小写约定。

第1行声明了Int变量loopCounter，它将被用作循环变量。第2行使用了包含...的for-in循环变种，并将起始数字和结束数字分别设置为1和10。

第3行是一个print命令，它显示将变量loopCounter与自己相乘的结果。最后，第4行的右大括号告诉REPL该执行这个for-in循环了。接下来，Swift提供了10行输出，其中显示了数字1~10的平方值。

3.1.2 包含还是不包含结束数字

指定范围的语法...还有一个变种——语法..<，它让Swift迭代到循环变量比结束数字小1。在前面的示例中，将...替换为..<，看看结果有何不同：

```
  5> for loopCounter in 1..<10 {
  6.     print("\(loopCounter) times \(loopCounter) equals \(loopCounter *
         → loopCounter)")
  7. }
1 times 1 equals 1
2 times 2 equals 4
3 times 3 equals 9
4 times 4 equals 16
5 times 5 equals 25
6 times 6 equals 36
7 times 7 equals 49
8 times 8 equals 64
9 times 9 equals 81
  8>
```

循环终止于数字9（比结束数字10小1）处。

你可能会问，这有什么意义呢？在保留范围限定符...不变的情况下，将数字10换成9不也能得到同样的结果吗？

实际上，迭代数组这样的集合时，这种语法很有用，因为数组的索引总是从0开始。请输入下面的代码行：

```
  8> let numbersArray = [ 11, 22, 33, 44, 55, 66, 77, 88, 99 ]
numbersArray: [Int] = 9 values {
  [0] = 11
  [1] = 22
  [2] = 33
  [3] = 44
  [4] = 55
  [5] = 66
  [6] = 77
  [7] = 88
  [8] = 99
}
  9> for loopCounter in 0..<9 {
 10.     print("value at index \(loopCounter) is \(numbersArray[loopCounter])")
 11. }
value at index 0 is 11
value at index 1 is 22
value at index 2 is 33
value at index 3 is 44
value at index 4 is 55
value at index 5 is 66
value at index 6 is 77
value at index 7 is 88
value at index 8 is 99
 12>
```

将数组长度用作循环结束数字可能看起来更自然。不管你喜欢哪个版本，都别忘了数组的索引总是从0开始，这意味着最后一个元素的索引比数组包含的元素数小1，迭代数组时务必考虑这一点。

3.1.3 老式 for 循环

Swift还提供了另一个for循环变种，如果你熟悉C语言，肯定知道这个变种：它不使用关键字in，而是由三个部分组成。

for *initialization*; *evaluation*; *modification*

- *initialization*：初始化循环变量。
- *evaluation*：执行检查；只要结果为true，就执行循环。
- *modification*：通常修改循环变量。

这种for循环的一个优点是，可调整步长：不一定每次迭代都将循环变量加1，也可以将循环变量加上其他数字，甚至减去某个数字。

```
 12> for loopCounter = 0; loopCounter < 9; loopCounter = loopCounter + 2 {
 13.     print("value at index \(loopCounter) is \(numbersArray[loopCounter])")
 14. }
value at index 0 is 11
value at index 2 is 33
value at index 4 is 55
value at index 6 is 77
value at index 8 is 99
 15>
```

如果在这种for循环的modification部分将循环变量加2，迭代数组时将每迭代一个元素就跳过一个元素。使用这种for循环还可从后向前迭代，但要特别注意避免索引小于第一个元素的索引0：

```
 15> for loopCounter = 8; loopCounter >= 0; loopCounter = loopCounter - 2 {
 16.     print("value at index \(loopCounter) is \(numbersArray[loopCounter])")
 17. }
value at index 8 is 99
value at index 6 is 77
value at index 4 is 55
value at index 2 is 33
value at index 0 is 11
 18>
```

这种for循环很灵活，非常适合用于以非顺序方式迭代集合以及执行任意次数计算。

3.1.4　简写

在前面两个示例中，for循环的modification部分类似于下面这样：

```
loopCounter = loopCounter + 2
loopCounter = loopCounter - 2
```

其中第1行将loopCounter加2，而第2行减2。

这是不是有点长？不用担心，Swift提供了将变量加上或减去一个数字的简洁语法：

```
 18> var anotherLoopCounter = 3
anotherLoopCounter: Int = 3
 19> anotherLoopCounter += 2
 20> anotherLoopCounter
$R0: Int = 5
 21>
```

第18行将变量anotherLoopCounter设置为3。在第19行，语法+=避免了重复输入这个变量。这是一种简写方式，意思是将左边的变量加上右边的值。在第20行，输入了变量名，这导致REPL将其值赋给一个临时变量，并显示这个值。

这种逻辑也适用于减法运算：

```
 21> anotherLoopCounter -= 3
 22> anotherLoopCounter
$R1: Int = 2
 23>
```

代码更简洁了！如果只是想将变量加1，可使用更简洁的语法——++：

```
 23> anotherLoopCounter++
$R2: Int = 2
 24>
```

看懂了吗？递增前anotherLoopCounter的值为2，为何递增后返回的值还是2呢？将这个变量加1后，结果不是3吗？

这就是递增运算的副作用。++放在变量名后时，返回的是递增前的值，因此赋给临时变量$R2

的值为2。如果你再次请求REPL显示变量anotherLoopCounter的值，显示的将是递增后的值：

```
 24> anotherLoopCounter
$R3: Int = 3
 25>
```

这被称为后递增，先获取变量的值，再递增。递减亦如此，--放在变量名后面时被称为后递减。

```
 25> anotherLoopCounter--
$R4: Int = 3
 26> anotherLoopCounter
$R5: Int = 2
 27>
```


除后递增外，还有前递增：

```
 27> ++anotherLoopCounter
$R6: Int = 3
 28>
```

注意到anotherLoopCounter的值现在为3（而在第26行，其值为2）。再次显示anotherLoop-Counter的值时，结果应该还是3：

```
 28> anotherLoopCounter
$R7: Int = 3
 29>
```

确实如此。

最后，还有前递减：

```
 29> --anotherLoopCounter
$R8: Int = 2
 30> anotherLoopCounter
$R9: Int = 2
 31>
```

在本书后面，将经常使用这些简写以及递增/递减运算符。请记住，这些简写可节省输入量，请务必确保在代码中看到它们时能够明白其含义，并知道如何使用它们将变量加上或减去一个数字。

3.2 游乐场

本书前面一直使用Swift REPL来输入代码和查看结果。对于简短的代码，非常适合使用REPL来提供即时反馈；然而，随着你不断往下学习，编写的代码越来越多。要保存和加载这些代码并轻松地编辑它们，就得使用Xcode 7，这是苹果公司提供的一种开发环境，用于使用Swift编写iOS和OS X应用程序。

Xcode提供的一个有趣的新特性是*游乐场*（playground）。游乐场是一种交互式环境，你可在其中输入Swift指令并立即看到结果，这与REPL很像，但它能让你更轻松地编辑和修改源代码。

为使用REPL，你在第1章下载了Xcode 7，这为开始使用Xcode 7做好了充分准备。首先，使用Finder（图3-1）启动文件夹Applications中的Xcode 7，如图3-1所示。

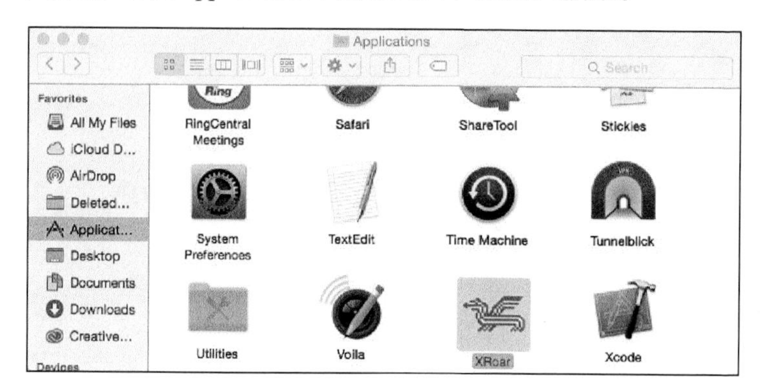

图3-1　在Finder中查找Xcode 7

启动Xcode 7时，将出现如图3-2所示的对话框。

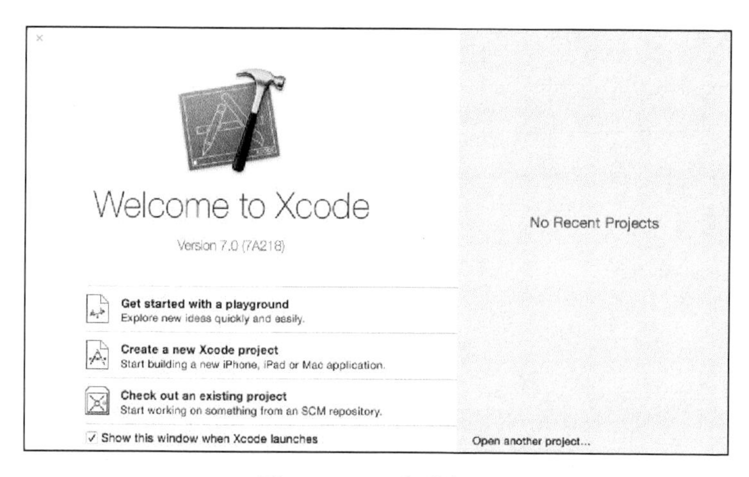

图3-2　Xcode启动窗口

第一个选项为Get started with a playground。请单击它，将出现一个新窗口，让你给游乐场指定一个名称，并选择目标平台（iOS还是OS X），如图3-3所示。

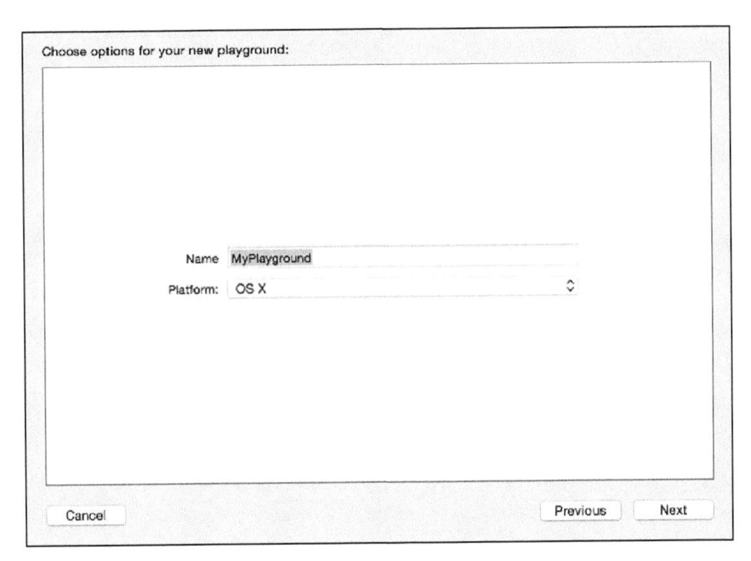

图3-3 保存游乐场

保留默认名称MyPlayground和默认平台设置OS X，并单击Next按钮。选择保存位置，再单击Create按钮。

游乐场保存后，将出现一个新窗口，如图3-4所示。这就是你的新游乐场，它就像一块空白画布，你可以在其中随心所欲地输入Swift代码。

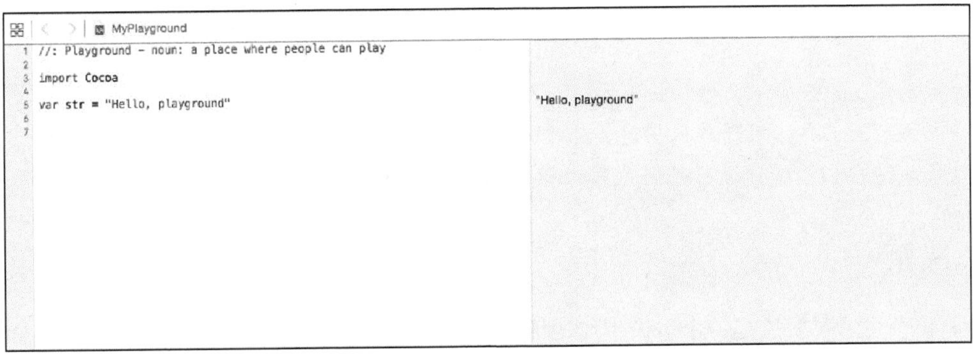

```
MyPlayground
1 //: Playground - noun: a place where people can play
2
3 import Cocoa
4
5 var str = "Hello, playground"                "Hello, playground"
6
7
```

图3-4 新建的游乐场窗口

游乐场窗口包含两个窗格。左边的窗口显示你输入的代码和行号，它与你前面一直使用的REPL很像，但交互性更强。

右边的窗格在对应的行显示代码的结果。这正体现了游乐场的强大威力和方便之处：实时地运行代码并显示结果。你将看到，游乐场非常适合用于学习Swift，因为尝试新概念时无需等待编译器完成其工作。

来看看这个窗口默认包含的5行代码，如图3-5所示。

```
1  //: Playground - noun: a place where people can play
2
3  import Cocoa
4
5  var str = "Hello, playground"
6
```

图3-5　游乐场窗口刚打开时默认包含的代码

第1行是注释；Xcode用绿色显示注释文本。在Swift中，注释以两个斜杠打头，Swift编译器会忽略两个斜杠的整行内容。开发人员使用注释在源代码中添加说明，这通常旨在帮助可能阅读代码的其他开发人员。添加代码注释是良好市民的表现，可帮助别人理解代码的意图。注释还有助于建立工作文档，这样数月乃至数年后你都能快速想起自己所做的工作。

第3行是一条`import`语句，它告诉Swift，程序需要使用Cocoa提供的资源（代码和数据）。Cocoa是苹果提供的一个框架，用于编写iOS和OS X应用程序。

第5行应该很熟悉，它声明了一个变量（隐式地将其类型声明为`String`），并将`"Hello, playground"`赋给它。

请将注意力转向右边的结果侧栏，如图3-6所示。其中显示了文本“Hello, playground”，这是Swift执行左边窗格中代码得到的结果。

```
"Hello, playground"
```

图3-6　结果侧栏

游乐场让你编写、编辑和理解代码更容易。对游乐场的使用将贯穿本书，它让你能够保存所做的工作，还能够向上滚动，以修改以前编写的代码。

游乐场规则

在本书后面，每当用到游乐场时，都将列出你需要输入的代码清单，并显示游乐场中的代码和结果。这旨在帮助你逐行理解代码，并指出结果在屏幕上是什么样的。

3.3　决策

计算机会思考吗？这是一个争论不休的话题。会思考的一种表现是能够做决定，在这方面计算机无疑做得相当好。对任何应用程序来说，决策都是不可或缺的，知道做什么以及如何做是程序流程的重要组成部分。

程序流程就是一系列决策：如果满足这个条件，就这样做，否则就那样做；如果不满足这种条件，就一直按既定方针办，直到满足这种条件为止。在我们的日常生活中，经常需要做决定，这几乎是在很短的时间内完成的。穿哪双鞋？什么时候去上班？什么时候过马路合适？这些都是我们每天都要做的决定。

Mac、iPhone和iPad也一样。当你使用Swift编写应用程序时，Swift提供了大量告诉程序该做什么，以及什么时候做的方式。本章余下的很大篇幅都将介绍Swift的流程控制结构。

3.3.1 if 语句

“如果”无处不在。它出现在我们的话语中，在我们做决策时始终出现在我们的脑海里。它通常位于句子开头，而这种句子还包含“就”，例如：

如果是红灯，就踩刹车；

如果咖啡是热的，就喝了。

Swift版本没有这么啰嗦，但也易于理解。下面是Swift if语句的通用格式：

```
if predicate {
   // 执行某项操作
}
```


Swift对断言（predicate）进行评估，如果它为true，就执行接下来的大括号内的语句，否则就忽略它们。前面的句子还可以包含“否则”。

如果是红灯，就踩刹车，否则踩油门。

如果咖啡是热的，就喝了，否则就倒掉。

这些句子包含一个断言和两种可能结果，最终的结果取决于断言是否为真。是红灯吗？咖啡是热的吗？如果答案是肯定的，就这样做，否则就那样做。在编程中，这种结构被称为if/then/else子句。

在Swift中，if/then/else的通用格式如下：

```
if predicate {
   // 这样做
}
else {
{
   // 那样做
}
```

Swift遇到if子句后，对断言进行评估。如果断言为true，就执行第一对大括号内的代码。else子句提供了备选方案：如果断言为false，就执行第二对大括号内的代码。

为演示这一点，我们使用Swift来模拟交通信号灯。为此，首先输入下面的代码，如图3-7的MyPlayground窗口中的第7~13行所示：

```
var trafficLight = "Red"

if trafficLight == "Red" {
   print("Stop!")
} else {
   print("Go!")
}
```

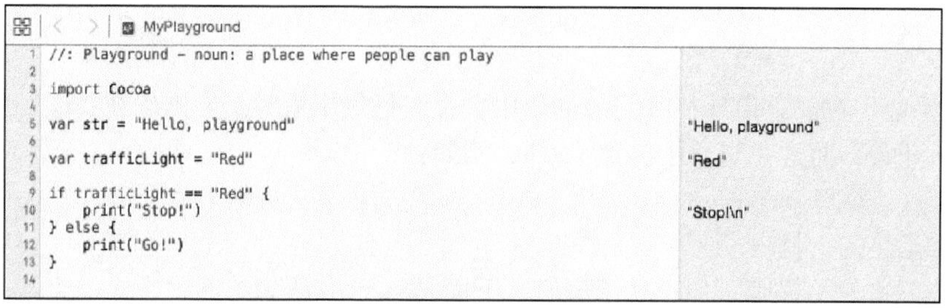

```
MyPlayground
1  //: Playground - noun: a place where people can play
2
3  import Cocoa
4
5  var str = "Hello, playground"                    "Hello, playground"
6
7  var trafficLight = "Red"                         "Red"
8
9  if trafficLight == "Red" {
10     print("Stop!")                               "Stop!\n"
11 } else {
12     print("Go!")
13 }
14
```

图3-7　在游乐场中使用if语句

第7行声明了变量trafficLight，并将字符串"Red"赋给了它。

第9行包含if语句。这里的断言是比较变量trafficLight和字符串"Red"，结果为true，因为第7行将值"Red"赋给了变量trafficLight。

结果侧栏中显示了Stop!，这因为将变量trafficLight与字符串"Red"进行比较的结果为true。

如何让结果侧栏显示Go!而不是Stop!呢？

可在第7行将变量trafficLight设置为除"Red"之外的其他值，如图3-8所示。

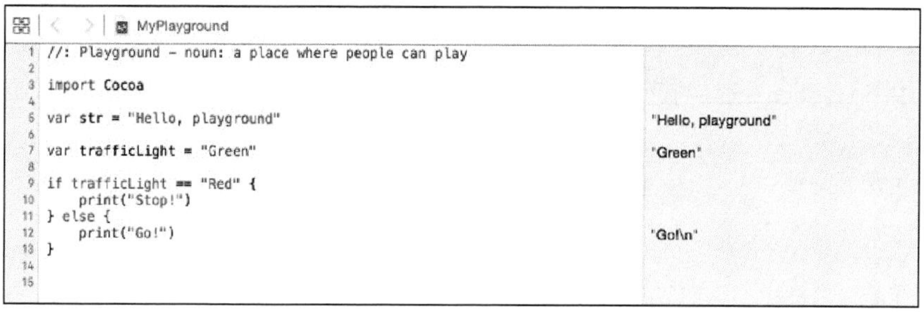

```
MyPlayground
1  //: Playground - noun: a place where people can play
2
3  import Cocoa
4
5  var str = "Hello, playground"                    "Hello, playground"
6
7  var trafficLight = "Green"                       "Green"
8
9  if trafficLight == "Red" {
10     print("Stop!")
11 } else {
12     print("Go!")                                 "Go!\n"
13 }
14
15
```

图3-8　执行else子句

现在结果侧栏显示的是你希望的Go!，因为第9行将变量trafficLight与"Red"进行比较的结果为false。

另一种检查交通信号灯的办法是，保留第7行将变量设置为字符串"Red"的代码不变，但修改第9行的比较运算符，如图3-9所示。

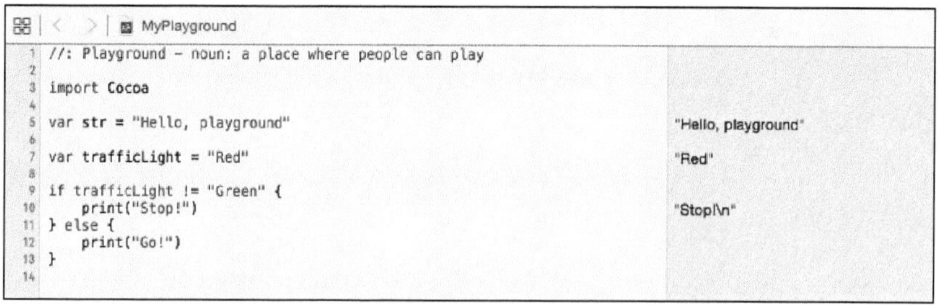

```
MyPlayground
1  //: Playground - noun: a place where people can play
2
3  import Cocoa
4
5  var str = "Hello, playground"                    "Hello, playground"
6
7  var trafficLight = "Red"                         "Red"
8
9  if trafficLight != "Green" {
10     print("Stop!")                               "Stop!\n"
11 } else {
12     print("Go!")
13 }
14
```

图3-9　另一种确保else子句被执行的方式

比较运算符`!=`与`==`相反，意思是不等。这反转了第9行的逻辑，使其含义如下：如果变量`trafficLight`的值不是字符串`"Red"`，就显示Stop!，否则显示Go!。

在Swift中检查是否相等

至此，你知道给变量或常量赋值时使用一个等号，而对两个值、变量或常量进行比较时使用两个等号（`==`）。在图3-7中，第9行就使用了这个比较运算符，稍后将介绍其他比较运算符。

前面比较的都是字符串。下面尝试比较两个数字，并介绍其他一些比较运算符。出于好玩，保留第7~13行代码，并从第15行开始添加如下代码，如图3-10所示。


```
var number1 : Int = 33
var number2 : Int = 101

if number1 >= number2 {
   print("\(number1) is greater than \(number2)")
} else {
   print("\(number1) is less than \(number2)")
}
```

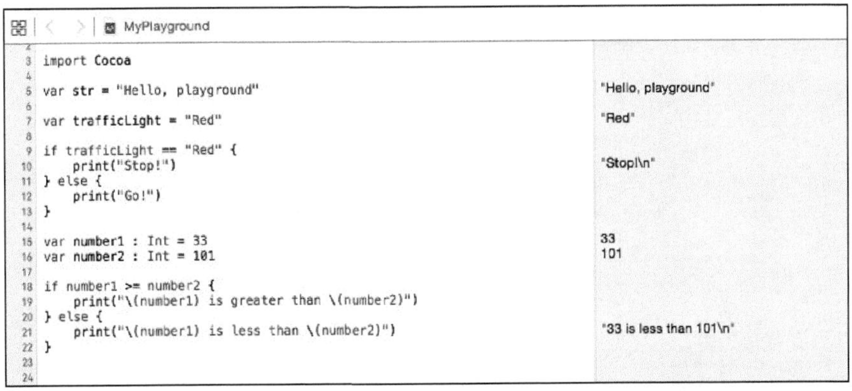

图3-10　在if语句中比较数字

第18行将大于等于号（`>=`）用作比较运算符。在这个示例中，`number1`（其值为33）小于`number2`（其值为101），整个表达式为false，因此执行第二个子句中的代码。如果将第18行的大于号换成小于号（`<`），条件将为true，进而执行第一个子句中的代码。请尽情去尝试，游乐场就是为让你尝试而生的！

还可以使用其他运算符，Swift支持表3-1所示的比较运算符。

表3-1　Swift比较运算符

运算符	含　义
`==`	等于
`!=`	不等

（续）

运算符	含　义
>	大于
<	小于
>=	大于等于
<=	小于等于

这些运算符并非只能用于数字，它们也可用于比较字符串。字符串是根据字母顺序进行比较的，请看图3-11所示的第24~29行代码。

```
let tree1 = "Oak"
let tree2 = "Pecan"
let tree3 = "Maple"

let treeCompare1 = tree1 > tree2
let treeCompare2 = tree2 > tree3
```

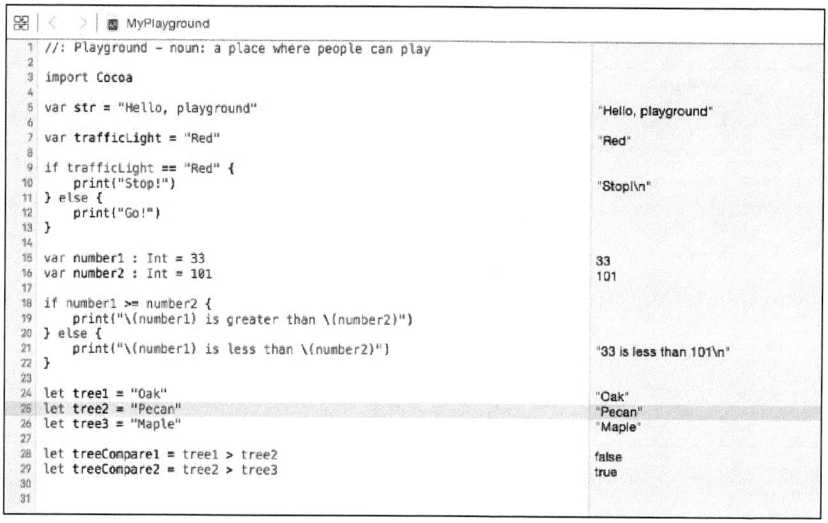

图3-11　比较字符串

第24~26行声明了三个常量字符串："Oak"、"Pecan"和"Maple"。第28行对tree1（Oak）和tree2（Pecan）进行比较，结果为false。tree1显然比tree2小，因为按字母顺序排列时，Oak在Pecan前面。第29行的结果为true，因为tree2（Pecan）确实比tree3（Maple）大（排在后面）。

3.3.2　检查多个条件

有时候，仅确定是或不是还不够。就拿前面创建的三个tree常量来说吧，其中每个常量都与一种产品相关联，那么如何返回每个常量对应的产品类型呢？请在第31~43行输入如下代码（如

图3-12所示），接下来将讨论其结果。

```
var treeArray = [tree1, tree2, tree3]

for tree in treeArray {
   if tree == "Oak" {
      print("Furniture")
   }
   else if tree == "Pecan" {
      print("Pie")
   }
   else if tree == "Maple" {
      print("Syrup")
   }
}
```

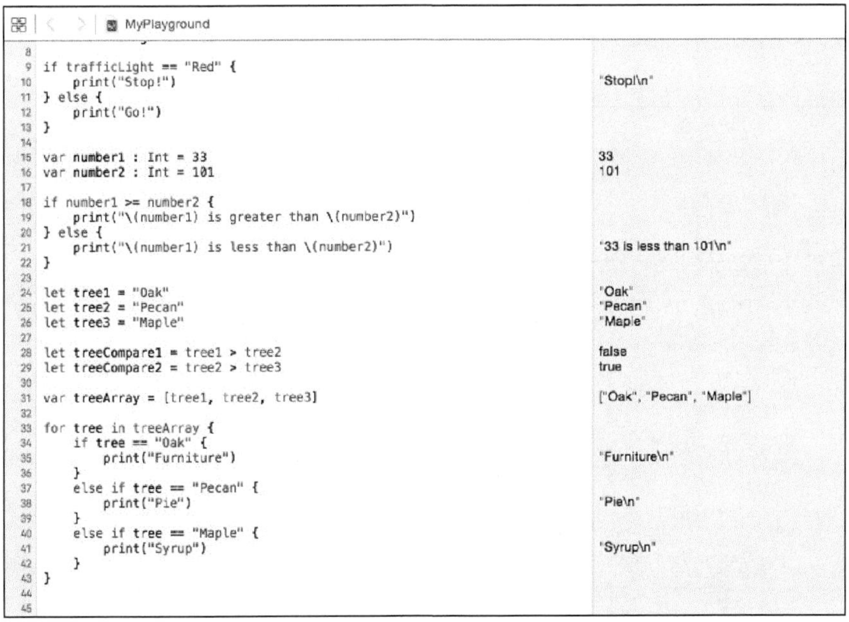

```
MyPlayground
8
9  if trafficLight == "Red" {
10     print("Stop!")                                          "Stop!\n"
11 } else {
12     print("Go!")
13 }
14
15 var number1 : Int = 33                                      33
16 var number2 : Int = 101                                     101
17
18 if number1 >= number2 {
19     print("\(number1) is greater than \(number2)")
20 } else {
21     print("\(number1) is less than \(number2)")             "33 is less than 101\n"
22 }
23
24 let tree1 = "Oak"                                           "Oak"
25 let tree2 = "Pecan"                                         "Pecan"
26 let tree3 = "Maple"                                         "Maple"
27
28 let treeCompare1 = tree1 > tree2                            false
29 let treeCompare2 = tree2 > tree3                            true
30
31 var treeArray = [tree1, tree2, tree3]                       ["Oak", "Pecan", "Maple"]
32
33 for tree in treeArray {
34     if tree == "Oak" {
35         print("Furniture")                                  "Furniture\n"
36     }
37     else if tree == "Pecan" {
38         print("Pie")                                        "Pie\n"
39     }
40     else if tree == "Maple" {
41         print("Syrup")                                      "Syrup\n"
42     }
43 }
44
45
```

图3-12　在for循环中包含多条if语句

这个代码段演示了多个概念。第31行声明了一个数组，它包含前面声明的三个tree常量。

第33行使用for语句迭代新创建的数组，并在迭代过程中使用变量tree依次存储每个数组元素的值。第34、37行和第40行将变量tree与前面赋给各个常量的字符串进行比较，如果相同，就显示相关联的产品。

3.3.3　switch 语句

在前一个示例中，使用了三条if语句来处理可能出现的情形，但如果可能出现的情形很多呢？将需要使用以长串if语句，输入起来很繁琐，也不好理解。Swift为处理大量断言提供了另一种解决方案：switch语句。

在很多情况下，这个新结构都提供了极大的方便。请输入下面的代码，并研究图3-13所示的结果，看看这究竟是如何得到的：

```
for tree in treeArray {
   switch tree {
     case "Oak":
        print("Furniture")
     case "Pecan":
        print("Pie")
     case "Maple":
        print("Syrup")
     default:
        print("Wood")
   }
}
```

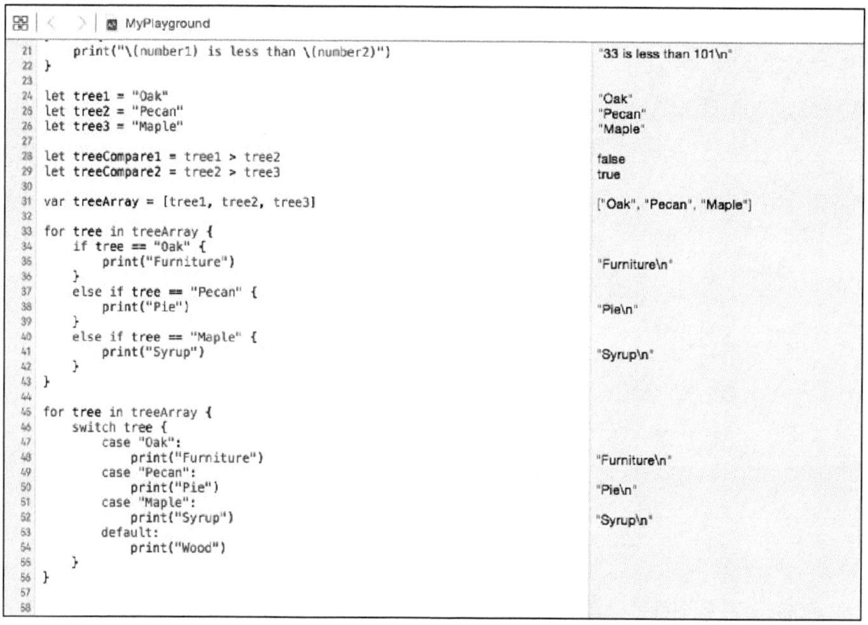

```
MyPlayground
21      print("\(number1) is less than \(number2)")          "33 is less than 101\n"
22  }
23
24  let tree1 = "Oak"                                         "Oak"
25  let tree2 = "Pecan"                                       "Pecan"
26  let tree3 = "Maple"                                       "Maple"
27
28  let treeCompare1 = tree1 > tree2                          false
29  let treeCompare2 = tree2 > tree3                          true
30
31  var treeArray = [tree1, tree2, tree3]                     ["Oak", "Pecan", "Maple"]
32
33  for tree in treeArray {
34      if tree == "Oak" {
35          print("Furniture")                                "Furniture\n"
36      }
37      else if tree == "Pecan" {
38          print("Pie")                                      "Pie\n"
39      }
40      else if tree == "Maple" {
41          print("Syrup")                                    "Syrup\n"
42      }
43  }
44
45  for tree in treeArray {
46      switch tree {
47          case "Oak":
48              print("Furniture")                            "Furniture\n"
49          case "Pecan":
50              print("Pie")                                  "Pie\n"
51          case "Maple":
52              print("Syrup")                                "Syrup\n"
53          default:
54              print("Wood")
55      }
56  }
57
58
```

图3-13　包含在for循环中的switch-case语句

在图3-13中，第46行使用了关键字switch，它后面跟着变量tree：在第45行的for循环的每次迭代中，将把数组treeArray的当前成员赋给这个变量。在接下来的一对大括号中，包括各种case语句。遇到每条case语句时，Swift都会将指定的值与变量tree进行比较，看它们是否相等。如果相同，就执行当前case语句和下一条case语句之间的代码。

你可能会问，关键字default是做什么的？它表示一种包罗万象的情形，如果其他case语句的条件都不满足，就执行它指定的代码。在这个示例中，不可能出现这样的情形，因为全面的case语句涵盖了全部三种树，但如果在数组中添加了第四种树呢？此时图3-14所示的第45行便可派上用场。

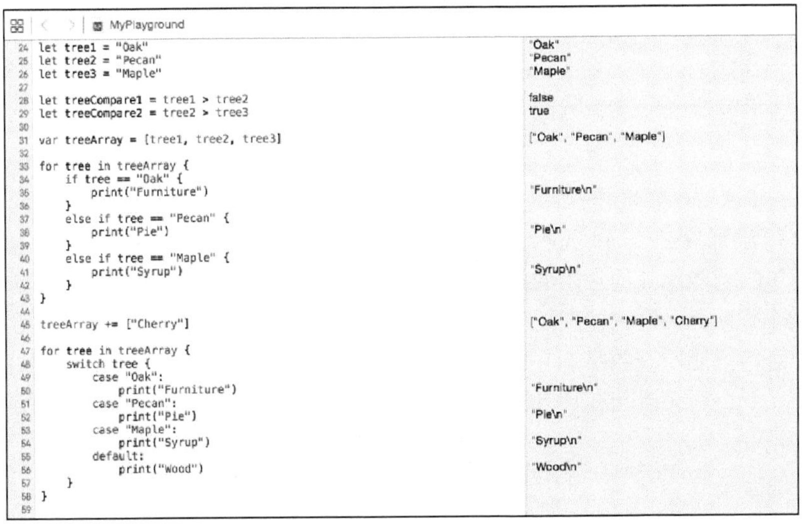

```
MyPlayground
24 let tree1 = "Oak"                                  "Oak"
25 let tree2 = "Pecan"                                "Pecan"
26 let tree3 = "Maple"                                "Maple"
27
28 let treeCompare1 = tree1 > tree2                   false
29 let treeCompare2 = tree2 > tree3                   true
30
31 var treeArray = [tree1, tree2, tree3]              ["Oak", "Pecan", "Maple"]
32
33 for tree in treeArray {
34     if tree == "Oak" {
35         print("Furniture")                         "Furniture\n"
36     }
37     else if tree == "Pecan" {
38         print("Pie")                               "Pie\n"
39     }
40     else if tree == "Maple" {
41         print("Syrup")                             "Syrup\n"
42     }
43 }
44
45 treeArray += ["Cherry"]                            ["Oak", "Pecan", "Maple", "Cherry"]
46
47 for tree in treeArray {
48     switch tree {
49         case "Oak":
50             print("Furniture")                     "Furniture\n"
51         case "Pecan":
52             print("Pie")                           "Pie\n"
53         case "Maple":
54             print("Syrup")                         "Syrup\n"
55         default:
56             print("Wood")                          "Wood\n"
57     }
58 }
59
```

图3-14 在数组中添加新树对switch-case语句的影响

现在default语句发挥了作用，因为在数组中添加的新值不与任何case语句匹配，因此在for循环中遇到"Cherry"时将显示"Wood"。

怎么没有break语句

如果你熟悉Objective-C并使用过其中的switch-case语句，可能会满腹疑惑：各个case语句中怎么没有break语句呢？简单地说，Swift不要求使用它。找到匹配的case语句后，Swift执行其代码，并跳过余下的case语句。

如何修改这条switch语句，使其对"Pecan"和"Cherry"都显示Pie呢？显然，可再添加一条case语句，来处理变量tree等于"Cherry"的情形；这肯定可行，但还有另一种更简洁的方式。Swift允许在一条case语句中评估多个值。请将第51行改为case "Pecan","Cherry":，如图3-15所示，并注意结果侧栏中的输出。

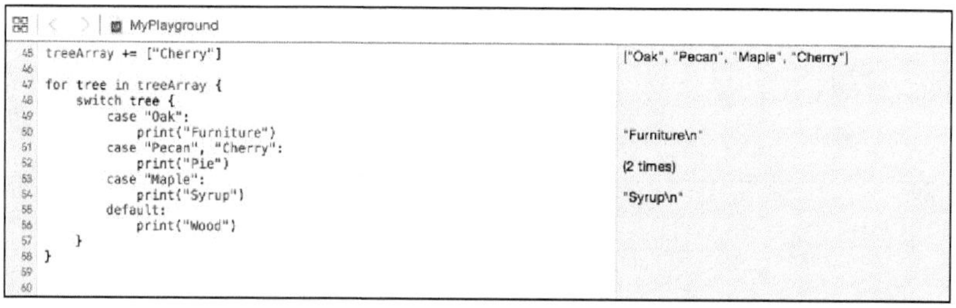

```
MyPlayground
45 treeArray += ["Cherry"]                  ["Oak", "Pecan", "Maple", "Cherry"]
46
47 for tree in treeArray {
48     switch tree {
49         case "Oak":
50             print("Furniture")           "Furniture\n"
51         case "Pecan", "Cherry":
52             print("Pie")                 (2 times)
53         case "Maple":
54             print("Syrup")               "Syrup\n"
55         default:
56             print("Wood")
57     }
58 }
59
60
```

图3-15　在一条case语句中包含多个常量

Swift指出，显示"Pie"的代码被执行了两次，分别是在tree变量的值为"Pecan"和"Cherry"时。还可以在第51行添加"Lemon"和"Apple"等名称，这将作为练习留给你去完成。这种灵活性让switch-case语句的功能比其他常用的条件结构更强大。

前面使用switch-case语句检查的都是字符串，这是Objective-C和C等语言没有的功能，它们的switch-case语句只能检查数字。在Swift中，也可轻松地比较数字，下面的代码片段演示了这一点，它使用switch-case语句在1~9的数字后面加上相应的序数缩写，如图3-16所示。

```
var position = 8

switch position {
  case 1:
    print("\(position)st")

  case 2:
    print("\(position)nd")

  case 3:
    print("\(position)rd")

  case 4...9:
    print("\(position)th")

  default:
    print("Not covered")
}
```

第60行声明了变量position并将数字8赋给它。接下来执行switch语句，将这个变量与各种case语句匹配。由于数字4~9的序数缩写都是“th”，因此第72行使用了Swift的范围运算符（...）指定了4~9的所有整数，其他情形已被之前的case语句覆盖。

请在第60行修改变量position的值。修改时，结果侧栏将更新，指出执行了哪些代码。

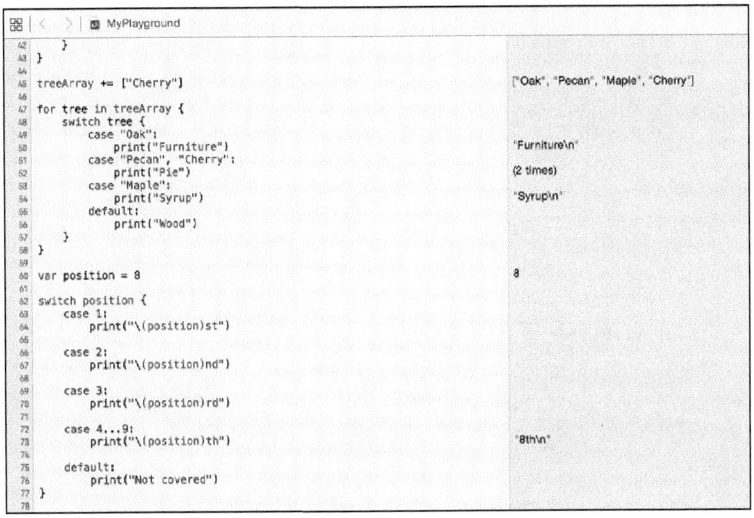

```
42      }
43  }
44
45  treeArray += ["Cherry"]                          ["Oak", "Pecan", "Maple", "Cherry"]
46
47  for tree in treeArray {
48      switch tree {
49          case "Oak":
50              print("Furniture")                   "Furniture\n"
51          case "Pecan", "Cherry":
52              print("Pie")                         (2 times)
53          case "Maple":
54              print("Syrup")                       "Syrup\n"
55          default:
56              print("Wood")
57      }
58  }
59
60  var position = 8                                 8
61
62  switch position {
63      case 1:
64          print("\(position)st")
65
66      case 2:
67          print("\(position)nd")
68
69      case 3:
70          print("\(position)rd")
71
72      case 4...9:
73          print("\(position)th")                   "8th\n"
74
75      default:
76          print("Not covered")
77  }
78
```

图3-16 使用switch-case语句检查数值

3.3.4 while 循环

前面介绍了Swift通过if、for和switch-case提供的强大控制和迭代功能，但还有其他结构可提供自然的意图表达方式。

在开发软件的过程中，你有时候可能需要实现迭代次数未知的循环。例如，你可能想不断迭代，直到满足特定的条件。例如，你可能想计算一系列值，直到计算得到的值大于某个数才停止。

while循环是一种Swift循环结构，让你能够反复执行相同的代码，直到满足指定的条件为止。其基本格式如下：

```
while someCondition {
  // 执行代码
}
```

其中的条件someCondition是一个布尔表达式，结果要么为true要么为false。如果为true，就执行大括号内的代码，再返回到while循环。如果这个条件为false，就跳过大括号内的代码继续执行。

为查看while循环的运行情况，请在第79~85行输入如下代码，如图3-17所示，并查看结果侧栏中的结果。

```
var base = 2
var target = 1000
var value = 0

while value < target {
  value += base
}
```

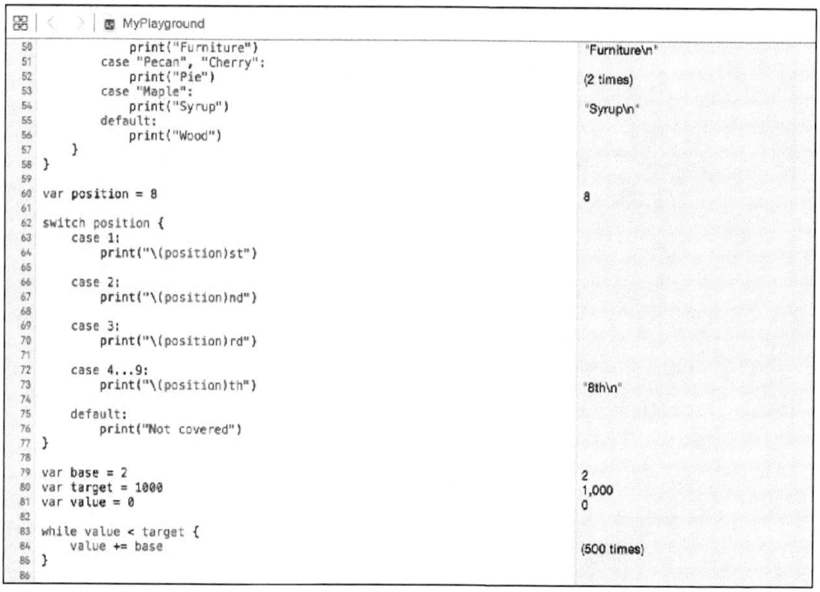
MyPlayground
print("Furniture")
case "Pecan", "Cherry":
print("Pie")
case "Maple":
print("Syrup")
default:
print("Wood")
}
}
var position = 8
switch position {
case 1:
print("\(position)st")
case 2:
print("\(position)nd")
case 3:
print("\(position)rd")
case 4...9:
print("\(position)th")
default:
print("Not covered")
}
var base = 2
var target = 1000
var value = 0
while value < target {
value += base
}
"Furniture\n"
(2 times)
"Syrup\n"
8
"8th\n"
2
1,000
0
(500 times)

图3-17 使用while循环进行迭代

while循环还有一个变种：repeat-while循环。这种循环先执行代码，再评估表达式决定是否要继续执行，其格式如下：

```
repeat {
  // 执行代码
} while someCondition;
```

与while循环中一样，条件someCondition也是一个布尔表达式，但执行大括号内的代码后才会计算它。图3-18的第87~90行是个repeat-while循环，它与第83~85行的while循环执行的代码相同。注意到在这两个循环中，value的值不同：在repeat-while循环中为1002，而在while循环中为1000。这是为什么呢？

```
repeat
{
   value += base
} while value < target
```

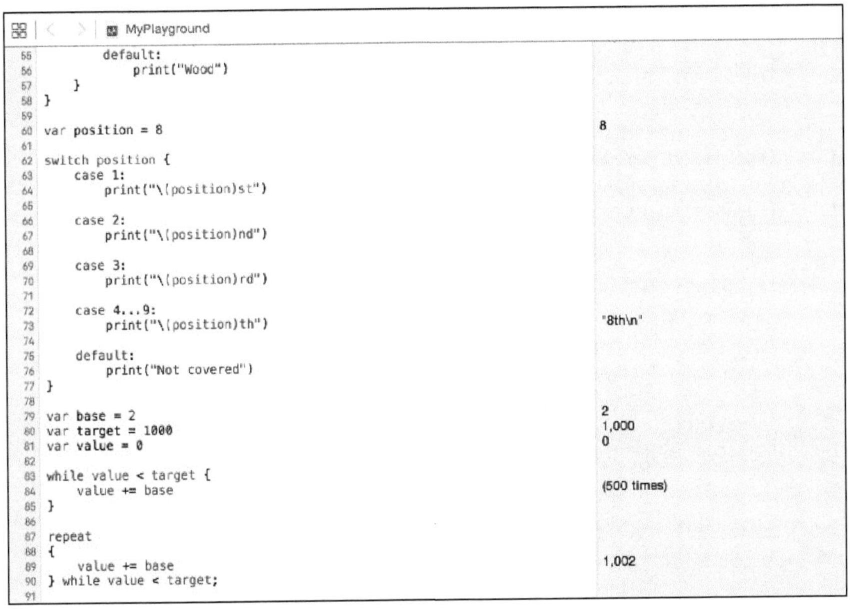

MyPlayground

```
55        default:
56            print("Wood")
57    }
58 }
59
60 var position = 8                                   8
61
62 switch position {
63     case 1:
64         print("\(position)st")
65
66     case 2:
67         print("\(position)nd")
68
69     case 3:
70         print("\(position)rd")
71
72     case 4...9:
73         print("\(position)th")                     "8th\n"
74
75     default:
76         print("Not covered")
77 }
78
79 var base = 2                                       2
80 var target = 1000                                  1,000
81 var value = 0                                      0
82
83 while value < target {
84     value += base                                  (500 times)
85 }
86
87 repeat
88 {
89     value += base                                  1,002
90 } while value < target;
91
```

图3-18 一个repeat-while循环

进入第87~90行的repeat-while循环时，value的值已经是1000，这是第83~85行的while循环导致的。这个repeat-while循环会强制执行代码，先将value（1000）加上base（2），再评估表达式。此时value（1002）已经不比target（1000）小，即条件为false，因此这个repeat-while循环到此结束。

3.3.5 检查代码

有一项游乐场的功能我们一直没有介绍，就是让你能够检查代码的输出。Swift不断地分析输入的代码，并在结果侧栏中显示结果，它还报告代码片段运行了多少次。这让你知道循环运行了多少次，有时还可据此来优化代码，让代码运行得更快、更好。

除结果侧栏外，游乐场环境还提供了其他检查代码的方式。请在第92~128行输入下面的代码段并查看结果，如图3-19所示。这段代码结合使用了while循环和switch-case语句来监视不断增大的车速。

```
// 模拟限速
var speedLimit = 75
var carSpeed = 0

while (carSpeed < 100) {
  carSpeed++

  switch carSpeed {
    case 0..<20:
      print("\(carSpeed): You're going really slow")
```

```
        case 20..<30:
          print("\(carSpeed): Pick up the pace")

        case 30..<40:
          print("\(carSpeed): Tap the accelerator")
        case 40..<50:
          print("\(carSpeed): Hitting your stride")

        case 50..<60:
          print("\(carSpeed): Moving at a good clip")

        case 60..<70:
          print("\(carSpeed): Now you¡¯re cruising!")

        case 70...speedLimit:
          print("\(carSpeed): Warning... approaching the speed limit")

        default:
          print("\(carSpeed): You¡¯re going too fast!")

    }
}
```

```
MyPlayground
92  // Speed Limit Simulation
93  var speedLimit = 75                                          75
94  var carSpeed = 0                                             0
95
96  while carSpeed < 100 {
97      carSpeed++                                               (100 times)
98
99      switch carSpeed {
100     case 0..<20:
101         print("\(carSpeed): You're going really slow")       (19 times)
102
103     case 20..<30:
104         print("\(carSpeed): Pick up the pace")               (10 times)
105
106     case 30..<40:
107         print("\(carSpeed): Tap the accelerator")            (10 times)
108
109     case 40..<50:
110         print("\(carSpeed): Hitting your stride")            (10 times)
111
112     case 50..<60:
113         print("\(carSpeed): Moving at a good clip")          (10 times)
114
115     case 60..<70:
116         print("\(carSpeed): Now you're cruising!")           (10 times)
117
118     case 70...speedLimit:
119         print("\(carSpeed): Warning... approaching the speed limit")   (6 times)
120
121     default:
122         print("\(carSpeed): You're going too fast!")         (25 times)
123     }
124 }
125
```

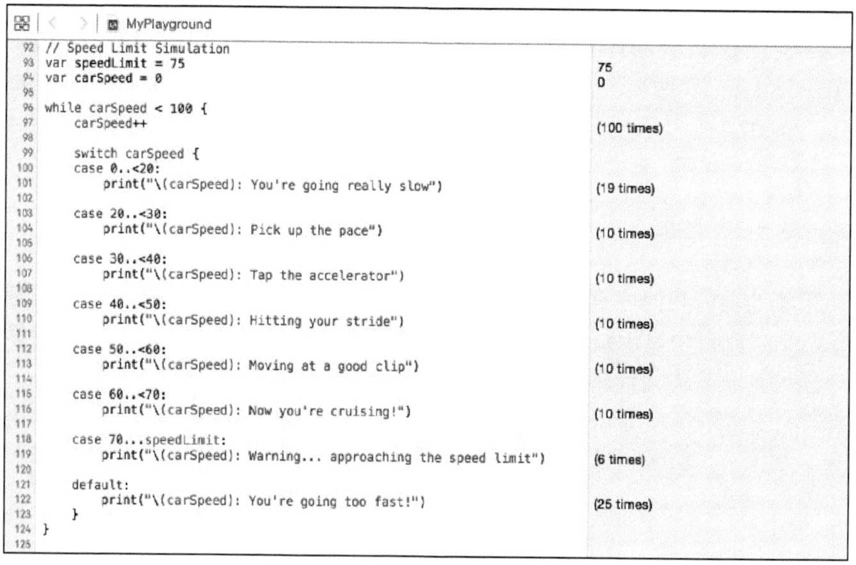

图3-19　限速代码片段

这个示例监视不断增大的车速。第93行将最高速度设置为75（英里每小时），接下来的一行将车速设置为0。第96行的while包含的条件是速度低于100。在该循环内部，第97行将车速加1，再在一条switch-case语句中对车速进行评估。

每条case语句处理的都是一个速度范围，并提供相应的反馈。当你输入这些代码后，注意到结果侧栏中显示了每种情形出现的次数。如果将鼠标指向结果侧栏中的任何一行，都能看到一个眼睛图标 [快速查看（Quick Look）按钮] 和一个圆圈 [结果（Results）按钮] 。

现在将重点放在第119行（它向你发出警告，指出即将到达限定速度）。将鼠标指向结果侧栏中（6 times）所在的行，右边将出现快速查看按钮和结果按钮，如图3-20所示。单击结果按钮（圆圈），第119行代码的下方将出现一个方框，这是一个摘要视图，如图3-21所示。要查看详细结果，请单击图3-22所示的图标，在窗口底部展开控制台视图。在这个区域中，显示了方法`print`的输出；这些输出表明，在`carSpeed`的值从70增加到75的过程中，消息Warning... approaching the speed limit出现了6次。

图3-20　结果侧栏中的图标

```
119        print("\(carSpeed): Warning... approaching the speed limit")

    75: Warning... approaching the speed limit

120
```

图3-21　结果视图中的图标

通过查看控制台，可准确地了解代码的行为，包括输出的消息、输出了多少次以及输出顺序。这是游乐场极具洞察力的部分，请大胆地上下滚动，以大致了解这个方框还提供了其他哪些信息。探索完毕后，单击该区域上方向下的箭头，将其折叠起来。

```
MyPlayground
101         print("\(carSpeed): You're going really slow")          (19 times)
102
103     case 20..<30:
104         print("\(carSpeed): Pick up the pace")                  (10 times)
105
106     case 30..<40:
107         print("\(carSpeed): Tap the accelerator")               (10 times)
108
109     case 40..<50:
110         print("\(carSpeed): Hitting your stride")               (10 times)
111
112     case 50..<60:
113         print("\(carSpeed): Moving at a good clip")             (10 times)
114
115     case 60..<70:
116         print("\(carSpeed): Now you're cruising!")              (10 times)
117
118     case 70...speedLimit:
119         print("\(carSpeed): Warning... approaching the speed limit")  (6 times)
120
121     default:
122         print("\(carSpeed): You're going too fast!")            (25 times)
123     }
124 }
125

70: Warning... approaching the speed limit
71: Warning... approaching the speed limit
72: Warning... approaching the speed limit
73: Warning... approaching the speed limit
74: Warning... approaching the speed limit
75: Warning... approaching the speed limit
76: You're going too fast!
77: You're going too fast!
```

图3-22　展开的结果视图

3.3.6 提早结束循环

使用循环时，有时候你可能想提早结束循环，前面的代码片段就是这样。车速超过最高速度后，将不断显示消息“You’re going too fast!”，直到车速达到100英里每小时。如果你想在车速超过最高速度后就结束while循环，该怎么做呢？可使用关键字break来实现。使用break可提早退出while循环或switch-case语句，跳到当前代码块后面执行。为明白这一点，请输入下面的代码（图3-23的第125~127行）：

```
if carSpeed > speedLimit {
    break
}
```

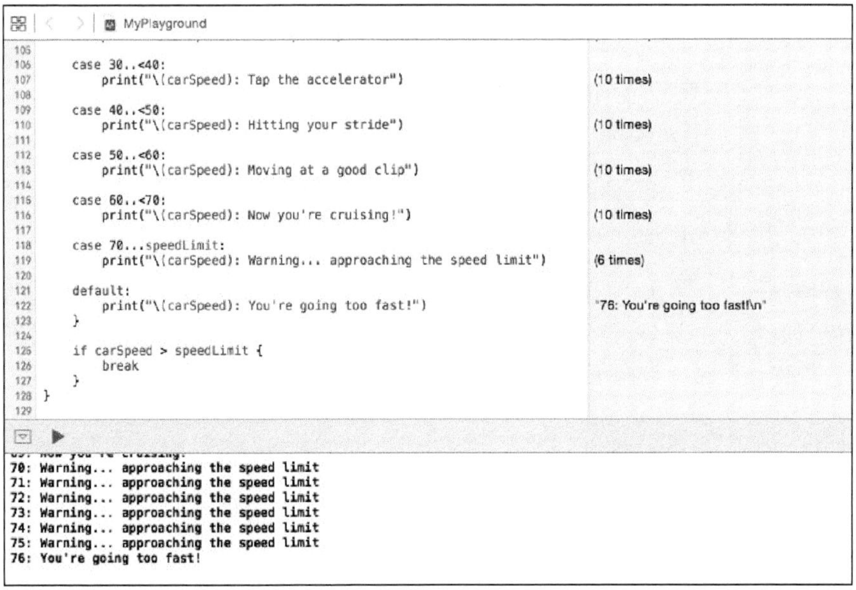

```
MyPlayground
105
106     case 30..<40:
107         print("\(carSpeed): Tap the accelerator")                    (10 times)
108
109     case 40..<50:
110         print("\(carSpeed): Hitting your stride")                    (10 times)
111
112     case 50..<60:
113         print("\(carSpeed): Moving at a good clip")                  (10 times)
114
115     case 60..<70:
116         print("\(carSpeed): Now you're cruising!")                   (10 times)
117
118     case 70...speedLimit:
119         print("\(carSpeed): Warning... approaching the speed limit") (6 times)
120
121     default:
122         print("\(carSpeed): You're going too fast!")                 "76: You're going too fast!\n"
123     }
124
125     if carSpeed > speedLimit {
126         break
127     }
128 }
129

70: Warning... approaching the speed limit
71: Warning... approaching the speed limit
72: Warning... approaching the speed limit
73: Warning... approaching the speed limit
74: Warning... approaching the speed limit
75: Warning... approaching the speed limit
76: You're going too fast!
```

图3-23　使用break提早退出while循环

第125行的if语句检查车速是否超过了最高速度，如果是这样，就执行break语句。注意到这将退出当前while循环，相当于结束迭代。如果将第125~127行删除，结果将如何呢？请尝试这样做，并使用结果视图看看将多打印多少行。

3.4 小结

本章介绍了如何使用Swift控制结构以及while和repeat-while循环，还演示了Xcode 7最强大的特性：游乐场。这种交互式环境让你能够像捣鼓橡皮泥一样捣鼓代码，近乎实时地查看变化以及分析结果。这是尝试和学习Swift语言的极佳方式。

休息一下，准备阅读下一章，你将看到更多优秀的Swift功能。

第4章

编写函数和闭包

本书前面介绍了很多内容：变量、常量、字典、数组、循环结构、控制结构等。你使用了命令行界面REPL和Xcode的游乐场功能来输入代码和探索Swift。

然而，你所做的大多是试验性的：时不时地输入几行代码并查看结果。现在该更好地组织代码了。本章将介绍如何将Swift代码组织成可重用的整洁组件——函数。

本章首先要创建一个新的游乐场文件，如果你还没有这样做，请启动Xcode，选择菜单File > New > Playground，并将这个新游乐场文件命名为Chapter 4.playground。与前几章一样，本章也将使用特意设计的示例来探索概念。

4.1 函数

再次回想一下学生时代，这次想想高中的代数课。那时，你应该认真听讲了吧。在代数课上，老师介绍过函数的概念。在代数领域，函数其实就是一个数学公式，它接受一项或多项输入，执行计算并提供结果（输出）。

数学函数采用特定的表示法。例如，你这样表示将华氏温度转换为摄氏温度的函数：

$$f(x) = \frac{(x-32)*5}{9}$$

函数的重要组成部分如下。

- 函数名：这里为f。
- 输入（独立变量）：要用于函数中的值，这里为x。
- 表达式：等号右边的所有内容。
- 结果：等号左边的$f(x)$的值。

函数是用数学表示法书写的，但也可以使用自然语言进行描述。对于前面的函数，可这样描述：

这个函数的独立变量为x，结果为独立变量与32的差，再乘以5并除以9。

然而，使用表达式表示函数时简明而整洁。函数的优点在于，只需调用它们并提供所需的参数，就可反复使用它们来完成工作。这与Swift有什么关系呢？显然，如果Swift语言中没有函数，我就不会在这里谈论它们。你将看到，函数不仅能执行数学计算，还能做很多其他的工作。

4.1.1 使用 Swift 编写函数

Swift定义函数的方式与前面介绍的数学方式稍有不同。在Swift中，函数的通用声明语法如下：

```
func funcName(paramName : type, ...) -> returnType
```

来看一个示例，这有助于阐明上述语法。图4-1显示了文件Chapter 4.playground的代码，其中第7~13行定义了一个函数。这就是前面讨论过的那个函数，但采用的是Swift编译器能够理解的表示方式。

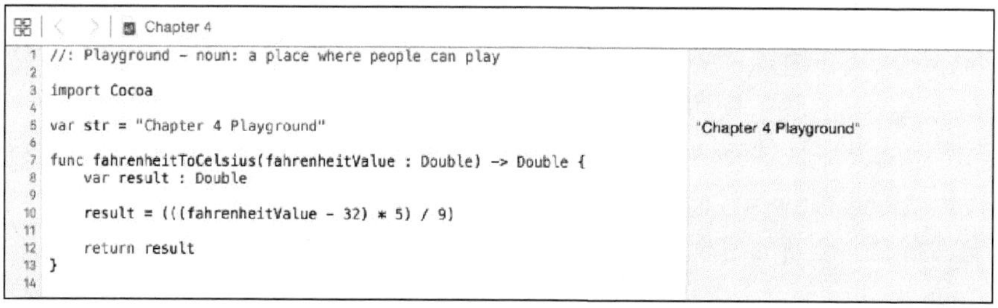

```
Chapter 4
1  //: Playground - noun: a place where people can play
2
3  import Cocoa
4
5  var str = "Chapter 4 Playground"                          "Chapter 4 Playground"
6
7  func fahrenheitToCelsius(fahrenheitValue : Double) -> Double {
8      var result : Double
9
10     result = (((fahrenheitValue - 32) * 5) / 9)
11
12     return result
13 }
14
```

图4-1　执行温度转换的Swift函数

首先，输入下面的代码：

```
func fahrenheitToCelsius(fahrenheitValue : Double) -> Double {
  var result : Double

  result = (((fahrenheitValue - 32) * 5) / 9)

  return result
}
```

在第7行，有些新语法需要学习。关键字func用于声明Swift函数。这个关键字后面是函数名（fahrenheitToCelsius）和独立变量的名称（位于括号中的参数名）。注意到将参数fahrenheitValue的类型显式地声明成了Double。

参数的后面是字符->，它们指出函数返回特定类型（这里为Double）的值。然后是一个左大括号，表示接下来是函数的代码。

第8行声明了类型为Double的变量result，它将用于存储要返回函数调用方的值。注意到这个变量的类型与第7行中->后面声明的函数返回类型相同。

真正的数学函数位于第10行，它将表达式的结果赋给result——第8行声明的局部变量。最后，第12行使用关键字return将result返回给调用方。可随时要退出函数并返回到调用方，为此可使用关键字return并指定要返回的值。

在这个函数的定义部分对应的结果侧栏中，没有显示任何内容。这是因为函数本身什么都没有做。函数可用于完成有用的工作，但仅当被调用方调用时，这才能够变成现实。下面就来调用这个函数。

4.1.2 执行函数

现在该调用前面创建的函数了。为此，输入下面两行代码，并注意观察结果侧栏，如图4-2所示。

```
var outdoorTemperatureInFahrenheit = 88.2
var outdoorTemperatureInCelsius = fahrenheitToCelsius(outdoorTemperature
→ InFahrenheit)
```

```
Chapter 4
1  //: Playground - noun: a place where people can play
2
3  import Cocoa
4
5  var str = "Chapter 4 Playground"                                  "Chapter 4 Playground"
6
7  func fahrenheitToCelsius(fahrenheitValue : Double) -> Double {
8      var result : Double
9
10     result = (((fahrenheitValue - 32) * 5) / 9)                   31.2222222222222
11
12     return result                                                 31.2222222222222
13 }
14
15 var outdoorTemperatureInFahrenheit = 88.2                         88.2
16 var outdoorTemperatureInCelsius = fahrenheitToCelsius             31.2222222222222
       (outdoorTemperatureInFahrenheit)
17
18
```

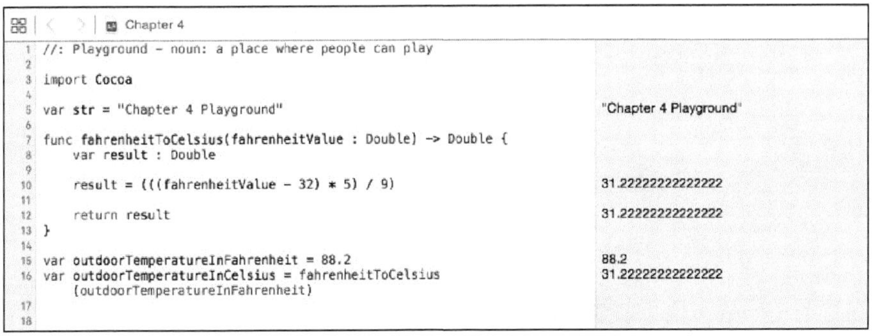

图4-2 调用前面创建的函数得到的结果

第15行声明了一个新变量——outdoorTemperatureInFahrenheit，并将其值设置为88.2（在这里，Swift推断这个变量的类型为Double）。接下来，第16行将这个值传递给函数；这一行还声明了新变量outdoorTemperatureInCelsius，并将函数的结果赋给它。

结果侧栏指出函数的结果为31.222222（循环小数），摄氏31.2度对应的华氏温度确实是88.2度。是不是干净利索？你现在有一个随时可以使用的温度转换工具了。

现在，请你完成这个小练习：使用下面的转换公式编写一个逆函数——celsiusToFahrenhei：

$$f(x)=\frac{x*9}{5}+32$$

请自己尝试编写代码，千万忍住不要偷看后面的内容。编写好后，将你的代码与下面的代码（如图4-3所示）进行比对：

```
func celsiusToFahrenheit(celsiusValue : Double) -> Double {
  var result : Double

  result = (((celsiusValue * 9) / 5) + 32)

  return result
}

outdoorTemperatureInFahrenheit = celsiusToFahrenheit(outdoorTemperature
→ InCelsius)
```

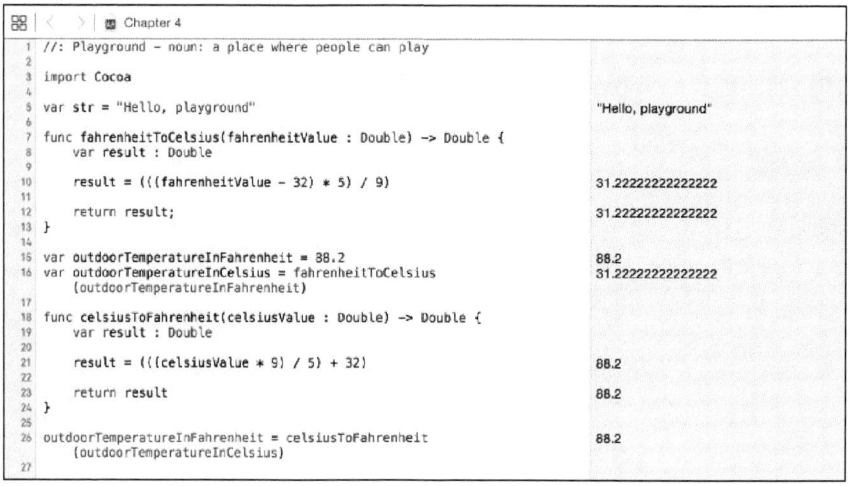

```
Chapter 4
1  //: Playground - noun: a place where people can play
2
3  import Cocoa
4
5  var str = "Hello, playground"                                   "Hello, playground"
6
7  func fahrenheitToCelsius(fahrenheitValue : Double) -> Double {
8      var result : Double
9
10     result = (((fahrenheitValue - 32) * 5) / 9)                 31.2222222222222
11
12     return result;                                              31.2222222222222
13 }
14
15 var outdoorTemperatureInFahrenheit = 88.2                       88.2
16 var outdoorTemperatureInCelsius = fahrenheitToCelsius           31.2222222222222
       (outdoorTemperatureInFahrenheit)
17
18 func celsiusToFahrenheit(celsiusValue : Double) -> Double {
19     var result : Double
20
21     result = (((celsiusValue * 9) / 5) + 32)                    88.2
22
23     return result                                               88.2
24 }
25
26 outdoorTemperatureInFahrenheit = celsiusToFahrenheit           88.2
       (outdoorTemperatureInCelsius)
27
```

图4-3　定义逆函数celsiusToFahrenheit

第18~24行的逆函数实现了前述摄氏温度到华氏温度的转换公式，并返回结果。第26行传入摄氏温度31.22222，可以看到结果为原来的华氏温度88.2。

至此，你创建了两个温度转换函数。请尝试使用其他的值调用这两个函数，看看它们如何改变温度值。

4.1.3　参数并非只能是数字

Swift的函数概念比数学函数更宽泛。大体而言，Swift函数更灵活、更健壮，它们可接受多个参数，还可接受非数值参数。

下面来创建一个这样的函数：它接受多个参数，且返回类型不是Double（如图4-4所示）：

```
func buildASentenceUsingSubject(subject : String, verb : String, noun : String)
→ -> String {
  return subject + " " + verb + " " + noun + "!"
}

buildASentenceUsingSubject("Swift", verb: "is", noun: "cool")
buildASentenceUsingSubject("I", verb: "love", noun: "languages")
```

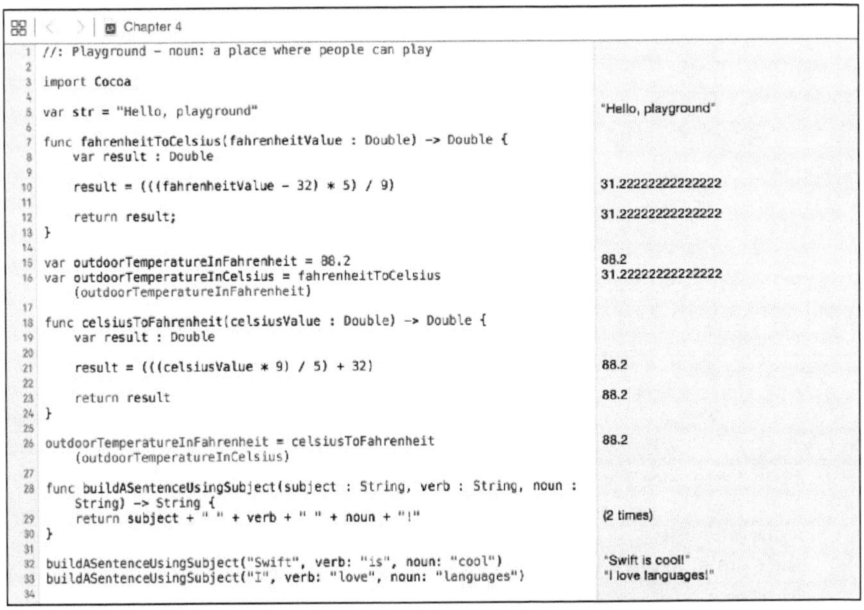

```
Chapter 4
1  //: Playground - noun: a place where people can play
2
3  import Cocoa
4
5  var str = "Hello, playground"                                   "Hello, playground"
6
7  func fahrenheitToCelsius(fahrenheitValue : Double) -> Double {
8      var result : Double
9
10     result = (((fahrenheitValue - 32) * 5) / 9)                 31.22222222222222
11
12     return result;                                              31.22222222222222
13 }
14
15 var outdoorTemperatureInFahrenheit = 88.2                       88.2
16 var outdoorTemperatureInCelsius = fahrenheitToCelsius           31.22222222222222
       (outdoorTemperatureInFahrenheit)
17
18 func celsiusToFahrenheit(celsiusValue : Double) -> Double {
19     var result : Double
20
21     result = (((celsiusValue * 9) / 5) + 32)                    88.2
22
23     return result                                               88.2
24 }
25
26 outdoorTemperatureInFahrenheit = celsiusToFahrenheit            88.2
       (outdoorTemperatureInCelsius)
27
28 func buildASentenceUsingSubject(subject : String, verb : String, noun :
       String) -> String {
29     return subject + " " + verb + " " + noun + "!"              (2 times)
30 }
31
32 buildASentenceUsingSubject("Swift", verb: "is", noun: "cool")   "Swift is cool!"
33 buildASentenceUsingSubject("I", verb: "love", noun: "languages") "I love languages!"
34
```

图4-4　一个接受多个参数的函数

输入第28~33行后，来研究一下这些代码。第28行声明了一个新函数——buildASentence，它接受三个类型都是String的参数：subject、verb和noun。这个函数的返回类型也是String。第29行拼接这三个参数，并在这些参数之间添加空格增强句子可读性，再返回拼接结果。

为演示如何使用这个函数，调用了它两次（分别是在第32~33行），得到的句子显示在结果侧栏中。

如果你熟悉C语言以及如何向函数传递参数，可能对第32~33行感到迷惑。在Swift中，除第一个参数外，函数的其他参数都必须以命名方式指定。在这两行代码中，指定了第28行声明的参数名（verb和noun），并紧跟着指定了参数的值。

Swift采纳了Objective-C中的命名参数概念。命名参数明确地指出了传递的是哪个参数的值，让源代码更清晰。从上述代码可知，verb和noun分别是第二个和第三个参数。

请大胆尝试将这些参数替换为你喜欢的单词，并查看结果。

4.1.4　可变参数

假设你正编写一个大型Mac银行应用程序，要将任意数量的账户余额相加。完成这种常见任务的方式有很多，但你想编写一个Swift函数来完成。问题是你不知道需要累计的账户有多少。

这就涉及Swift传递可变参数的概念。可变参数让你能够告诉Swift：我不知道需要给函数传递多少个参数，因此我传递多少你就接受多少吧。请输入下面的代码，如图4-5的第35~48行所示。

```
// 可变参数
func addMyAccountBalances(balances : Double...) -> Double {
```

```
    var result : Double = 0

    for balance in balances {
        result += balance
    }

    return result
}

addMyAccountBalances(77.87)
addMyAccountBalances(10.52, 11.30, 100.60)
addMyAccountBalances(345.12, 1000.80, 233.10, 104.80, 99.90)
```

```
11
12      return result;                                                  31.22222222222222
13  }
14
15  var outdoorTemperatureInFahrenheit = 88.2                           88.2
16  var outdoorTemperatureInCelsius = fahrenheitToCelsius               31.22222222222222
        (outdoorTemperatureInFahrenheit)
17
18  func celsiusToFahrenheit(celsiusValue : Double) -> Double {
19      var result : Double
20
21      result = (((celsiusValue * 9) / 5) + 32)                        88.2
22
23      return result                                                   88.2
24  }
25
26  outdoorTemperatureInFahrenheit = celsiusToFahrenheit                88.2
        (outdoorTemperatureInCelsius)
27
28  func buildASentenceUsingSubject(subject : String, verb : String, noun :
        String) -> String {
29      return subject + " " + verb + " " + noun + "!"                  (2 times)
30  }
31
32  buildASentenceUsingSubject("Swift", verb: "is", noun: "cool")       "Swift is cool!"
33  buildASentenceUsingSubject("I", verb: "love", noun: "languages")    "I love languages!"
34
35  // Parameters Ad Nauseam
36  func addMyAccountBalances(balances : Double...) -> Double {
37      var result : Double = 0                                         (3 times)
38
39      for balance in balances {
40          result += balance                                           (9 times)
41      }
42
43      return result                                                   (3 times)
44  }
45
46  addMyAccountBalances(77.87)                                         77.87
47  addMyAccountBalances(10.52, 11.30, 100.60)                          122.42
48  addMyAccountBalances(345.12, 1000.80, 233.10, 104.80, 99.90)        1783.72
49
```

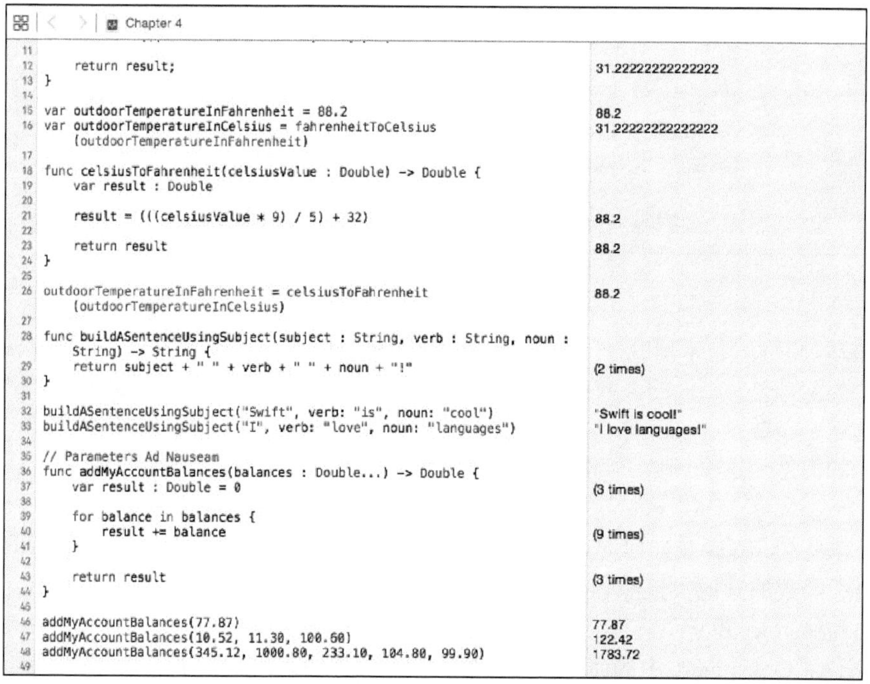

图4-5　给函数传递可变参数

这个函数的参数被称为可变参数，它表示参数数量未知。

第36行将参数balances声明为Double类型，并在后面加上了省略号（...）；返回类型也是Double。省略号提供了线索，它告诉Swift，调用这个函数时，可能传入一个或多个Double参数。

第46~48行调用这个函数三次，每次传入的账户余额数都不同。结果侧栏中显示了每次调用计算得到的余额总量。

你可能想给函数指定多个可变参数。在图4-6中，试图给函数addMyAccountBalances再指定一个可变参数，但Swift报以错误。

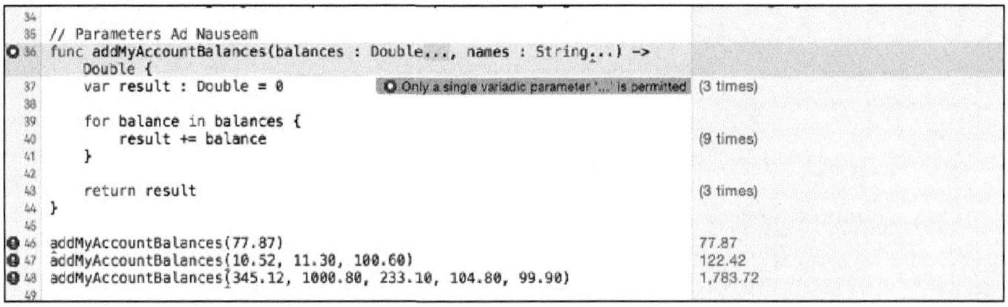

```
34
35 // Parameters Ad Nauseam
36 func addMyAccountBalances(balances : Double..., names : String...) ->
       Double {
37     var result : Double = 0          Only a single variadic parameter '...' is permitted   (3 times)
38
39     for balance in balances {
40         result += balance                                                                   (9 times)
41     }
42
43     return result                                                                           (3 times)
44 }
45
46 addMyAccountBalances(77.87)                                                                 77.87
47 addMyAccountBalances(10.52, 11.30, 100.60)                                                  122.42
48 addMyAccountBalances(345.12, 1000.80, 233.10, 104.80, 99.90)                                1,783.72
49
```

图4-6 指定多个可变参数导致错误

这是绝对不可以的，Swift会以错误的方式迅速拒绝。只能在函数的一个参数中包含省略号，指出它是一个可变参数；其他参数都只能引用单个量。

既然说到银行账户，下面再编写两个函数：一个在一系列余额中找出最大值，另一个找出最小值。请输入下面的代码，如图4-7的第50~75行所示。

```
func findLargestBalance(balances : Double...) -> Double {
  var result : Double = -Double.infinity

  for balance in balances {
     if balance > result {
        result = balance
     }
  }

  return result
}

func findSmallestBalance(balances : Double...) -> Double {
  var result : Double = Double.infinity

  for balance in balances {
     if balance < result {
        result = balance
     }
  }

  return result
}

findLargestBalance(345.12, 1000.80, 233.10, 104.80, 99.90)
findSmallestBalance(345.12, 1000.80, 233.10, 104.80, 99.90)
```

```
49
50 func findLargestBalance(balances : Double...) -> Double {
51     var result : Double = -Double.infinity                 -∞
52
53     for balance in balances {
54         if balance > result {
55             result = balance                               (2 times)
56         }
57     }
58
59     return result                                          1,000.8
60 }
61
62 func findSmallestBalance(balances : Double...) -> Double {
63     var result : Double = Double.infinity                  ∞
64
65     for balance in balances {
66         if balance < result {
67             result = balance                               (4 times)
68         }
69     }
70
71     return result                                          99.9
72 }
73
74 findLargestBalance(345.12, 1000.80, 233.10, 104.80, 99.90)    1,000.8
75 findSmallestBalance(345.12, 1000.80, 233.10, 104.80, 99.90)   99.9
76
```

图4-7　找出最大和最小余额的函数

这两个函数都迭代参数列表，以找出最大和最小余额。只要账户余额不是负无穷或正无穷，这两个函数都管用。第74行和第75行使用前面的余额对这两个函数进行了测试，结果侧栏表明它们都正确无误。

4.1.5　函数是一级对象

Swift函数的特征之一是，它们属于一级对象。是不是听起来很神秘。这意味着可以像处理其他值一样处理函数：可以将函数赋给常量，可以将函数作为参数传递给另一个函数，还可以从函数返回函数！

为演示这一点，来看将支票存入银行账户以及从账户取款的情形：每周一都存入一定的金额，每周五都取出一定的金额。为模拟这种情形，可以让常量指向函数，而不将日期直接关联到函数名，如图4-8的第77~94行所示。

```
var account1 = ("State Bank Personal", 1011.10)
var account2 = ("State Bank Business", 24309.63)

func deposit(amount : Double, account : (name : String, balance : Double)) ->
→ (String, Double) {
  let newBalance : Double = account.balance + amount
  return (account.name, newBalance)
}
func withdraw(amount : Double, account : (name : String, balance : Double)) ->
→ (String, Double) {
  var newBalance : Double = account.balance - amount
  return (account.name, newBalance)
}

let mondayTransaction = deposit
let fridayTransaction = withdraw

let mondayBalance = mondayTransaction(300.0, account: account1)
let fridayBalance = fridayTransaction(1200, account: account2)
```

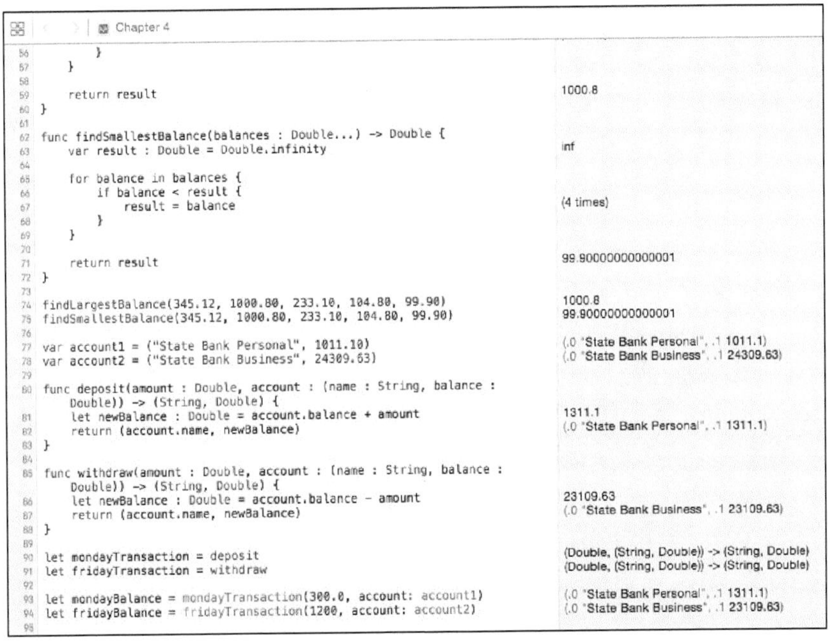

Chapter 4

```
56             }
57         }
58 
59         return result
60     }
61 
62     func findSmallestBalance(balances : Double...) -> Double {
63         var result : Double = Double.infinity
64 
65         for balance in balances {
66             if balance < result {
67                 result = balance
68             }
69         }
70 
71         return result
72     }
73 
74     findLargestBalance(345.12, 1000.80, 233.10, 104.80, 99.90)
75     findSmallestBalance(345.12, 1000.80, 233.10, 104.80, 99.90)
76 
77     var account1 = ("State Bank Personal", 1011.10)
78     var account2 = ("State Bank Business", 24309.63)
79 
80     func deposit(amount : Double, account : (name : String, balance :
           Double)) -> (String, Double) {
81         let newBalance : Double = account.balance + amount
82         return (account.name, newBalance)
83     }
84 
85     func withdraw(amount : Double, account : (name : String, balance :
           Double)) -> (String, Double) {
86         let newBalance : Double = account.balance - amount
87         return (account.name, newBalance)
88     }
89 
90     let mondayTransaction = deposit
91     let fridayTransaction = withdraw
92 
93     let mondayBalance = mondayTransaction(300.0, account: account1)
94     let fridayBalance = fridayTransaction(1200, account: account2)
95 
```

```
1000.8
inf
(4 times)
99.90000000000001
1000.8
99.90000000000001
(.0 "State Bank Personal", .1 1011.1)
(.0 "State Bank Business", .1 24309.63)
1311.1
(.0 "State Bank Personal", .1 1311.1)
23109.63
(.0 "State Bank Business", .1 23109.63)
(Double, (String, Double)) -> (String, Double)
(Double, (String, Double)) -> (String, Double)
(.0 "State Bank Personal", .1 1311.1)
(.0 "State Bank Business", .1 23109.63)
```

图4-8 演示函数是一级类型

首先，第77行和第78行创建了两个账户，它们都是由账户名和余额组成的元组。

第80行声明了函数deposit，它接受两个参数：类型为Double的amount和类型为元组的account。元组account有两个成员：name（类型为String）和balance（类型为Double，表示账户余额）。返回类型也是这样的元组。

第81行声明了变量newBalance，并将其值设置为参数account的balance成员与参数amount的和。第82行创建并返回结果元组。

第85行的函数虽然名称不同（withdraw），但与函数deposit几乎相同，只是执行的是减法运算（如第86行所示）。

第90行和第91行声明了两个常量，并将函数deposit和withdraw赋给它们。由于周一是存款，因此将函数deposit赋给了mondayTransaction。同样，由于周五是取款，因此将函数withdraw赋给了常量fridayTransaction。

第93行和第94行将元组account1和account2分别传递给常量mondayTransaction和FridayTransaction，这两个常量实际上分别是函数deposit和withdraw。结果侧栏显示了结果。至此你通过常量调用了两个函数。

4.1.6 从函数返回函数

函数可返回Int、Double或String，还可返回另一个函数。想到这一点，你头都大了吧？其实这并不像听起来那么难。请看图4-9所示的第96~102行代码。

```
func chooseTransaction(transaction: String) -> (Double, (String, Double)) ->
→ (String, Double) {
  if transaction == "Deposit" {
    return deposit
  }

  return withdraw
}
```

在第96行，函数chooseTransaction接受一个String参数，这个参数指定了银行交易的类型。这个函数还返回一个函数，后者接受一个Double参数以及一个由String和Double组成的元组参数，并返回一个由String和Double组成的元组。真够复杂！

解释起来真是很费劲。我们来仔细看看第96行，并逐项进行分解。这行首先定义了函数及其唯一的参数transaction，接下来是指出返回类型的字符->：

```
func chooseTransaction(transaction: String) ->
```

在字符->后面是一个函数，它接受两个参数：一个Double参数以及一个由Double和String组成的元组参数。接下来又是指出返回类型的字符->：

```
(Double, (String, Double)) ->
```

最后，是返回的函数的返回类型：由String和Double组成的元组。

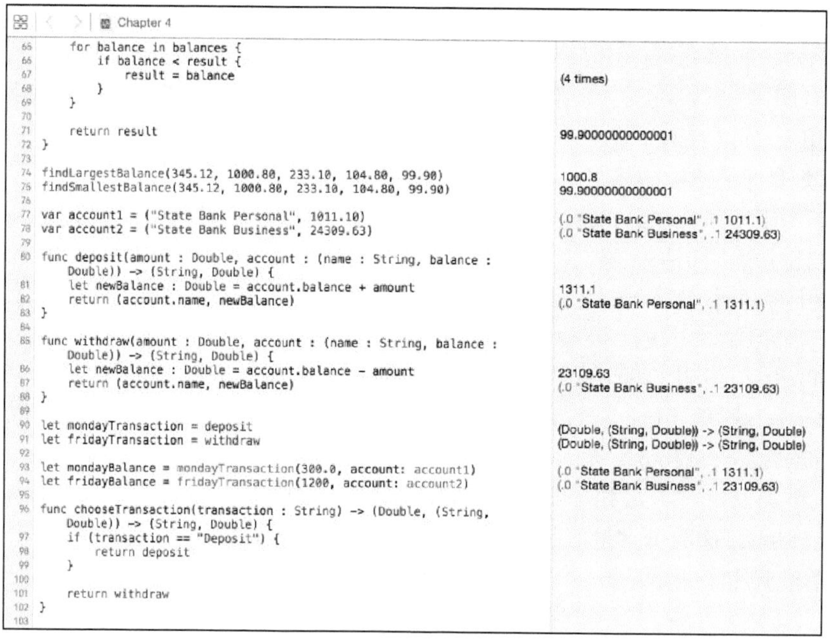

Chapter 4

```
65     for balance in balances {
66         if balance < result {
67             result = balance
68         }
69     }
70
71     return result
72 }
73
74 findLargestBalance(345.12, 1000.80, 233.10, 104.80, 99.90)
75 findSmallestBalance(345.12, 1000.80, 233.10, 104.80, 99.90)
76
77 var account1 = ("State Bank Personal", 1011.10)
78 var account2 = ("State Bank Business", 24309.63)
79
80 func deposit(amount : Double, account : (name : String, balance :
       Double)) -> (String, Double) {
81     let newBalance : Double = account.balance + amount
82     return (account.name, newBalance)
83 }
84
85 func withdraw(amount : Double, account : (name : String, balance :
       Double)) -> (String, Double) {
86     let newBalance : Double = account.balance - amount
87     return (account.name, newBalance)
88 }
89
90 let mondayTransaction = deposit
91 let fridayTransaction = withdraw
92
93 let mondayBalance = mondayTransaction(300.0, account: account1)
94 let fridayBalance = fridayTransaction(1200, account: account2)
95
96 func chooseTransaction(transaction : String) -> (Double, (String,
       Double)) -> (String, Double) {
97     if (transaction == "Deposit") {
98         return deposit
99     }
100
101    return withdraw
102 }
103
```

```
(4 times)
99.9000000000001
1000.8
99.9000000000001
(.0 "State Bank Personal", .1 1011.1)
(.0 "State Bank Business", .1 24309.63)
1311.1
(.0 "State Bank Personal", .1 1311.1)
23109.63
(.0 "State Bank Business", .1 23109.63)
(Double, (String, Double)) -> (String, Double)
(Double, (String, Double)) -> (String, Double)
(.0 "State Bank Personal", .1 1311.1)
(.0 "State Bank Business", .1 23109.63)
```

图4-9　从函数返回函数

在前面编写的函数中，哪些符合这里指定的返回函数的条件呢？当然是函数deposit和withdraw。请看第80行和第85行，这两个函数是前面使用的银行交易。它们被定义为接受两个参数（一个Double参数以及一个由String和Double组成的元组参数），并返回一个由Double和String组成的元组，因此可作为第96行定义的函数chooseTransaction的返回值。

回过头来看函数chooseTransaction：第97行将String参数transaction与字符串常量"Deposit"进行比较，如果它们相同，就返回函数deposit（如第98行所示），否则返回函数withdraw（如第101行所示）。

至此，你编写了一个函数，它返回另外两个函数之一。如何调用返回的函数呢？将它赋给一个变量，再调用这个变量吗？

实际上，使用方式有两种（如图4-10所示）。

```
// 方式1：将返回的函数赋给一个常量，再调用这个常量
let myTransaction = chooseTransaction("Deposit")
myTransaction(225.33, account2)

// 方式2：直接调用返回的函数
chooseTransaction("Withdraw")(63.17, account1)
```



```
Chapter 4
72  }
73
74  findLargestBalance(345.12, 1000.80, 233.10, 104.80, 99.90)          1,000.8
75  findSmallestBalance(345.12, 1000.80, 233.10, 104.80, 99.90)         99.9
76
77  var account1 = ("State Bank Personal", 1011.10)                     (.0 "State Bank Personal", .1 1,011.1)
78  var account2 = ("State Bank Business", 24309.63)                    (.0 "State Bank Business", .1 24,309.63)
79
80  func deposit(amount : Double, account : (name : String, balance :
        Double)) -> (String, Double) {
81      let newBalance : Double = account.balance + amount              (2 times)
82      return (account.name, newBalance)                               (2 times)
83  }
84
85  func withdraw(amount : Double, account : (name : String, balance :
        Double)) -> (String, Double) {
86      let newBalance : Double = account.balance - amount              (2 times)
87      return (account.name, newBalance)                               (2 times)
88  }
89
90  let mondayTransaction = deposit                                     (Double, (String, Double)) -> (String, Double)
91  let fridayTransaction = withdraw                                    (Double, (String, Double)) -> (String, Double)
92
93  let mondayBalance = mondayTransaction(300.0, account: account1)     (.0 "State Bank Personal", .1 1,311.1)
94  let fridayBalance = fridayTransaction(1200, account: account2)      (.0 "State Bank Business", .1 23,109.63)
95
96  func chooseTransaction(transaction : String) -> (Double, (String,
        Double)) -> (String, Double) {
97      if (transaction == "Deposit") {
98          return deposit                                              (Double, (String, Double)) -> (String, Double)
99      }
100
101     return withdraw                                                 (Double, (String, Double)) -> (String, Double)
102 }
103
104 // option 1: capture the function in a constant and call it
105 let myTransaction = chooseTransaction("Deposit")                    (Double, (String, Double)) -> (String, Double)
106 myTransaction(225.33, account2)                                     (.0 "State Bank Business", .1 24,534.96)
107
108 // option 2: call the function reuslt directly
109 chooseTransaction("Withdraw")(63.17, account1)                      (.0 "State Bank Personal", .1 947.93)
110
```

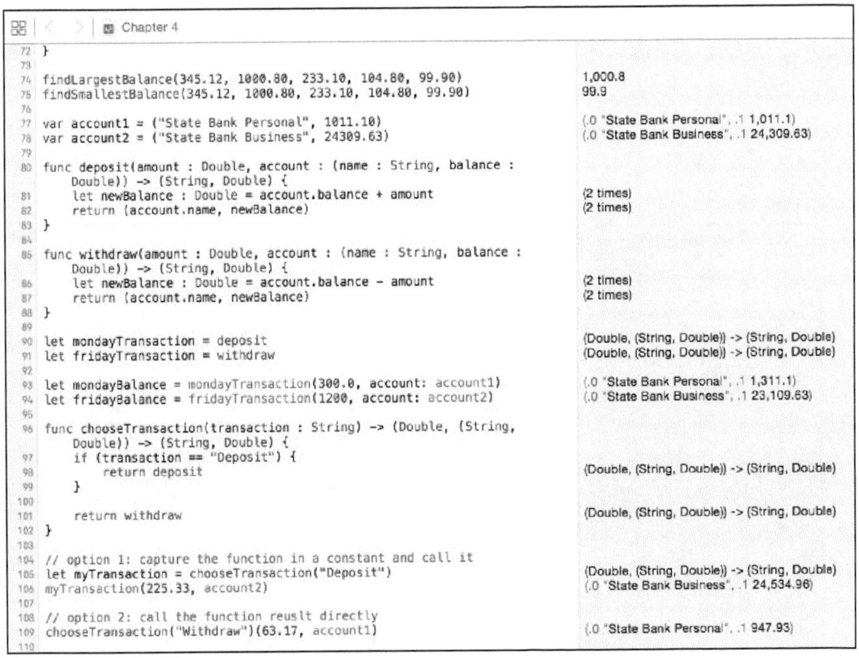

图4-10　两种调用返回的函数的方式

第105行将返回的执行存款操作的函数赋给了常量myTransaction；第106行使用account2调用这个常量，将该账户的金额增加225.33美元。

第109行演示了另一种方式：调用函数chooseTransaction来获取函数withdraw。这里没有将返回的函数赋给一个常量，而直接使用参数63.17和account1（第一个账户）来调用它。结果侧栏表明，调用了函数withdraw来调整余额。

4.1.7　嵌套函数

如果从函数返回函数并将其赋给常量还不足以让你感到迷惑，那么在一个函数中声明另一个函数呢？确实可以这样做，这被称为*嵌套函数*。

在需要隔离（隐藏）不需要向外部暴露的功能时，嵌套函数很有用。例如，请看图4-11所示的代码。

```
// 嵌套函数示例
func bankVault(passcode : String) -> String {
  func openBankVault(_: Void) -> String {
     return "Vault opened"
  }
  func closeBankVault() -> String {
     return "Vault closed"
  }
  if passcode == "secret" {
     return openBankVault()
  }
  else {
     return closeBankVault()
  }
}

print(bankVault("wrongsecret"))
print(bankVault("secret"))
```

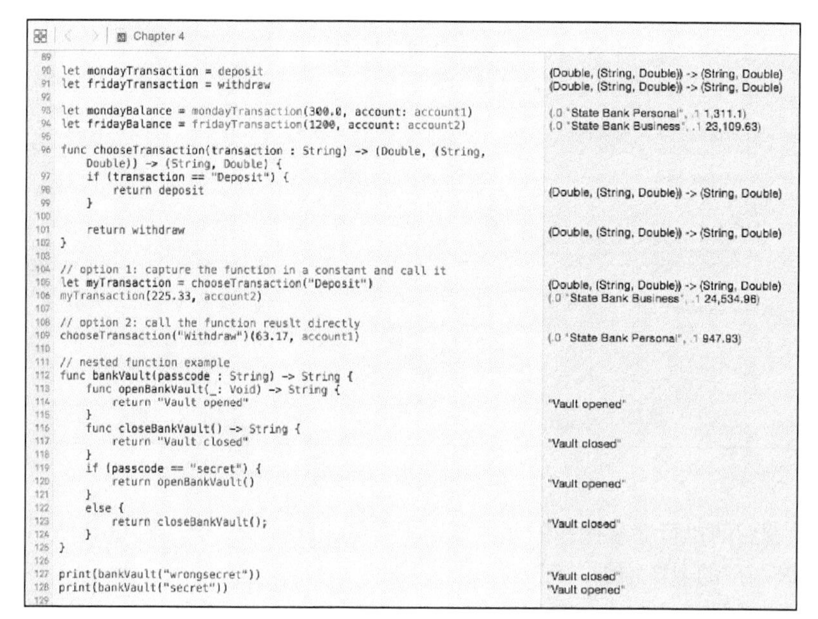

图4-11　使用嵌套函数

第112行定义了一个新函数——`bankVault`。它接受一个`String`参数（`passcode`），并返回一个

String值。

第113行和第116行在函数bankVault内部定义了两个函数：openBankVault和closeBankVault。这两个函数都不接受任何参数，并返回一个String值。

第119行将参数passcode与字符串"secret"进行比较，如果它们相同，就调用函数openBankVault打开银行金库，否则银行金库将保持关闭状态。

关键字Void

注意到第113行使用了以前没有介绍的Swift关键字Void。其含义与你想的一样：空。关键字Void最常用于表示参数列表为空，在这里这是可选的。这个关键字前面的下划线被称为“未命名参数”，实际上就是一个匿名变量名。在第116行声明函数closeBankVault时，没有指定任何参数，这与Void等效。在任何情况下，声明不接受任何参数的函数时，只需在定义中不指定参数即可；这里使用这两种方式只是出于演示目的。实际上，第113行和第116行的函数定义方式是等效的。

第127~128行显示调用函数bankVault的结果，它们分别使用了正确和错误的密码。这里需要明白的重点是，函数bankVault隔离了函数openBankVault和closeBankVault，外部并不知道它们的存在。

如果在函数bankVault外部调用函数openBankVault或closeBankVault，将引发错误，这是因为这些函数并不在作用域内。实际上它们被函数bankVault隐藏了，无法从外部调用。图4-12演示了试图调用嵌套函数的结果。

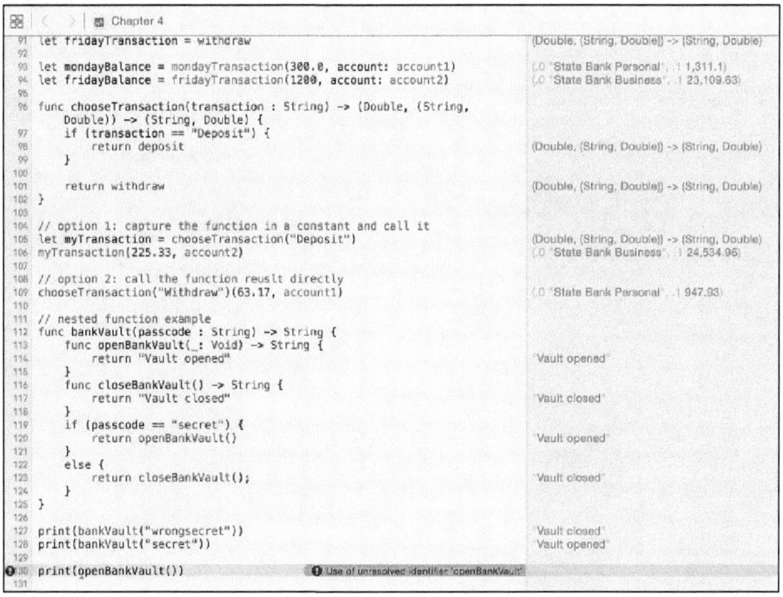

Chapter 4

```
91  let fridayTransaction = withdraw                                          (Double, (String, Double)) -> (String, Double)
92
93  let mondayBalance = mondayTransaction(300.0, account: account1)           (.0 "State Bank Personal", .1 1,311.1)
94  let fridayBalance = fridayTransaction(1200, account: account2)            (.0 "State Bank Business", .1 23,109.63)
95
96  func chooseTransaction(transaction : String) -> (Double, (String,
        Double)) -> (String, Double) {
97      if (transaction == "Deposit") {
98          return deposit                                                    (Double, (String, Double)) -> (String, Double)
99      }
100
101     return withdraw                                                       (Double, (String, Double)) -> (String, Double)
102 }
103
104 // option 1: capture the function in a constant and call it
105 let myTransaction = chooseTransaction("Deposit")                          (Double, (String, Double)) -> (String, Double)
106 myTransaction(225.33, account2)                                           (.0 "State Bank Business", .1 24,534.96)
107
108 // option 2: call the function reuslt directly
109 chooseTransaction("Withdraw")(63.17, account1)                            (.0 "State Bank Personal", .1 947.93)
110
111 // nested function example
112 func bankVault(passcode : String) -> String {
113     func openBankVault(_: Void) -> String {
114         return "Vault opened"                                             "Vault opened"
115     }
116     func closeBankVault() -> String {
117         return "Vault closed"                                             "Vault closed"
118     }
119     if (passcode == "secret") {
120         return openBankVault()                                            "Vault opened"
121     }
122     else {
123         return closeBankVault();                                          "Vault closed"
124     }
125 }
126
127 print(bankVault("wrongsecret"))                                           "Vault closed"
128 print(bankVault("secret"))                                                "Vault opened"
129
130 print(openBankVault())           Use of unresolved identifier 'openBankVault'
131
```

图4-12　试图从外部调用嵌套函数的结果

通常，在函数中嵌套函数的一个显而易见的好处是，可避免暴露不必要的功能。在图4-12中，打开和关闭金库的唯一途径是通过函数bankVault，执行这些功能的函数被隔离到函数bankVault中。设计需要协同工作的函数时，务必考虑这一点。

4.1.8　默认参数

正如你刚看到的，Swift提供了巨大的使用和试验空间。使用函数及其参数可为很多真实问题建模。函数还提供了一个有趣的功能：*默认参数值*，让你能够在声明函数时给参数指定默认值。

假设你要创建一个填写支票的函数，它将接受两个参数：收款人（接受支票的个人或企业）和金额。当然，在现实世界中，必须知道这两项信息，但这里假设如果没有传入这两项信息，函数将使用默认收款人和金额。

图4-13的第130~132行就是一个类似这样的函数。函数writeCheck接受两个String参数（payee和amount），并返回一个String值——一个描述如何填写支票的句子。

```
func writeCheckTo(payee : String = "Unknown", amount : String = "10.00") ->
→ String {
  return "Check payable to " + payee + " for $" + amount
}

writeCheckTo()
writeCheckTo("Donna Soileau")
writeCheckTo("John Miller", amount : "45.00")
```

```
Chapter 4
97      if (transaction == "Deposit") {
98          return deposit                                   (Double, (String, Double)) -> (String, Double)
99      }
100
101     return withdraw                                      (Double, (String, Double)) -> (String, Double)
102 }
103
104 // option 1: capture the function in a constant and call it
105 let myTransaction = chooseTransaction("Deposit")        (Double, (String, Double)) -> (String, Double)
106 myTransaction(225.33, account2)                          (.0 "State Bank Business", .1 24,534.96)
107
108 // option 2: call the function reuslt directly
109 chooseTransaction("Withdraw")(63.17, account1)           (.0 "State Bank Personal", .1 947.93)
110
111 // nested function example
112 func bankVault(passcode : String) -> String {
113     func openBankVault(_: Void) -> String {
114         return "Vault opened"                            "Vault opened"
115     }
116     func closeBankVault() -> String {
117         return "Vault closed"                            "Vault closed"
118     }
119     if (passcode == "secret") {
120         return openBankVault()                           "Vault opened"
121     }
122     else {
123         return closeBankVault();                         "Vault closed"
124     }
125 }
126
127 print(bankVault("wrongsecret"))                          "Vault closed"
128 print(bankVault("secret"))                               "Vault opened"
129
130 func writeCheckTo(payee : String = "Unknown", amount : String = "10.00")
        -> String {
131     return "Check payable to " + payee + " for $" + amount     (3 times)
132 }
133
134 writeCheckTo()                                           "Check payable to Unknown for $10.00"
135 writeCheckTo("Donna Soileau")                            "Check payable to Donna Soileau for $10.00"
136 writeCheckTo("John Miller", amount : "45.00")           "Check payable to John Miller for $45.00"
137
```

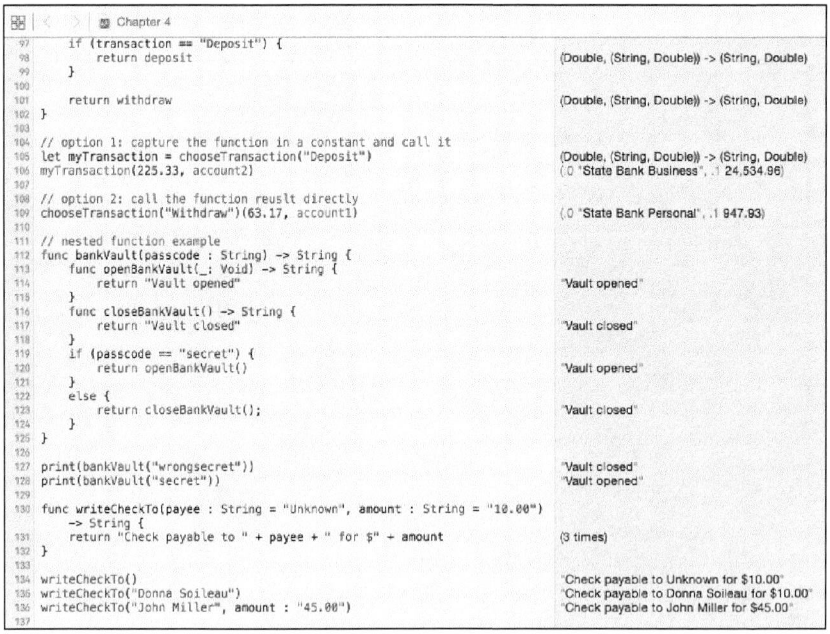

图4-13　在函数中使用默认参数

请注意第130行的函数声明：

```
func writeCheckTo(payee : String = "Unknown", amount : String = "10.00") ->
→ String
```

你以前没有见过的是，将实际值赋给参数（这里将payee的默认值设置为"Unknown"，将amount的默认值设置为"10.00"。这演示了如何编写使用默认参数的函数：只需给参数名赋值即可。如何调用这个函数呢？第134~136行演示了三种不同的调用方式。

- 第134行调用这个函数时没有传入任何参数。
- 第135行传入了一个参数。
- 第136行传入了两个参数，并在第二个参数值前面指定了参数名amount。

如果传入任何参数，将使用默认值来创建返回的String。在其他两种情况下，将使用传入的参数而不是默认值，你可在结果侧栏中查看这些函数调用的结果。

前面说过，Swift要求传递参数时必须指定参数名——只有第一个参数例外。第135行只传入了一个参数，因此无需指定参数名：

```
writeCheckTo("Donna Soileau")
```

第136行传入了两个参数，因此在表示金额的字符串前面指定了参数名：

```
writeCheckTo("John Miller", amount : "45.00")
```

默认参数提供了灵活性，让你能够使用默认值，而无需显式地传入。默认参数并非适合所有函数，但有时候确实很方便。

4.1.9 函数名包含哪些内容

正如你看到的，声明Swift函数很容易。然而，在有些情况下，函数名并非只包含紧跟在关键字func后面的文本。

前面说过，Swift函数的每个参数前面都有参数名，这让函数名更清晰。前面一直在说，调用函数时必须指定参数名；虽然这种做法很好，但并非在任何情况下都是必要的。声明函数时，可使用隐式外部参数名，为此可在参数名前面加上一个下划线。来看另一个支票填写函数，如图4-14的第138~140行所示。

```
func writeCheckFrom(payer : String, _ payee : String, _ amount : Double) ->
→ String {
  return "Check payable from \(payer) to \(payee) for $\(amount)"
}

writeCheckFrom("Dave Johnson", "Coz Fontenot", 1_000.0)
```

```
137
138 func writeCheckFrom(payer : String, _ payee : String, _ amount : Double)
        ->String {
139     return "Check payable from \(payer) to \(payee) for $\(amount)"      "Check payable from Dave Johnson to Coz Fontenot for $1000.0"
140 }
141
142 writeCheckFrom("Dave Johnson", "Coz Fontenot", 1_000.0)                  "Check payable from Dave Johnson to Coz Fontenot for $1000.0"
143
```

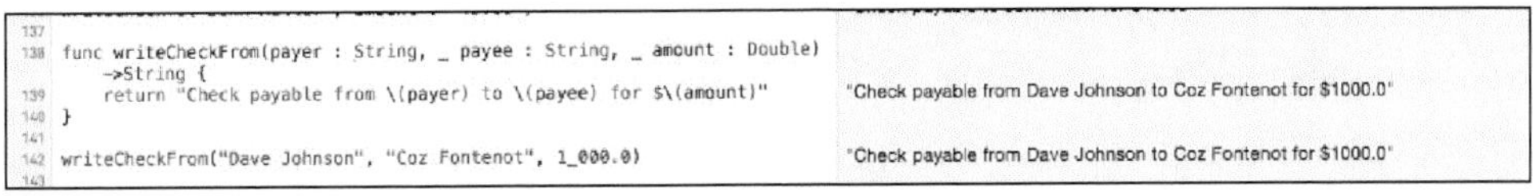

图4-14 一个使用隐式外部参数名的函数

相比于第130~132行的支票填写函数，这个函数的不同之处有两个：

- 在参数payee和amount前面，添加了一条下划线和一个空格；
- 没有默认参数。

第142行使用三个参数调用了这个新的writeCheckFrom函数：两个String值和一个Double值。从函数名可知，这个函数的用途显然是填写支票。填写支票时，需要知道多项信息：收款人、付款人和金额。一种比较有把握的猜测是，Double参数为金额，因为它是一个数字。然而，在不查看函数声明的情况下，如何知道两个String参数表示的是什么呢？就算你能够推断出它们是付款人和收款人，如何知道哪个是哪个呢？即这些参数是按什么样的顺序传递的呢？

默认情况下，Swift要求指定参数名，这解决了上述问题，让代码更容易理解，也让阅读代码的人都清楚函数调用的意图以及每个参数的用途。图4-15演示了这一点。

```
func writeBetterCheckFrom(payer : String, payee : String, amount : Double) ->
→ String {
  return "Check payable from \(payer) to \(payee) for $\(amount)"
}

writeBetterCheckFrom("Fred Charlie", payee : "Ryan Hanks", amount : 1350.0)
```

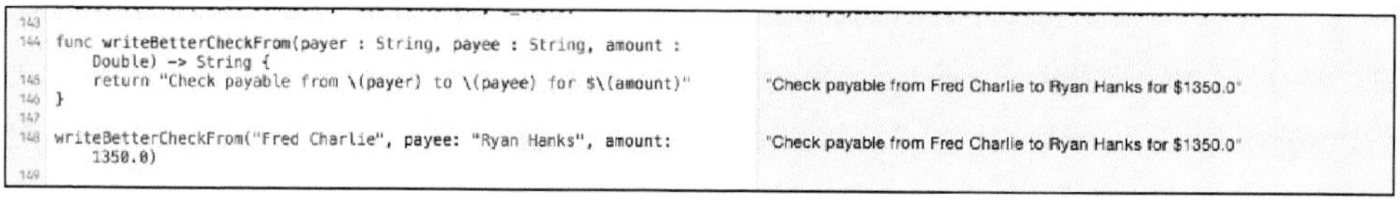

```
143
144 func writeBetterCheckFrom(payer : String, payee : String, amount :
        Double) -> String {
145     return "Check payable from \(payer) to \(payee) for $\(amount)"      "Check payable from Fred Charlie to Ryan Hanks for $1350.0"
146 }
147
148 writeBetterCheckFrom("Fred Charlie", payee: "Ryan Hanks", amount:       "Check payable from Fred Charlie to Ryan Hanks for $1350.0"
        1350.0)
149
```

图4-15　调用函数时指定参数名

第144行声明了函数writeBetterCheckFrom，它接受的参数与第138行的函数相同，但每个参数都省略了下划线。

调用函数writeBetterCheckFrom时，这一点点额外的输入量带来了回报。

仅看这一行代码，就能明白参数的顺序和含义：填写一张支票，其付款人为Fred Charlie，收款人为Ryan Hanks，金额为1350美元。

4.1.10　清晰程度

正如你刚才看到的，参数名让函数更清晰。另外，Swift还允许在函数声明中指定外部参数名，在需要让函数更清晰时，这很有用。

图4-16中的第150行演示了如何指定外部参数名。这个新方法的名称writeBestCheck中不包含字样From，而将其用作了第一个参数的外部参数名。在这个函数的声明中，其他两个参数的外部参数名分别为to和total。

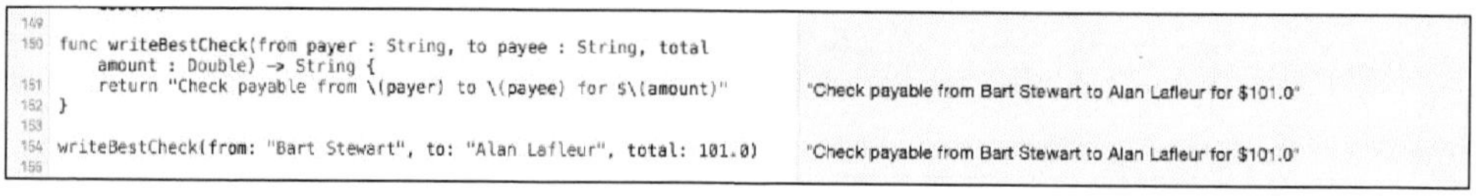

```
149
150 func writeBestCheck(from payer : String, to payee : String, total
        amount : Double) -> String {
151     return "Check payable from \(payer) to \(payee) for $\(amount)"      "Check payable from Bart Stewart to Alan Lafleur for $101.0"
152 }
153
154 writeBestCheck(from: "Bart Stewart", to: "Alan Lafleur", total: 101.0)  "Check payable from Bart Stewart to Alan Lafleur for $101.0"
155
```

图4-16　使用外部参数名

第154行调用这个函数时，使用了外部参数名，它们清楚地指出了函数的用途和参数顺序：填写一张支票，其付款人为Bart Stewart(from)，收款人为Alan Lafleur(to)，金额为101美元(total)。请注意，使用外部参数名时，对于第一个参数，也必须指定参数名，这与前面未使用外部参数名的函数不同。

```
func writeBestCheck(from payer : String, to payee : String,
→ total amount : Double) -> String {
  return "Check payable from \(payer) to \(payee) for $\(amount)"
}

writeBestCheck(from: "Bart Stewart", to: "Alan Lafleur", total: 101.0)
```

4.1.11　用不用参数名

参数名让函数更清晰，但也增加了调用函数的程序员的输入量。鉴于参数名是函数声明的可选部分，什么情况下应该使用它们呢？

一般而言，如果给每个参数指定参数名后，函数更清晰，就务必使用它们。支票填写示例就属于这样的情形。参数名含义不明确时，应使用参数名来消除。另一方面，如果函数只是将两个数字相加（见图4-17的第156~160行），参数名对调用者来说几乎没有什么价值。要避免调用函数时指定参数名，只需使用下划线，即使用前面介绍的隐式外部参数名。

```
func addTwoNumbers(number1 : Double, _ number2 : Double) -> Double {
  return number1 + number2
}

addTwoNumbers(33.1, 12.2)
```

```
156 func addTwoNumbers(number1 : Double, _ number2 : Double) -> Double {
157     return number1 + number2                                          45.3
158 }
159
160 addTwoNumbers(33.1, 12.2)                                             45.3
161
```

图4-17　没必要使用参数名的情形

4.1.12　变量参数

在函数内部，不能修改传入的参数值，因为参数是以常量而不是变量的方式传入的。请看图4-18中第162~169行的函数cashCheck。

```
func cashCheck(from : String, to : String, total : Double) -> String {
  if to == "Cash" {
    to = from
  }
  return "Check payable from \(from) to \(to) for $\(total) has been cashed"
}

cashCheck("Jason Guillory", to: "Cash", total: 103.00)
```

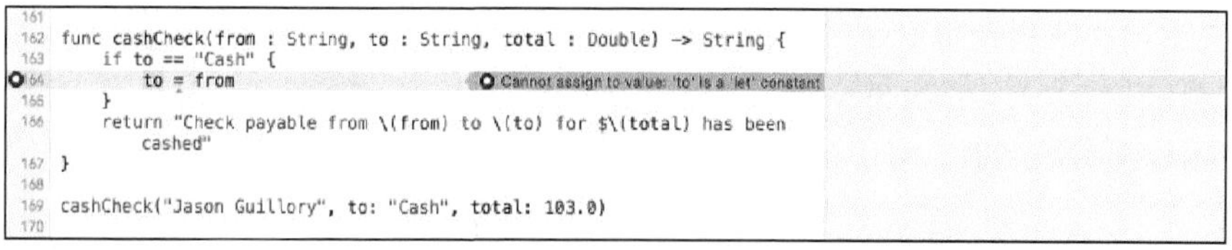

```
161
162 func cashCheck(from : String, to : String, total : Double) -> String {
163     if to == "Cash" {
164         to = from                    Cannot assign to value: 'to' is a 'let' constant
165     }
166     return "Check payable from \(from) to \(to) for $\(total) has been
            cashed"
167 }
168
169 cashCheck("Jason Guillory", to: "Cash", total: 103.0)
170
```

图4-18　给参数赋值导致错误

这个函数接受的参数与前面的支票填写函数相同：付款人、收款人和金额。第163行检查参数to的值是否为"Cash"，如果是，就将其设置为参数from的值。这里的逻辑是，如果收款人为"Cash"，实际上就是取现支票。

注意到出现了错误消息Cannot assign to value: 'to' is a 'let' constant。Swift指出参数to是个常量，而常量一旦赋值就不能修改，因此给to赋值导致了错误。

要避免这种错误，可创建一个临时变量，如图4-19所示：第163行声明了变量otherTo，并将参数to的值赋给它。这样，满足第164行的条件时，便可将参数from的值赋给这个变量了（第165行）。这显然可行，且就这里要达成的目的而言效果很好，但Swift提供了一种更佳的解决方案。

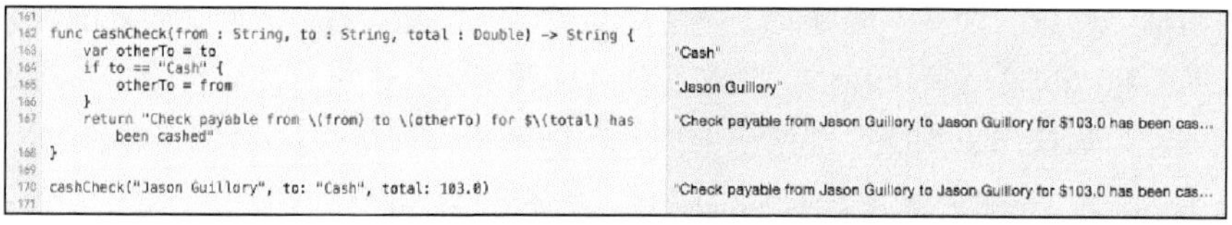

```
161
162 func cashCheck(from : String, to : String, total : Double) -> String {
163     var otherTo = to                                  "Cash"
164     if to == "Cash" {
165         otherTo = from                                "Jason Guillory"
166     }
167     return "Check payable from \(from) to \(otherTo) for $\(total) has     "Check payable from Jason Guillory to Jason Guillory for $103.0 has been cas...
            been cashed"
168 }
169
170 cashCheck("Jason Guillory", to: "Cash", total: 103.0)     "Check payable from Jason Guillory to Jason Guillory for $103.0 has been cas...
171
```

图4-19　一种避免修改参数的方案

通过在声明参数时指定关键字var，可告诉Swift该参数为变量，可在函数中修改它。你只需在参数名（如果指定了外部参数名，则在外部参数名前）加上关键字var即可。图4-20显示了函数cashBetterCheck，它将参数to声明为变量参数。现在，可以在函数内部修改参数to，而不会导致错误了。输出与前面使用临时变量的函数相同。

```
func cashBetterCheck(from : String, var to : String, total : Double) ->
→ String {
  if to == "Cash" {
     to = from
  }
    return "Check payable from \(from) to \(to) for $\(total) has been cashed"
}

cashBetterCheck("Ray Daigle", to: "Cash", total: 103.00)
```

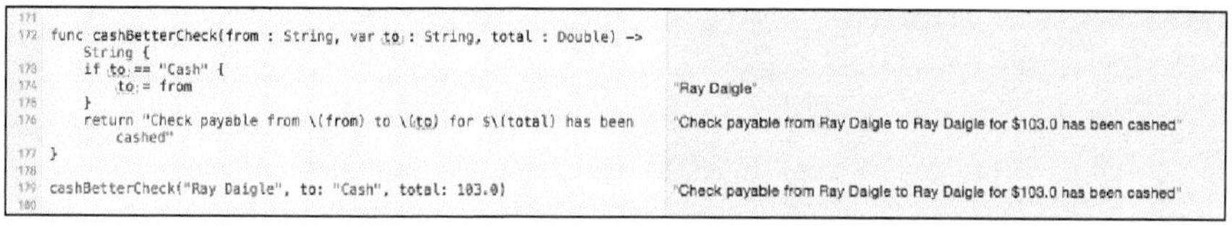

```
171
172 func cashBetterCheck(from : String, var to : String, total : Double) ->
        String {
173     if to == "Cash" {
174         to = from                                     "Ray Daigle"
175     }
176     return "Check payable from \(from) to \(to) for $\(total) has been     "Check payable from Ray Daigle to Ray Daigle for $103.0 has been cashed"
            cashed"
177 }
178
179 cashBetterCheck("Ray Daigle", to: "Cash", total: 103.0)   "Check payable from Ray Daigle to Ray Daigle for $103.0 has been cashed"
180
```

图4-20　使用允许修改的变量参数

4.1.13 inout 参数

你刚才看到了，声明函数时可指定其一个或多个参数是可以修改的。修改是在函数内部进行的，但这种修改不会反映到调用者处。

有时候，需要让函数能够修改传入的参数，并让修改反映到调用者处。例如，在第172~177行的函数cashBetterCheck中，如果能调用者知道参数to已修改就好了。当前，这个函数对to的修改并不会反映到调用者处。图4-21使用了Swift关键字inout来实现这个目的，下面来看看。

```
func cashBestCheck(from : String, inout to : String, total : Double) ->
→ String {
  if to == "Cash" {
     to = from
  }
  return "Check payable from \(from) to \(to) for $\(total) has been cashed"
}

var payer = "James Perry"
var payee = "Cash"
print(payee)
cashBestCheck(payer, to: &payee, total: 103.00)

print(payee)
```

```
180
181 func cashBestCheck(from : String, inout to : String, total : Double) ->
        String {
182     if to == "Cash" {
183         to = from                                       "James Perry"
184     }
185     return "Check payable from \(from) to \(to) for $\(total) has been
            cashed"                                          "Check payable from James Perry to James Perry for $103.0 has been cashed"
186 }
187
188 var payer = "James Perry"                               "James Perry"
189 var payee = "Cash"                                      "Cash"
190 print(payee)                                            "Cash"
191 cashBestCheck(payer, to: &payee, total: 103.0)          "Check payable from James Perry to James Perry for $103.0 has been cashed"
192
193 print(payee)                                            "James Perry"
194
```

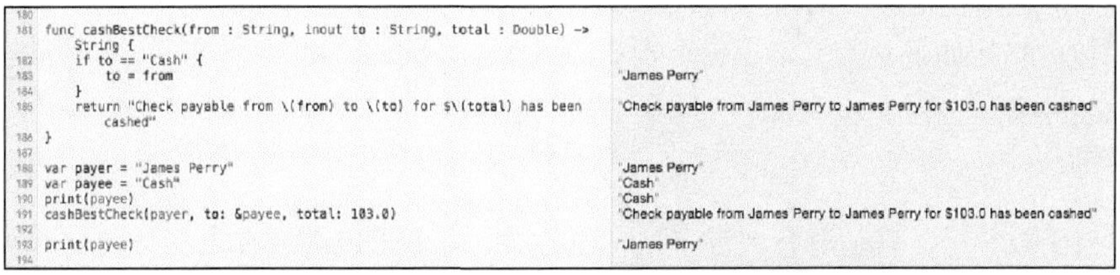

图4-21 使用关键字inout让对参数的修改反映到调用者处

第181~186行定义了函数cashBestCheck，它几乎与第172行的函数cashBetterCheck完全相同，只是第二个参数to不再是变量参数——关键字var被替换成关键字inout。关键字inout告诉Swift，在函数内部可能修改这个参数的值，且这种修改必须反映到调用者处。除使用的关键字不同外，函数cashBetterCheck和cashBestCheck的其他方面完全相同。

在第188~189行，声明了两个变量：payer和payee，并给它们都指定了String值。这样做是因为传入的inout参数必须是变量，而不能是常量，因为常量是不能修改的。

第190行显示变量payee，结果侧栏清楚地指出这个变量的值为"Cash"，这是第189行给这个变量设置的值。

第191行调用函数cashBestCheck。与第179行调用函数cashBetterCheck不同的是，这里传入的参数to和from是变量而不是常量。另外，传入第二个参数（to）时，在变量名前面加上了字符&，这是因为在函数cashBestCheck中将这个参数声明成了inout参数。这相当于告诉Swift，这是一个inout变量，你希望它从被调用的函数返回时就会被修改。

第193行再次显示了变量payee，这次其值与第190行打印的值不同。现在，payee的值为"James Perry"，这是函数cashBestCheck在第183行对其赋值的结果。

4.2 闭包

函数挺好的，从前面编写的代码可知，它们在封装功能和理念方面用途广泛。虽然很多示例让你难以全面领略函数在各种情形下的威力，但随着你往下阅读本书，情况将发生变化。无论是在本书还是你编写代码的过程中，函数都会反复出现，因此请务必对它们有深刻的认识。你可能需要重读本章，以牢记函数的各种细节。

结束本章前，还有一个主题需要讨论——闭包，它是一项重要Swift功能，与函数关系紧密。如果不讨论闭包，我们的函数之旅就不完整。

通俗地说，闭包与函数类似，就是一个代码块封装了其所处环境的所有状态。在闭包之前声明的所有变量和常量都会被它捕获。从本质上说，闭包保留它定义时的程序状态。

在计算机科学中，闭包还有另一个名称：lambda。事实上，本章前面一直在介绍的函数其实是特殊的闭包：函数是有名称的闭包。

既然函数实际上是特殊的闭包，为何还要使用闭包呢？问得好，可这样大致地回答这个问题：闭包让你能够快速编写可像函数一样传递的代码块，但不需要给它们命名。

从本质上说，闭包是匿名的可执行代码块。

Swift闭包的结构如下：

```
{ (parameters) -> return_type in
  statements
}
```

这几乎与函数一样，只是没有关键字func和名称。整个闭包都放在大括号内，返回类型后面是关键字in。

下面来看看如何使用闭包。图4-22中的第196~201行定义了一个闭包，并将其赋给了常量simpleInterestCalculationClosure。这个闭包接受三个参数：类型为Double的loanAmount和interestRate以及类型为Int的years。其中的代码计算贷款的未来值并将其作为Double值返回。

```
// 闭包
let simpleInterestCalculationClosure = { (loanAmount : Double,
→ var interestRate : Double, years : Int) -> Double in
  interestRate = interestRate / 100.0
  var interest = Double(years) * interestRate * loanAmount

  return loanAmount + interest
}

func loanCalculator(loanAmount : Double, interestRate : Double, years :
→ Int, calculator : (Double, Double, Int) -> Double) -> Double {
  let totalPayout = calculator(loanAmount, interestRate, years)
  return totalPayout
}
```

```
var simple = loanCalculator(10_000, interestRate: 3.875, years: 5, calculator:
→ simpleInterestCalculationClosure)
```

```
194
195 // Closures
196 let simpleInterestCalculationClosure = { (loanAmount : Double, var          (Double, Double, Int) -> Double
        interestRate : Double, years : Int) -> Double in
197     interestRate = interestRate / 100.0                                     0.03875
198     var interest = Double(years) * interestRate * loanAmount                1,937.5
199
200     return loanAmount + interest                                            11,937.5
201 }
202
203 func loanCalculator(loanAmount : Double, interestRate : Double, years :
        Int, calculator : (Double, Double, Int) -> Double) -> Double {
204     let totalPayout = calculator(loanAmount, interestRate, years)           (2 times)
205     return totalPayout                                                      (2 times)
206 }
207
208 var simple = loanCalculator(10_000, interestRate: 3.875, years: 5,          11,937.5
        calculator: simpleInterestCalculationClosure)
209
```

图4-22 使用闭包计算单利

单利计算公式如下：

```
futureValue = presentValue * interestRate * years
```

第203~206行定义了函数loanCalculator，它接受四个参数。其中三个与前面的闭包接受的参数相同，而第四个参数calculator是一个闭包，这个闭包接受两个Double参数和一个Int参数，并返回一个Double值。这个闭包参数的参数和返回类型与前面定义的闭包相同，这并非巧合。

第208行使用四个参数调用了这个函数，其中传入的第四个参数为常量simpleInterestCalculationClosure，它将被这个函数用来计算还贷总额。

为让这个示例更有趣，我们再创建一个闭包，用于作为参数传递给函数loanCalculator。鉴于前面计算的是单利，这里编写一个这样的闭包，即使用下面的复利公式计算贷款的未来值：

$$futureValue = presentValue\ (1 + interestRate)^{years}$$

图4-23显示了这个复利计算闭包，如第210~215行所示，它接受的参数与第196行的单利计算闭包相同。第217行再次调用函数loanCalculator，其中前三个参数与前面调用它时相同，但传入的第四个参数为compoundInterestCalculationClosure。从结果侧栏可知，按复利计算时，贷款的未来值比按单利计算时高。

```
let compoundInterestCalculationClosure = { (loanAmount : Double,
→ var interestRate : Double, years : Int) -> Double in
  interestRate = interestRate / 100.0
  var compoundMultiplier = pow(1.0 + interestRate, Double(years))
  return loanAmount * compoundMultiplier
}

var compound = loanCalculator(10_000, interestsRate: 3.875, years: 5,
→ calculator: compoundInterestCalculationClosure)
```

```
194
195 // Closures
196 let simpleInterestCalculationClosure = { (loanAmount : Double, var          (Double, Double, Int) -> Double
        interestRate : Double, years : Int) -> Double in
197     interestRate = interestRate / 100.0                                     0.03875
198     var interest = Double(years) * interestRate * loanAmount                1,937.5
199
200     return loanAmount + interest                                            11,937.5
201 }
202
203 func loanCalculator(loanAmount : Double, interestRate : Double, years :
        Int, calculator : (Double, Double, Int) -> Double) -> Double {
204     let totalPayout = calculator(loanAmount, interestRate, years)           (2 times)
205     return totalPayout                                                      (2 times)
206 }
207
208 var simple = loanCalculator(10_000, interestRate: 3.875, years: 5,          11,937.5
        calculator: simpleInterestCalculationClosure)
209
210 let compoundInterestCalculationClosure = { (loanAmount : Double, var        (Double, Double, Int) -> Double
        interestRate : Double, years : Int) -> Double in
211     interestRate = interestRate / 100.0                                     0.03875
212     var compoundMultiplier = pow(1.0 + interestRate, Double(years))         1.20935884128769
213
214     return loanAmount * compoundMultiplier                                  12,093.5884128769
215 }
216
217 var compound = loanCalculator(10_000, interestRate: 3.875, years: 5,        12,093.5884128769
        calculator: compoundInterestCalculationClosure)
218
```

图4-23　再添加一个计算复利的闭包

你可能注意到了，第212行有点新东西：调用函数pow。这是计算幂的函数，包含在Swift包math中。这个函数接受两个Double参数：底数和指数；它返回的结果也是一个Double值。

4.3　小结

本章的全部篇幅都被用来讨论函数及其用法。最后，你学习了闭包，它实际上就是可作为参数传递的匿名函数。前面说过，函数和闭包为编写Swift应用程序奠定了基础，它们无处不在，在程序开发过程中不可或缺。随着时间的推移，你必将掌握它们的工作原理和用法。

事实上，还有其他一些有关函数和闭包的知识本章没有介绍。没有必要面面俱到地介绍它们，这样做只会徒增你的负担，这些未涉及的知识将在本章后面讨论。至此，你掌握了足够的基本知识，可以开始编写有用的程序了。

另外，请在游乐场中随心所欲地捣鼓本章的代码：调整、修改、添加乃至搞乱。毕竟游乐场就是用来练手的！

4.4　类

介绍函数和闭包后，我们将把注意力转向类。如果你熟悉面向对象编程（OOP），Swift类与Objective-C和C++类类似。如果你对对象和OOP一无所知，也不用担心，下一章将全面阐述相关的术语。

另外，请暂作休息，再复习一下本章的知识和代码，并使用游乐场文件捣鼓一下。准备充分后，开始阅读专门介绍类的第5章。

第 5 章 使用类和结构组织代码

Swift是一种面向对象的语言，因此有必要花一定的篇幅讨论这个主题。如果你熟悉Objective-C和C++等其他面向对象的语言，将对本章介绍的概念了如指掌。如果你对面向对象编程一无所知，也不用担心，本书将详细介绍相关的概念，让你为使用Swift进行OOP做好准备。

不管你是否熟悉OOP概念，先在Xcode 7中新建一个游乐场文件都是一个不错的主意。为此，请选择菜单File > New > Playground，并将新的游乐场文件保存为Chapter 5.playground。你将使用这个游乐场文件来完成本章所有的示例，需要时你可轻松地回过头参考之前的代码。

准备好了吗？我们出发吧。

5.1 对象无处不在

OOP是一种软件开发方法，要求从对象的角度思考问题。环顾四周，对象无处不在，你能够拿起乃至触摸或感知的一切都可视为对象。

想到对象，无论是什么对象，你都能立即找出其一些属性和行为。在OOP中，对象包含属性和行为。现实世界中的对象如此，Swift中亦如此。

请环顾房间四周，从墙上挑出一个对象：门、窗户、镜子、装饰画或家具。我们从任何房间都有的门开始，仔细观察房间门并问问自己：它有哪些属性呢？

- 尺寸（宽度、高度和厚度）
- 重量
- 颜色
- 状态（开着还是关着）

这些是十分常见的属性，房间内的任何物品（如窗户）都有。门和窗户有很多相同的属性，这让它们很像但又不同：门不是窗户。后面学习类时，这种属性相似的概念将派上用场。

找出门的一些属性后，你能够找出它有哪些行为吗？换句话说，门能够做些什么？

- 门能开能关。
- 门能锁和开锁（假定有锁）。

严格地说，开门、关门、开锁和锁门都需要人（或其他东西）去做，因此这些行为描绘了可对对象执行的大量操作。

下面再进一步，来识别另一种对象。如果你透过窗户向外看，可能看到其他对象：车、人、树等。请将目光锁定在一颗树上，它有如下属性：

- 高度
- 种类（橡树、枫树、柏树等）
- 树叶状态（树叶繁盛还是因为季节的原因落光了？）

当然，树还有很多其他的属性，我们将其简化了。树有哪些行为呢？树能“做”什么？

- 树能在风中摇曳。
- 树能结果实。
- 树能进行光合作用。

前述过程是考虑对象时涉及的一个重要部分——建模，这是一种常见的OOP任务。要对对象建模，必须仔细研究其属性和行为，然后使用你选择的编程语言编写描述该模型的代码。在这里，你对两种截然不同的对象（树和门）进行了建模。除都有尺寸外，这两种对象几乎没有任何其他的相似性。这就是面向对象编程的乐趣所在。

对如何建立对象模型有大致了解后，该看看如何使用Swift描述模型了。

5.2　Swift 对象是使用类定义的

在Swift中，对象是使用一种叫作类的特殊结构定义的。与前面的建模练习一样，Swift类包含使用代码表示模型的元素。`class`实际上是一个用于定义类的关键字，而类包含如下几项内容：

- 名称
- 一个或多个属性
- 一个或多个方法

每个类都有唯一标识它的名称。类还可以有属性，就像前面你为其建立模型的对象一样。类还可以有方法，方法指的是类中的函数。前一章探索了函数，稍后你将看到，它们将以方法的形式回到我们身边。

总之，Swift类定义了构成对象的属性，还定义了执行行为以及对属性采取操作的方法。

5.2.1　定义类

为探索Swift对象建模概念，我们来仔细研究作为对象的门，这是一个很好的示例。图5-1显示了`Door`类的定义。

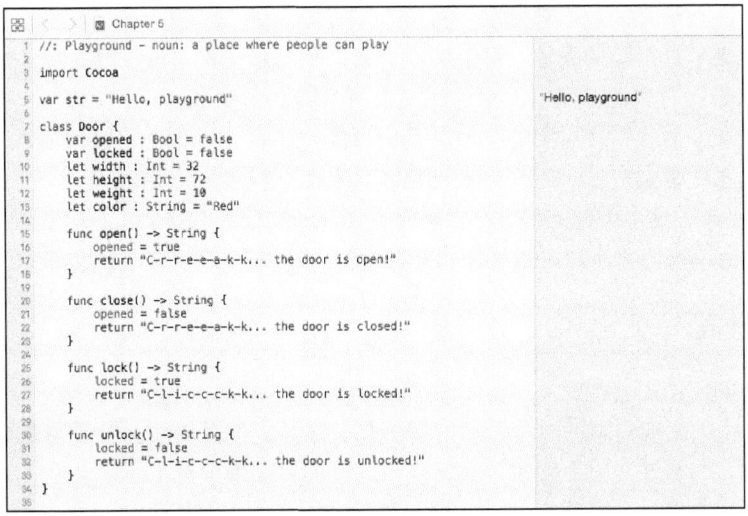

```
Chapter 5
1  //: Playground - noun: a place where people can play
2
3  import Cocoa
4
5  var str = "Hello, playground"                                  "Hello, playground"
6
7  class Door {
8      var opened : Bool = false
9      var locked : Bool = false
10     let width : Int = 32
11     let height : Int = 72
12     let weight : Int = 10
13     let color : String = "Red"
14
15     func open() -> String {
16         opened = true
17         return "C-r-r-e-e-a-k-k... the door is open!"
18     }
19
20     func close() -> String {
21         opened = false
22         return "C-r-r-e-e-a-k-k... the door is closed!"
23     }
24
25     func lock() -> String {
26         locked = true
27         return "C-l-i-c-c-c-k-k... the door is locked!"
28     }
29
30     func unlock() -> String {
31         locked = false
32         return "C-l-i-c-c-c-k-k... the door is unlocked!"
33     }
34 }
35
```

图5-1　使用Swift定义的Door对象

在这个示例中，首先在第7~34行输入下面的代码：

```
class Door {
    var opened : Bool = false
    var locked : Bool = false
    let width : Int = 32
    let height : Int = 72
    let weight : Int = 10
    let color : String = "Red"

    func open() -> String {
        opened = true
        return "C-r-r-e-e-a-k-k-k... the door is open!"
    }

    func close() -> String {
        opened = false
        return "C-r-r-e-e-a-k-k-k... the door is closed!"
    }

    func lock() -> String {
        locked = true
        return "C-l-i-c-c-c-k-k... the door is locked!"
    }

    func unlock() -> String {
        locked = false
        return "C-l-i-c-c-c-k-k... the door is unlocked!"
    }
}
```


在Swift中，要定义类，可使用关键字class并在它后面指定类名，这里是在第7行。接下来，是一个左大括号和类定义的余下部分。

第8~13行定义了这个类的属性。每个属性（无论是变量还是常量）都被赋了值。为避免模糊不清，Swift要求给所有属性都赋值。注意到其中两个属性为变量：opened和locked。这些布尔属性指出了门的状态，而状态在对象的生命周期内可能发生变化，因此将这些属性声明成了变量。然而，其他属性都是常量。门一旦被创建，其重量、高度和颜色应该是不变的。

第15~33行定义了这个类的方法，总共有四个：open、close、lock和unlock。方法open和close相应地设置变量opened的状态，并返回一个指出门状态的字符串；方法lock和unlock与此类似。

5.2.2　创建对象

定义类后，如何使用它呢？

在OOP中，将类变成对象的过程被称为*实例化*，这其实就是创建一个可与之交互的对象。如果不进行实例化，类不过是用于创建对象的模板或蓝图。如果没有木匠来装修，装修图并不能将房子变成家，同样类本身并不能提供可运行的对象，而必须经过实例化过程。

来看看实例化的工作原理，如图5-2所示。

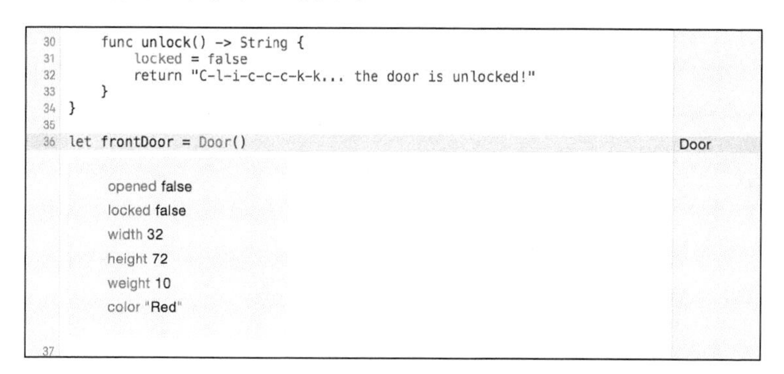

图5-2　实例化Door类

第36行通过使用类名并在它后面加上一对括号，创建了Door类的一个实例。这是创建并初始化对象的基本方式。需要将新创建的对象赋给一个变量或常量，这个例子中是frontDoor。就这么简单！

如果你使用过Objective-C，可能会问，在哪里定义了方法init？问得好，稍后将更深入地探讨这一点。就现在而言，只需知道这个Swift类没有init方法。

创建对象frontDoor时，注意到结果侧栏中显示了被实例化的类的名称——Door。

5.2.3　开门和关门

来做个简单测验！你如何让对象frontDoor打开和关上呢？

图5-3的第38行和第39行揭晓了答案，当然是使用方法。你刚才在图5-2中看到了如何调用方法。

```
let frontDoor = Door()

frontDoor.open()
frontDoor.close()
```

```
30      func unlock() -> String {                              Door
31          locked = false                                     "C-l-i-c-c-c-k-k... the door is unlocked!"
32          return "C-l-i-c-c-c-k-k... the door is unlocked!"
33      }
34  }
35
36  let frontDoor = Door()                                     Door
37
38  frontDoor.open()                                           "C-r-r-e-e-a-k-k... the door is open!"
39  frontDoor.close()                                          "C-r-r-e-e-a-k-k... the door is closed!"
40
```

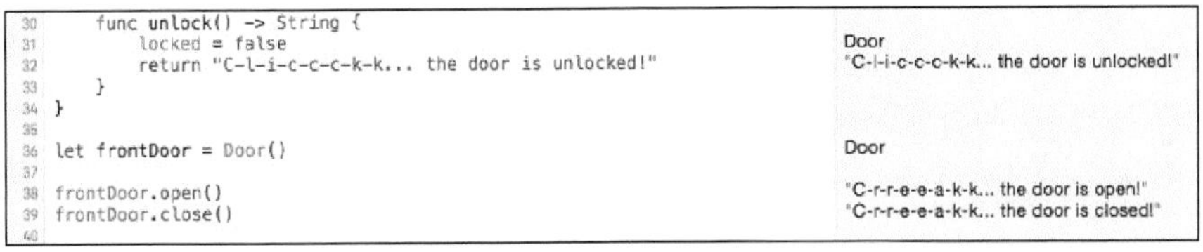

图5-3　调用方法close和open

创建对象frontDoor后，可使用该常量和句点表示法来调用方法open和close。一对括号表明句点后面的名称为方法名。

句点表示法：并非只能用于属性

请注意方法open和close是如何调用的——使用实例化的Door对象frontDoor和句点字符(.)。这是Swift的句点表示法，可用于访问类的属性和方法。句点是一个句法元素，用于连接对象及其属性或方法。调用方法时，方法名后面总是跟一对括号(())。

句点表示法在Swift中使用广泛，你将经常使用它。

5.2.4　锁门和开锁

除开门和关门外，还可使用方法来锁门和开锁。请在第41行和第42行输入下面的代码，并注意观察结果侧栏（如图5-4所示）。

```
frontDoor.lock()
frontDoor.unlock()
```

```
36  let frontDoor = Door()                Door
37
38  frontDoor.open()                      "C-r-r-e-e-a-k-k... the door is open!"
39  frontDoor.close()                     "C-r-r-e-e-a-k-k... the door is closed!"
40
41  frontDoor.lock()                      "C-l-i-c-c-c-k-k... the door is locked!"
42  frontDoor.unlock()                    "C-l-i-c-c-c-k-k... the door is unlocked!"
43
```

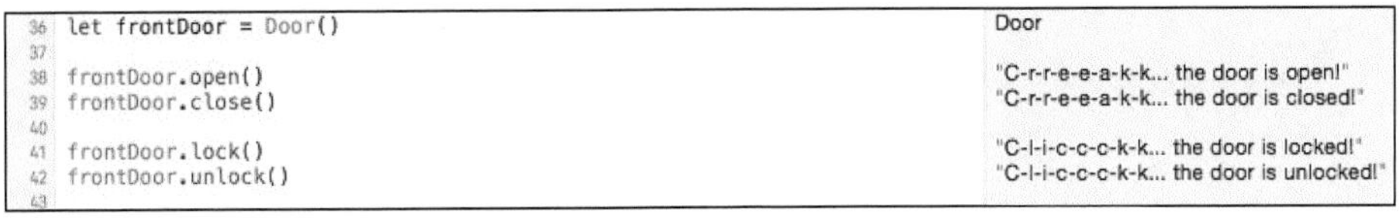

图5-4　锁门和开锁

与使用相关的方法开门和关门一样，锁门和开锁也在结果侧栏中显示类似的结果。看起来情况与设计的一致。然而，Door类有几个怪异的地方。

例如，门开着时能上锁吗？要上锁，是不是该先将门关上？另外，如果在门关着时让frontDoor对象关门，结果将如何呢？或者相反，在门开着的情况下让frontDoor对象开门，结果将如何呢？在门没有动的情况下，它会咯吱作响吗？

5

下面添加一些逻辑，以修复这些问题。图5-5显示了一个新类——NewDoor，还有修订后的方法open、close、lock和unlock（它们能够处理各种不同的情形）。另外，创建了一个新对象——newFrontDoor。

```
class NewDoor {
    var opened : Bool = false
    var locked : Bool = false
    let width : Int = 32
    let height : Int = 72
    let weight : Int = 10
    let color : String = "Red"

    func open() -> String {
        if opened == false {
            opened = true
            return "C-r-r-e-e-a-k-k-k... the door is open!"
        }
        else {
            return "The door is already open!"
        }
    }

    func close() -> String {
        if opened == true {
            opened = false
            return "C-r-r-e-e-a-k-k-k... the door is closed!"
        }
        else {
            return "The door is already closed!"
        }
    }

    func lock() -> String {
        if opened == false {
            locked = true
            return "C-l-i-c-c-c-k-k... the door is locked!"
        }
        else {
            return "You cannot lock an open door!"
        }
    }

    func unlock() -> String {
        if opened == false {
            locked = false
            return "C-l-i-c-c-c-k-k... the door is unlocked!"
        }
        else {
            return "You cannot unlock an open door!"
        }
    }
}
```

```
let newFrontDoor = NewDoor()

newFrontDoor.close()
newFrontDoor.open()

newFrontDoor.lock()
newFrontDoor.unlock()
```

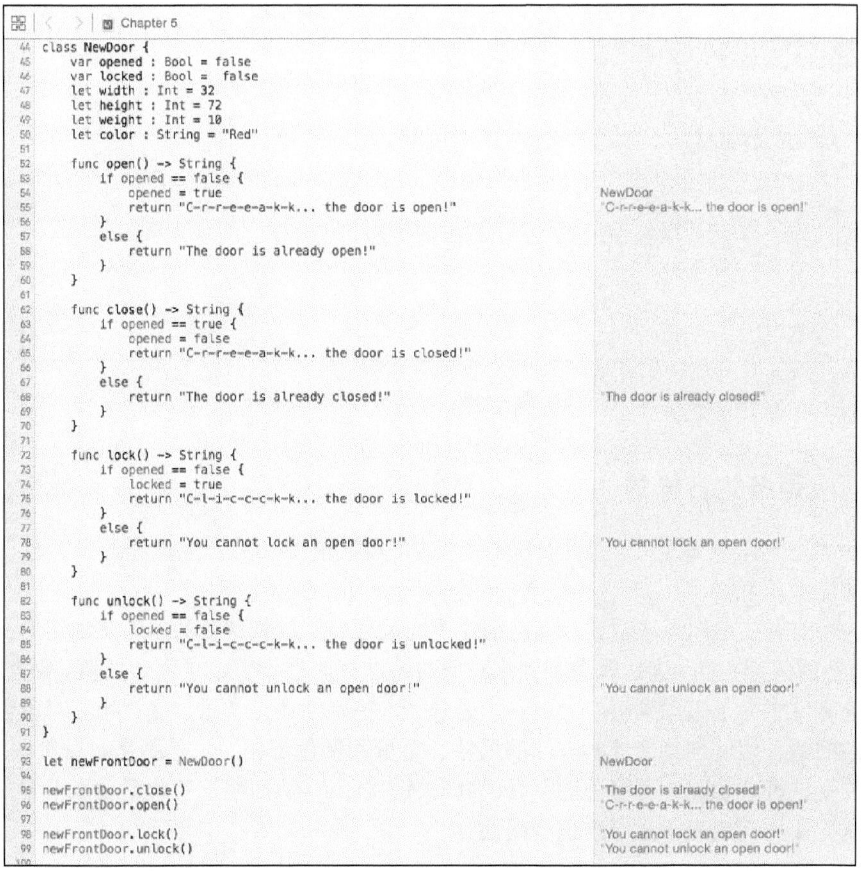

```
Chapter 5
44  class NewDoor {
45      var opened : Bool = false
46      var locked : Bool =  false
47      let width : Int = 32
48      let height : Int = 72
49      let weight : Int = 10
50      let color : String = "Red"
51
52      func open() -> String {
53          if opened == false {
54              opened = true                                   NewDoor
55              return "C-r-r-e-e-a-k-k... the door is open!"   "C-r-r-e-e-a-k-k... the door is open!"
56          }
57          else {
58              return "The door is already open!"
59          }
60      }
61
62      func close() -> String {
63          if opened == true {
64              opened = false
65              return "C-r-r-e-e-a-k-k... the door is closed!"
66          }
67          else {
68              return "The door is already closed!"            "The door is already closed!"
69          }
70      }
71
72      func lock() -> String {
73          if opened == false {
74              locked = true
75              return "C-l-i-c-c-c-k-k... the door is locked!"
76          }
77          else {
78              return "You cannot lock an open door!"          "You cannot lock an open door!"
79          }
80      }
81
82      func unlock() -> String {
83          if opened == false {
84              locked = false
85              return "C-l-i-c-c-c-k-k... the door is unlocked!"
86          }
87          else {
88              return "You cannot unlock an open door!"        "You cannot unlock an open door!"
89          }
90      }
91  }
92
93  let newFrontDoor = NewDoor()                                NewDoor
94
95  newFrontDoor.close()                                        "The door is already closed!"
96  newFrontDoor.open()                                         "C-r-r-e-e-a-k-k... the door is open!"
97
98  newFrontDoor.lock()                                         "You cannot lock an open door!"
99  newFrontDoor.unlock()                                       "You cannot unlock an open door!"
```

图5-5　消除Door类的逻辑漏洞

在方法open中，添加了检查属性opened的代码。如果该属性为false（意味着门关着），则允许开门，否则指出门是开着的。在第62行的方法close中，添加了相反的逻辑。

同样，在方法lock和unlock中，也添加了检查属性opened的代码。如果门开着，就指出此时既不能开锁也不能锁门。在结果侧栏中，清晰地显示了修改后的方法的输出。请在你的游乐场文件中，尝试修改第95~99行中调用方法close、open、lock和unlock的顺序。

至此，唯一余下的逻辑漏洞是，在门已锁的情况下还锁门以及在已开锁的情况下还开锁。本书将解决这些漏洞的工作当作练习留给你去完成。

5.2.5　查看属性

前面始终没有关注newFrontDoor对象的其他属性。使用调用方法时使用的句点表示法，可访问这些属性。图5-6的第101~106行演示了如何访问各个属性，而结果侧栏中显示了结果。

```
newFrontDoor.locked
newFrontDoor.opened

newFrontDoor.width
newFrontDoor.height
newFrontDoor.weight
```

```
93  let newFrontDoor = NewDoor()            NewDoor
94
95  newFrontDoor.close()                    "The door is already closed!"
96  newFrontDoor.open()                     "C-r-r-e-e-a-k-k... the door is open!"
97
98  newFrontDoor.lock()                     "You cannot lock an open door!"
99  newFrontDoor.unlock()                   "You cannot unlock an open door!"
100
101 newFrontDoor.locked                     false
102 newFrontDoor.opened                     true
103
104 newFrontDoor.width                      32
105 newFrontDoor.height                     72
106 newFrontDoor.weight                     10
107
```

图5-6　查看newFrontDoor对象的属性

5.2.6　门应是各式各样的

NewDoor类已经非常聪明了。新增代码后，这个类能够开、关、上锁和开锁，且仅在合适的情况下才这样做。

然而，当前有一点你无法做到，就是创建不同尺寸、重量和颜色的门。在创建的所有门对象中，这些属性的值都相同，这是因为实例化对象时将这些属性设置成了固定的值（要查看这一点，请在游乐场文件中向上滚动到第47~50行）。另外，这些属性还是常量，这意味着对象创建后就不能修改它们的值，因此你创建的所有门的尺寸、重量和颜色都相同。是不是有点单调？

如何改变这种现状呢？可将关键字let改成关键字var，从而将这些常量变成变量。这样，就能像下面这样使用句点表示法修改这些属性：

```
newFrontDoor.width = 36
newFrontDoor.height = 80
```

这种解决方案肯定管用，但在实例化后修改门的尺寸让人感觉“不妥”。毕竟，你从当地的商店买门时，其尺寸和重量已经定了。这些属性应在创建门时设置，且在门的整个生命周期内不变（不可修改）。那么如何达成这种目标呢？

答案是使用初始化对象的特殊方法init。前面我们实际上一直没有编写init方法，而是让Swift帮助完成初始化。在这个方法中让用户给这些属性指定其他值既自然又妥帖。

Swift也这么认为，实际上，它允许你创建方法init并指定参数列表。这是以你喜欢的方式设置对象的绝佳途径，图5-7的第52~57行正是这样做的。请在你的游乐场文件中输入这个init方法。

```
init(width : Int = 32, height : Int = 72, weight : Int = 10, color :
→ String = "Red") {
    self.width = width
    self.height = height
    self.weight = weight
    self.color = color
}
```

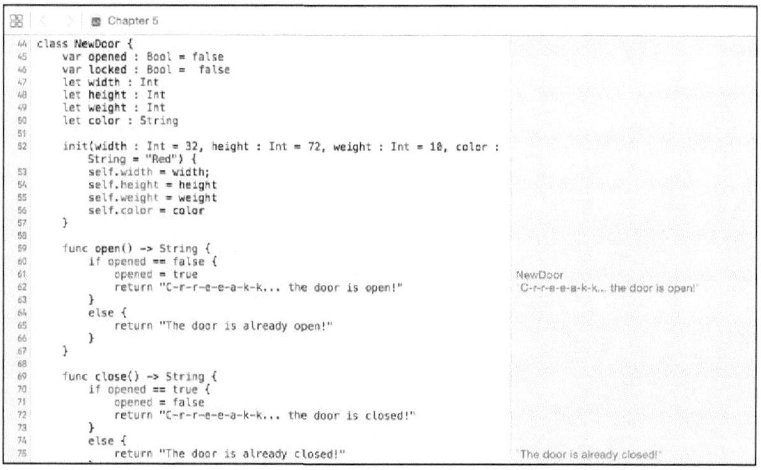

```
Chapter 5
44 class NewDoor {
45     var opened : Bool = false
46     var locked : Bool =  false
47     let width : Int
48     let height : Int
49     let weight : Int
50     let color : String
51
52     init(width : Int = 32, height : Int = 72, weight : Int = 10, color :
           String = "Red") {
53         self.width = width;
54         self.height = height
55         self.weight = weight
56         self.color = color
57     }
58
59     func open() -> String {
60         if opened == false {
61             opened = true                                    NewDoor
62             return "C-r-r-e-e-a-k-k... the door is open!"   "C-r-r-e-e-a-k-k... the door is open!"
63         }
64         else {
65             return "The door is already open!"
66         }
67     }
68
69     func close() -> String {
70         if opened == true {
71             opened = false
72             return "C-r-r-e-e-a-k-k... the door is closed!"
73         }
74         else {
75             return "The door is already closed!"            "The door is already closed!"
```

图5-7 创建个性化init方法

这个init方法接受四个参数，它们对应于第47~50行的四个属性。在图5-7的第47~50行，删除了默认值。在方法init的声明中指定了默认参数值（默认参数在本书前面讨论过），因此不再需要在第47~50行初始化这些属性。请在你的游乐场文件中，也将这些初始化值删除。

第53~56行使用了一个以前没介绍过的关键字：self。在Swift中，这个关键字让对象引用自己。在这个示例中，使用关键字self至关重要，因为方法init的参数（第52行）与类属性（第53~57行）同名。如果不使用self，下面的语句不仅含义模糊，还会导致Swift编译器错误：

```
width = width
height = height
weight = weight
color = color
```

关键字self明确指出，要给被实例化的对象的属性赋值。

如果你观察敏锐，可能会问：使用关键字let将属性width、height、weight和color声明成了常量，怎么能够给这些常量赋值呢？你遇到了常量不能修改这一规则的例外情况。Swift允许在初始化阶段给类的常量属性赋值，但以后就不允许了。在方法init给对象的常量属性赋值后，就不能修改了。

Swift还要求方法init执行完毕后，类中的所有常量和变量都已初始化，否则将出现错误消息：Return from initialize without initializing all stored properties。要看到这种错误消息，可将第45行或第46行的=false删除。

还有一点需要注意：方法名init前面没有关键字func。你马上就会看到，对于名称以init打头的函数，Swift做特殊对待。

创建方法init后，使用NewDoor类创建对象时就可以随意指定尺寸了。

在图5-8的第115行，使用方法init定义的参数列表实例化了另一个NewDoor对象。注意到代码中使用了参数名明确地指出了各个值对应的参数，这是函数和方法之间细微而重要的差异。在方法中，会自动将参数名提升为外部参数名。因此，创建新对象时必须指定参数名。

```
let newBackDoor = NewDoor(width: 36, height: 80, weight: 20, color: "Green")
```

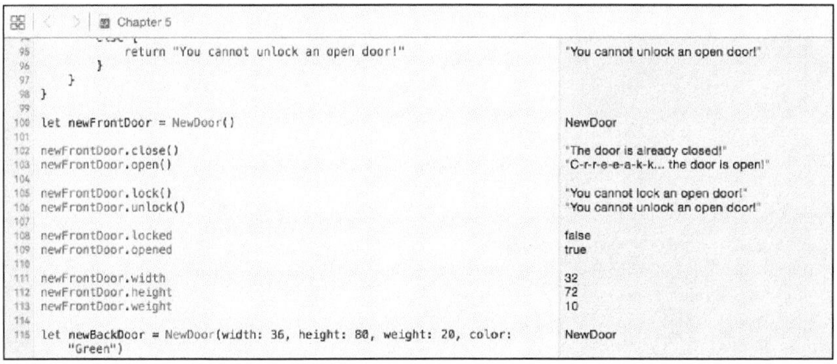

```
Chapter 5
95            return "You cannot unlock an open door!"          "You cannot unlock an open door!"
96        }
97    }
98 }
99
100 let newFrontDoor = NewDoor()                                NewDoor
101
102 newFrontDoor.close()                                        "The door is already closed!"
103 newFrontDoor.open()                                         "C-r-r-e-e-a-k-k... the door is open!"
104
105 newFrontDoor.lock()                                         "You cannot lock an open door!"
106 newFrontDoor.unlock()                                       "You cannot unlock an open door!"
107
108 newFrontDoor.locked                                         false
109 newFrontDoor.opened                                         true
110
111 newFrontDoor.width                                          32
112 newFrontDoor.height                                         72
113 newFrontDoor.weight                                         10
114
115 let newBackDoor = NewDoor(width: 36, height: 80, weight: 20, color:   NewDoor
        "Green")
```

图5-8　调用包含参数的方法init

5.2.7　修改颜色

来重温NewDoor类的属性。我们可以假定，门创建后，其尺寸和重量就是固定的，但颜色是可以变的。例如，你可以给门漆上不同的颜色。

然而，试图修改newBackDoor对象的颜色将引发错误，如图5-9的第116行所示。

```
newBackDoor.color = "White"
```

```
Chapter 5
97    }
98 }
99
100 let newFrontDoor = NewDoor()                                NewDoor
101
102 newFrontDoor.close()                                        "The door is already closed!"
103 newFrontDoor.open()                                         "C-r-r-e-e-a-k-k... the door is open!"
104
105 newFrontDoor.lock()                                         "You cannot lock an open door!"
106 newFrontDoor.unlock()                                       "You cannot unlock an open door!"
107
108 newFrontDoor.locked                                         false
109 newFrontDoor.opened                                         true
110
111 newFrontDoor.width                                          32
112 newFrontDoor.height                                         72
113 newFrontDoor.weight                                         10
114
115 let newBackDoor = NewDoor(width: 36, height: 80, weight: 20, color:   NewDoor
        "Green")
116 newBackDoor.color = "White"                                 NewDoor
117
```

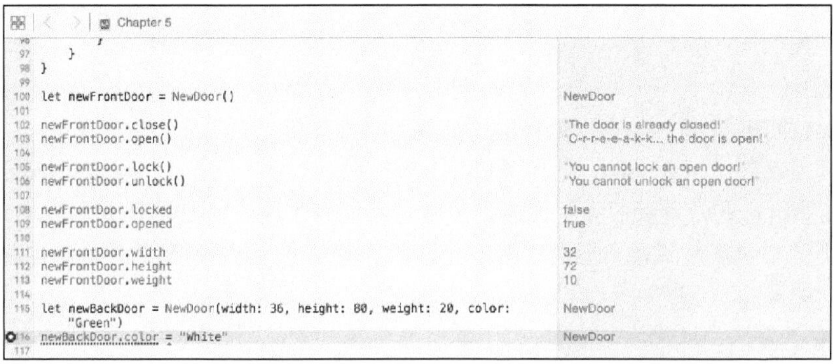

图5-9　试图修改newBackDoor对象的颜色

你能找出导致错误的原因吗？在你的游乐场文件中，请回过头去看第50行，这里定义了NewDoor类的属性color。

```
let color : String
```

将第50行的关键字let改为var，就可消除这种错误，并让你能够修改对象newBackDoor（以及任何NewDoor对象）的颜色。创建类时，务必考虑哪些属性应为常量，哪些属性应为变量。

前面介绍了如何使用Swift创建类。你使用一个很简单的类就模拟了门的属性和行为，真是太酷了！

通过创建NewDoor类，你应该明白了建模流程。创建类来模拟某种东西时，必须考虑其属性、行为和各种约束，并据此来设计类。

5.3 继承

另一个重要的OOP原则是继承概念（别误会，这里说的不是继承你有钱叔叔的财产）。继承让一个类能够获得另一个类的属性和行为，同时保持自己独特的属性和行为。

从血统和遗传学的角度考虑继承很有帮助。作为个体，你是父母的遗传学产物，你继承了他们的特征（包括姓氏），同时有自己独特的属性（身高、体重、眼睛颜色等）和行为（饮食习惯、运动习惯等）。同样，你的孩子从你以及你父母那里继承了某些属性和行为，同时有自己独特的属性和行为。

继承还会形成层次结构，就像你有父母和孩子，而你的孩子终将会有孩子一样。对象与其继承的类之间也存在这种关系。

你需要知道两个OOP术语：超类和子类。一个类从另一个类派生而来时，前者称为子类，后者称为超类。图5-10说明了这种关系。

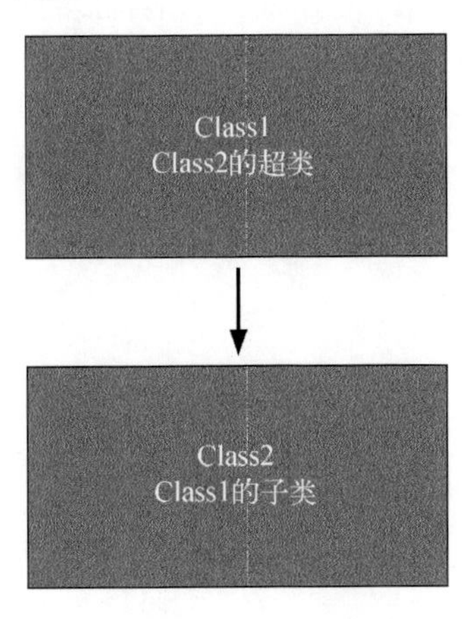

图5-10 类之间的关系

继承是个巧妙的OOP概念，让你能够将功能封装到特定的类中，再从这个类派生出子类，而无需编写重复的代码。

在本章前面，曾让你环顾房间四周，以选择对其进行建模的对象。我们选择了编写表示门的类，但如果选择的是窗户，表示它的类将与你创建的Door类有何不同呢？

如果查看游乐场文件中的Door类，你将发现它有窗户的所有属性和行为，无论是开和关、上锁和开锁还是尺寸、重量和颜色。但窗户是门吗？当然不是。那么窗户的什么地方不同于门呢？

首先，你会考虑穿过打开的门，但不太可能考虑穿过打开的窗户。另外，门有把手和拉环，而窗户没有。

基于这种细微的差别，你如何使用继承来建立门和窗户模型，让它们有一系列相同的属性和行为，同时保留它们与众不同的个性呢？

5.3.1 创建基类

在OOP中，基类是最基本的类，其他类都从它派生而来。基类没有继承其他任何类，它实际上就是一个根类或锚（anchor）类。在Swift中，不是从超类派生而来的类都被称为基类。

为使用类模拟窗户和门，可创建一个基类，它具备前述Door的大部分属性和行为。然后，创建两个子类：一个表示门，另一个表示窗户。

为此，最快捷的方式是将前面的Door类重命名。使用什么样的基类名很重要，在这里你希望基类名同时涵盖了窗户和门。我们将这个基类命名为Portal，因为窗户和门都属于门户（portal）。

在你的游乐场文件中，选中并复制第44~98行（NewDoor类的代码），再粘贴到该文件末尾（第118行）。然后，在第118行中，将类名NewDoor改为Portal。

添加新类Portal后，注意到第136、139、146、149、156、159、166行和第169行都包含单词door，这不太合适。为纠正这种问题，最快捷的方式是创建新属性——name，在init方法中添加一个用于设置它的参数，再使用Swift字符串插入功能将属性name嵌入到各个常量字符串中。图5-11显示了需要做的所有修改，请据此修改你的游乐场文件。

```
class Portal {
    var opened : Bool = false
    var locked : Bool = false
    let width : Int
    let height : Int
    let weight : Int
    let name : String
    var color : String

    init(name : String, width : Int = 32, height : Int = 72, weight :
    → Int = 10, color : String = "Red") {
        self.name = name
        self.width = width
        self.height = height
        self.weight = weight
        self.color = color
    }
```

```
    func open() -> String {
        if opened == false {
            opened = true
            return "C-r-r-e-e-a-k-k-k... the \(name) is open!"
        }
        else {
            return "The \(name) is already open!"
        }
    }

    func close() -> String {
        if opened == true {
            opened = false
            return "C-r-r-e-e-a-k-k-k... the \(name) is closed!"
        }
        else {
            return "The \(name) is already closed!"
        }
    }

    func lock() -> String {
        if opened == false {
            locked = true
            return "C-l-i-c-c-c-k-k... the \(name) is locked!"
        }
        else {
            return "You cannot lock an open \(name)!"
        }
    }

    func unlock() -> String {
        if opened == false {
            locked = false
            return "C-l-i-c-c-c-k-k... the \(name) is unlocked!"
        }
        else {
            return "You cannot unlock an open \(name)!"
        }
    }
}
```

```
Chapter 5
118 class Portal {
119     var opened : Bool = false;
120     var locked : Bool = false;
121     let width : Int
122     let height : Int
123     let weight : Int
124     let name : String
125     var color : String
126
127     init(name : String, width : Int = 32, height : Int = 32, weight :
            Int = 10, color : String = "Red") {
128         self.name = name
129         self.width = width
130         self.height = height
131         self.weight = weight
132         self.color = color
133     }
134
135     func open() -> String {
136         if opened == false {
137             opened = true                                          (2 times)
138             return "C-r-r-e-e-a-k-k... the \(name) is open!"       (2 times)
139         }
140         else {
141             return "The \(name) is already open!"
142         }
143     }
144
145     func close() -> String {
146         if opened == true {
147             opened = false
148             return "C-r-r-e-e-a-k-k... the \(name) is closed!"
149         }
150         else {
151             return "The \(name) is already closed!"                (2 times)
152         }
153     }
154
155     func lock() -> String {
156         if opened == false {
157             locked = true
158             return "C-l-i-c-c-c-k-k... the \(name) is locked!"
159         }
160         else {
161             return "You cannot lock an open \(name)!"              (2 times)
162         }
163     }
164
165     func unlock() -> String {
166         if opened == false {
167             locked = false
168             return "C-l-i-c-c-c-k-k... the \(name) is unlocked!"
169         }
170         else {
171             return "You cannot unlock an open \(name)!"            (2 times)
172         }
```

图5-11　在Portal类中新增属性name

注意到第124行添加了属性name，第127行在方法init中添加了参数name，而第128行给属性name赋值。这让你创建对象时能够传入合适的字符串来指定对象的类型。另外，将每个字符串字面量door都替换成了\(name)，从而确保显示的字符串正确地指出了对象的身份。

到目前为止，新类Portal看起来很不错。下面来创建表示门和窗户的类。

5.3.2　创建子类

我们将创建两个新类：NiceDoor和NiceWindow，它们都是Portal的子类。在你的游乐场窗口中，输入图5-12中第176~186行的代码。

```
class NiceDoor : Portal {
    init(width : Int = 32, height : Int = 72, weight : Int = 10, color :
    → String = "Red") {
        super.init(name: "door", width: width, height: height, weight:
        → weight, color: color)
    }
```

```
}

class NiceWindow : Portal {
    init(width : Int = 48, height : Int = 48, weight : Int = 5, color :
    → String = "Blue") {
        super.init(name: "window", width: width, height: height, weight:
        → weight, color: color)
    }
}
```

```
Chapter 5
139         }
140         else {
141             return "The \(name) is already open!"
142         }
143     }
144
145     func close() -> String {
146         if opened == true {
147             opened = false
148             return "C-r-r-e-e-a-k-k... the \(name) is closed!"
149         }
150         else {
151             return "The \(name) is already closed!"          (2 times)
152         }
153     }
154
155     func lock() -> String {
156         if opened == false {
157             locked = true
158             return "C-l-i-c-c-k-k... the \(name) is locked!"
159         }
160         else {
161             return "You cannot lock an open \(name)!"         (2 times)
162         }
163     }
164
165     func unlock() -> String {
166         if opened == false {
167             locked = false
168             return "C-l-i-c-c-k-k... the \(name) is unlocked!"
169         }
170         else {
171             return "You cannot unlock an open \(name)!"       (2 times)
172         }
173     }
174 }
175
176 class NiceDoor : Portal {
177     init(width : Int = 32, height: Int = 72, weight: Int = 10, color:
            String = "Red") {
178         super.init(name: "door", width: width, height: height, weight:
                weight, color: color)
179     }
180 }
181
```

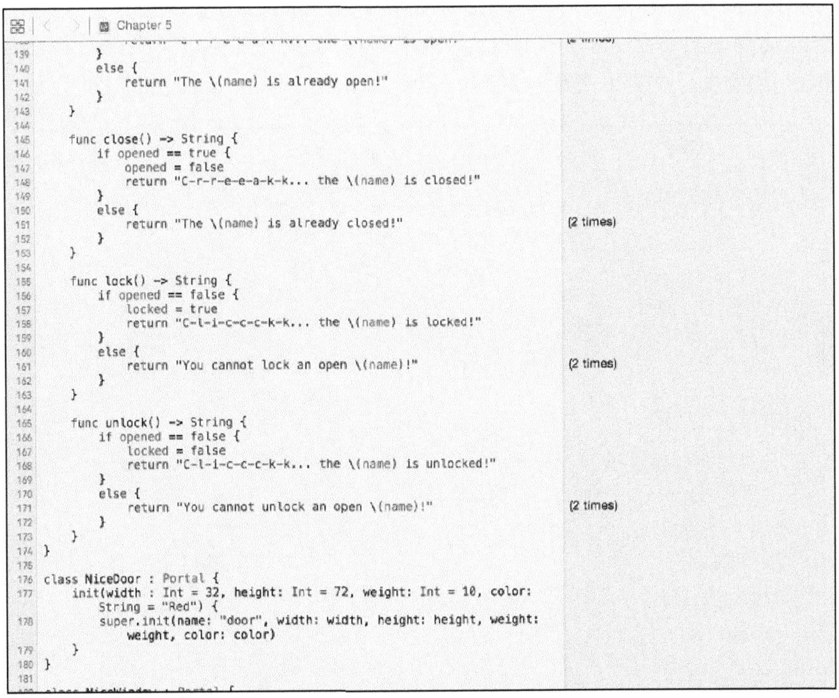

图5-12 添加新类NiceDoor和NiceWindow

第176行是NiceDoor类的定义。注意到类名NiceDoor的后面有一个冒号和超类名Portal。Swift类使用这种方式指定它要继承的类。

第177行是NiceDoor类的方法init的定义。注意到它与Portal类的方法init相同，甚至参数的默认值都相同。如果查看第178行及其使用的特殊语法，它们相同的原因将显而易见。

在第178行，使用了以前没有介绍过的关键字super。关键字super有点类似于前面介绍的关键字self，但指的是超类，这里为Portal。这个关键字后面是你熟悉的句点表示法以及要调用的超类方法的名称——init。

通常，要求首先调用超类的init方法，给超类提供对自己进行初始化的机会。在这里，传入了命名参数，包括新增的参数name。由于这是NiceDoor类，因此传入了字符串"door"以及宽度、高度、重量和颜色。由于用于存储这些值的属性都包含在超类Portal中，因此必须调用其init

方法。

第182~186行是NiceWindow类的定义，看起来几乎与NiceDoor类相同。它也是从Portal类派生而来的，但width、height和weight的默认值是针对窗户的。调用超类的init方法时，将参数name设置成了对应于这个类的字符串"window"。

5.3.3　实例化子类

创建新类NiceDoor和NiceWindow后，下面就来使用它们。图5-13显示了实例化NiceDoor和NiceWindow类以及调用其方法的代码。注意到结果侧栏显示的结果与前面调用对象newFrontDoor的方法时相同，虽然我们改变了类层次结构，但现在NiceDoor是Portal的子类。

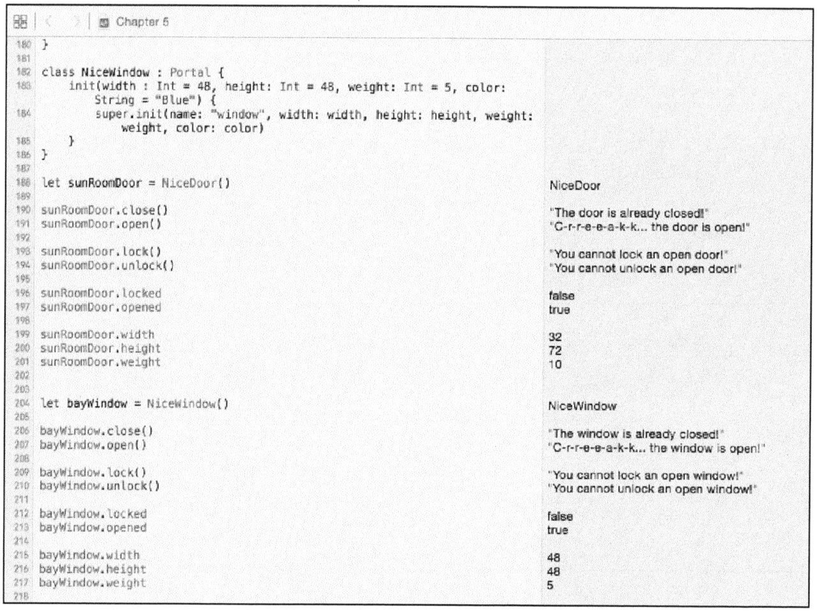

```
}

class NiceWindow : Portal {
    init(width : Int = 48, height: Int = 48, weight: Int = 5, color:
        String = "Blue") {
        super.init(name: "window", width: width, height: height, weight:
            weight, color: color)
    }
}

let sunRoomDoor = NiceDoor()

sunRoomDoor.close()
sunRoomDoor.open()

sunRoomDoor.lock()
sunRoomDoor.unlock()

sunRoomDoor.locked
sunRoomDoor.opened

sunRoomDoor.width
sunRoomDoor.height
sunRoomDoor.weight


let bayWindow = NiceWindow()

bayWindow.close()
bayWindow.open()

bayWindow.lock()
bayWindow.unlock()

bayWindow.locked
bayWindow.opened

bayWindow.width
bayWindow.height
bayWindow.weight
```

图5-13　实例化NiceDoor和NiceWindow类

请输入图5-13中第188~217行的代码，它们创建两个新对象：sunRoomDoor和bayWindow。

```
let sunRoomDoor = NiceDoor()

sunRoomDoor.close()
sunRoomDoor.open()

sunRoomDoor.lock()
sunRoomDoor.unlock()

sunRoomDoor.locked
sunRoomDoor.opened

sunRoomDoor.width
```

```
sunRoomDoor.height
sunRoomDoor.weight
let bayWindow = NiceWindow()

bayWindow.close()
bayWindow.open()

bayWindow.lock()
bayWindow.unlock()

bayWindow.locked
bayWindow.opened

bayWindow.width
bayWindow.height
bayWindow.weight
```

这些对象分别是从Portal的子类NiceDoor和NiceWindow类实例化的。结果侧栏显示了被操纵的对象，这证明妥善地执行了超类Portal的代码。

1. 密码锁

通过实例化NiceDoor类，可创建能够妥善地上锁和开锁的门对象，但如果你想加上密码锁该怎么做呢？要给这样的门开锁，必须输入密码。如果密码不对，开锁将以失败告终；如果密码正确无误，门锁将打开。

5

这种带密码锁的门要求开锁时输入密码。密码可以是任何数字和字母组合，但这里将密码指定为四个数字，如6809。实例化对象时，可指定密码。调用方法unlock时，要么指出门锁开了，因为传入的密码正确无误；要么指出门锁没开，因为密码不对。

可以在NiceDoor类中添加这种功能，但这样做没什么意思。这里将创建一个新类——CombinationDoor，它是NiceDoor的子类。CombinationDoor继承了NiceDoor的所有属性和方法，同时新增了密码锁功能。

图5-14显示了这个新创建的类，如第219~263行所示。

```
class CombinationDoor : NiceDoor {
    var combinationCode : String?

    override func lock() -> String {
        return "This method is not valid for a combination door!"
    }

    override func unlock() -> String {
        return "This method is not valid for a combination door!"
    }

    func lock(combinationCode : String) -> String {
        if opened == false {
            if locked == true {
                return "The \(name) is already locked!"
            }
            self.combinationCode = combinationCode
            locked = true
```

```
            return "C-l-i-c-c-c-k-k... the \(name) is locked!"
        }
        else {
            return "You cannot lock an open \(name)!"
        }
    }

    func unlock(combinationCode : String) -> String {
        if opened == false {
            if locked == false {
                return "The \(name) is already unlocked!"
            }
            else {
                if self.combinationCode != combinationCode {
                    return "Wrong code.... the \(name) is still locked!"
                }
            }
            locked = false
            return "C-l-i-c-c-c-k-k... the \(name) is unlocked!"
        }
        else {
            return "You cannot unlock an open \(name)!"
        }
    }
}

let securityDoor = CombinationDoor()
```

```
Chapter 5
class CombinationDoor : NiceDoor {
    var combinationCode : String?

    override func lock() -> String {
        return "This method is not valid for a combination door!"      "This method is not valid for a combination door!"
    }

    override func unlock() -> String {
        return "This method is not valid for a combination door!"      "This method is not valid for a combination door!"
    }

    func lock(combinationCode : String) -> String {
        if opened == false {
            if locked == true {
                return "The \(name) is already locked!"
            }
            self.combinationCode = combinationCode                      CombinationDoor
            locked = true                                               CombinationDoor
            return "C-l-i-c-c-c-k-k... the \(name) is locked!"          "C-l-i-c-c-c-k-k... the door is locked!"
        }
        else {
            return "You cannot lock an open \(name)"
        }
    }

    func unlock(combinationCode : String) -> String {
        if opened == false {
            if locked == false {
                return "The \(name) is already unlocked!"               "The door is already unlocked!"
            }
            else {
                if self.combinationCode != combinationCode {
                    return "Wrong code... the \(name) is still locked!" "Wrong code... the door is still locked!"
                }
            }
            locked = false                                              CombinationDoor
            return "C-l-i-c-c-c-k-k... the \(name) is unlocked!"        "C-l-i-c-c-c-k-k... the door is unlocked!"
        }
        else {
            return "You cannot unlock an open \(name)"
        }
    }
}

let securityDoor = CombinationDoor()                                    CombinationDoor
```

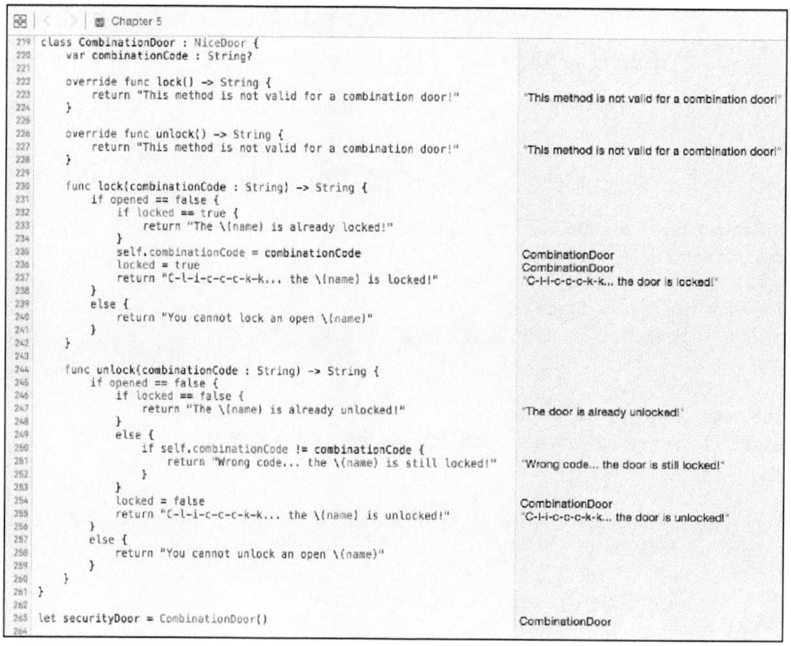

图5-14　新类CombinationDoor

这个新类新增了一个属性——第220行定义的combinationCode，其类型为可选String。还记得可选类型吗？本书前面讨论过，它们是可以为nil的类型。这里没有对combinationCode进行初始化，因此其值默认为nil。这样做意味着可以推迟到以后再将其初始化为特定值：在门关上后再初始化（见第235行）。这合乎逻辑。

现在将注意力转向始于第222行的方法lock和unlock。对于带密码锁的门，不能说开锁就开锁，而必须先检查传递给方法的密码是否与设置的密码相同。仅当它们相同时，门锁才会开。为禁止想开锁就开锁，必须在子类CombinationDoor中创建新的unlock方法，否则超类的unlock方法实现将在被告知开锁时就会开锁，而不管combinationCode被设置成什么。

关键字override让你能够在子类中创建同名方法。在Swift中，要在子类中定义与超类方法同名的方法，必须使用这个关键字来指出要重写这个方法。我们不想调用超类的方法unlock和lock。

第230~260行是新的lock和unlock方法。它们与超类的相应方法同名，但接受一个String参数。方法lock将密码作为参数，将其保存到属性combinationCode中，并将门上锁。注意到将门上锁前，使用了与超类的非参数化方法相同的逻辑来判断门是否关着。

方法unlock比方法lock长些，因为它必须实现额外的逻辑。它也接受一个String参数：开锁密码。第250行检查属性combinationCode与传入的密码是否相同，如果传入的密码不对，就返回一条消息指出密码不对，而门将继续锁着。

如果密码正确无误，方法unlock就把属性locked设置为false（第254行），并返回一条消息指出门锁开了。

第263行创建了一个新的CombinationDoor对象，它默认为关着且未上锁，为你与之交互做好了准备。

至此，你创建了新类CombinationDoor，并使用它实例化了对象securityDoor。你还明白了如何在子类中重写超类的方法。现在该给门开锁了！

2. 使用正确的密码

第263行创建对象securityDoor后，来看看新方法lock和unlock的工作原理。第265~288行旨在测试CombinationDoor及其超类。下面将逐行介绍这些代码。

第266~270行显示属性的值，包括前面讨论的属性combinationCode（它被设置为nil），如图5-15所示。第273行试图开锁，却从结果侧栏得知这个方法不再管用；第276行调用方法lock时出现了同样的消息。

```
// 显示属性的值
securityDoor.width
securityDoor.height
securityDoor.weight
securityDoor.color
securityDoor.combinationCode

// 开门锁，但没有提供密码
securityDoor.unlock()

// 锁门，但没有设置密码
```

```
securityDoor.lock()

// 开门锁并提供了密码
securityDoor.unlock("6809")
// 锁门并设置密码
securityDoor.lock("6809")

// 开门锁，但提供的密码不对
securityDoor.unlock("6502")

// 开门锁并提供了正确的密码
securityDoor.unlock("6809")
```

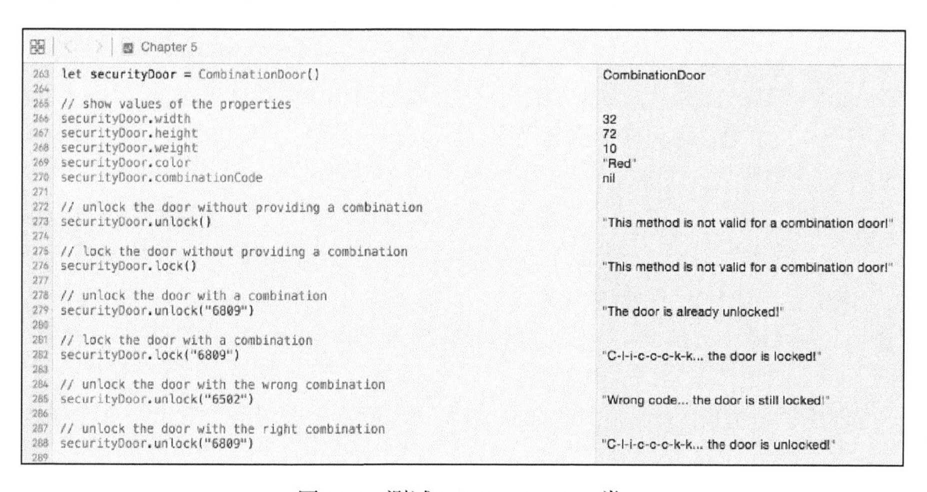

图5-15　测试CombinationDoor类

接下来，第279行调用方法unlock并传入密码参数，但结果侧栏指出门锁已经开了。这是个好兆头，表明开锁逻辑管用。

第282行成功地给门上锁了，并将密码设置成了6809。将门锁上后，第285行试图开锁，但提供的密码不对，因此尝试以失败告终，门还是锁着的。最后，第288行再次调用方法unlock并指定了正确的密码，结果门锁开了。

详细了解类、子类和继承后，下面花点时间深入探索便利初始化方法。

5.3.4　便利初始化方法

前面粗略地介绍了方法init，在Swift中实例化类时将调用它。本章前面介绍了多个类的init方法。对于Door类，不需要显式地定义方法init，因为在这个类中给每个属性都设置了默认值。类NewDoor和NiceDoor都有init方法，且给其参数都指定了默认值。

设计类时，有时候你可能想定义多个init方法。例如，一个init方法使用默认值，而另一个要求传入额外的参数。最终，这些初始化方法都调用一个被称为*指定初始化方法*的init方法。指定初始化方法通常是参数最多的init方法。

Swift赋予了这些初始化方法一个特殊名称：*便利初始化方法*。

下面以尺寸和用途众多的牵引车为例探讨便利初始化方法的概念。该例中创建了一个Tractor类，如图5-16的第290~306行所示，请输入这些代码。下面来研究这个类。

```
class Tractor {
    let horsePower : Int
    let color : String

    init(horsePower : Int, color : String) {
        self.horsePower = horsePower
        self.color = color
    }

    convenience init(horsePower : Int) {
        self.init(horsePower: horsePower, color: "Green")
    }

    convenience init() {
        self.init(horsePower: 42, color: "Green")
    }
}
```

```
Chapter 5
286
287 // unlock the door with the right combination
288 securityDoor.unlock("6809")
289
290 class Tractor {
291     let horsePower : Int
292     let color : String
293
294     init(horsePower : Int, color : String) {
295         self.horsePower = horsePower
296         self.color = color
297     }
298
299     convenience init(horsePower : Int) {
300         self.init(horsePower: horsePower, color: "Green")
301     }
302
303     convenience init() {
304         self.init(horsePower: 42, color: "Green")
305     }
306 }
307

"C-l-i-c-c-c-k-k... the door is unlocked!"
```

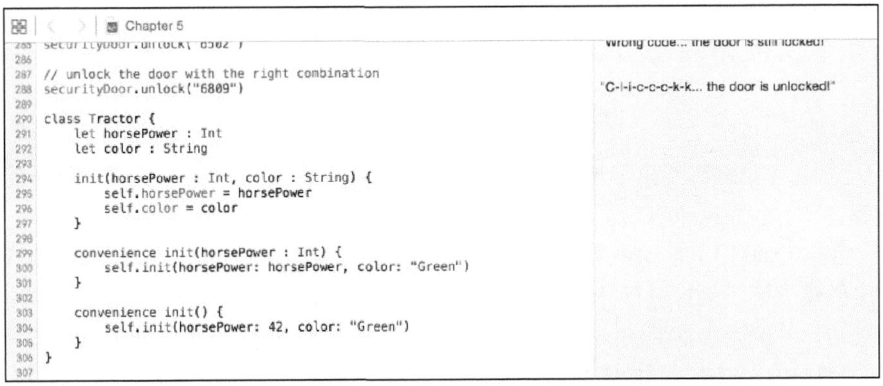

图5-16 Tractor类中的便利初始化方法

Tractor类看起来与本章前面研究的其他类有点像，它首先定义了一些属性，然后是几个方法。属性包括horsepower（类型为Int）和color（类型为String）。

第294行为*指定初始化方法*，这是参数最多的init方法。每个参数都对应于一个属性，而第295行和第296行将参数的值赋给了属性。如果你想实例化一个Tractor对象，可使用两个你选择的参数来调用这个方法。

第299行是第二个init方法，它以关键字convenience打头，这是一个便利初始化方法。说它便利是因为使用它来实例化对象时，你可少输入一些代码。注意到它包含的参数比指定初始化方法少一个：不需要传入参数color，其值默认为"Green"。

在这个便利初始化方法中，第300行调用了self.init，这调用的是第294行定义的指定初始化方法，它设置了全部两个属性。

第303行定义了另一个便利初始化方法。这个init方法不接受任何参数，而假定要创建的是42马力的绿色牵引车。如果你需要的正是这样的牵引车，可使用这个初始化方法来实例化一个Tractor对象，以少输入一些代码。

下面来创建几辆牵引车。为此，从第308行开始，输入如下代码：

```
let myBigTractor = Tractor()
let myBiggerTractor = Tractor(horsePower: 71)
let myYardTractor = Tractor(horsePower: 16, color : "Orange")
```

```
Chapter 5
290 class Tractor {
291     let horsePower : Int
292     let color : String
293
294     init(horsePower : Int, color : String) {
295         self.horsePower = horsePower
296         self.color = color
297     }
298
299     convenience init(horsePower : Int) {
300         self.init(horsePower: horsePower, color: "Green")
301     }
302
303     convenience init() {
304         self.init(horsePower: 42, color: "Green")
305     }
306 }
307
308 let myBigTractor = Tractor()                                   Tractor
309 let myBiggerTractor = Tractor(horsePower: 71)                  Tractor
310 let myYardTractor = Tractor(horsePower: 16, color: "Orange")   Tractor
311
```

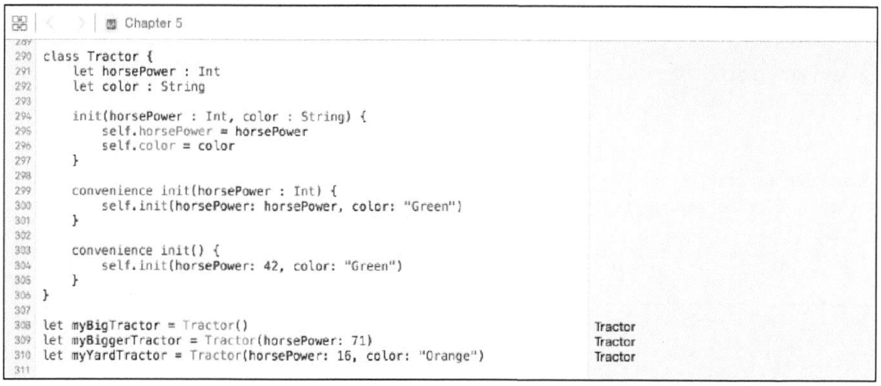

图5-17　使用Tractor类创建牵引车

在图5-17中，第308行调用了第二个便利初始化方法，它为我们设置了所有的参数。预期这将创建一辆42马力的绿色牵引车，结果侧栏印证了这一点。

同样，第309行调用了自动将牵引车设置为绿色的便利初始化方法。最后，第310行调用指定初始化方法创建了第三辆牵引车，这要求你显式地传入所有的参数。

便利初始化方法无疑是便利的。你可以创建很多便利初始化方法来帮助创建对象，它们最终都将调用指定初始化方法，而指定初始化方法负责初始化对象的所有属性。

本书后面将进一步讨论初始化方法。现在将注意力转向Swift语言中其他两种用于组织数据的特性：枚举和结构。

5.4　枚举

枚举让你能够指定一组相关的名称，以便在代码中引用这些名称。枚举通常与类结合起来使用，但在任何地方都很有用。枚举是从C语言借鉴而来的，但在Swift中更灵活、更强大得多。枚举的基本形式如下：

```
enum enumerationName {
    // 常量定义
}
```

鉴于前几个示例说的都是牵引车，下面的示例将使用一个枚举来表示各种车辆使用的燃料：

```
enum FuelType {

    case Gasoline
    case Diesel
    case Biodiesel
    case Electric
    case NaturalGas
}
```

在这个代码片段中，定义每个枚举成员时都使用了关键字case。成员与枚举名（FuelType）相关联，可使用句点表示法来访问，稍后你将看到这一点。

更为方便的是，可在同一行包含多个枚举成员，如下所示：

```
enum FuelType {
    case Gasoline, Diesel, Biodiesel, Electric, NaturalGas
}
```

使用被称为*原始值*的特性可在枚举中建立简单的映射：

```
enum FuelType : String {
  case Gasoline = "89 octane"
  case Diesel = "sulphur free"
  case Biodiesel = "vegetable oil"
  case Electric = "30 amps"
  case NaturalGas = "coalbed methane"
}
```

要提取这些原始值，可使用rawValue：

```
let fuelCharacteristic = FuelType.Gasoline.rawValue
```

对于一个简单的结构来说，这已经相当健壮了。

定义枚举后，便可将其任何成员赋给变量，从而在代码中以相当自然的方式使用它们。图5-18演示了这一点。

```
// 枚举
enum FuelType : String {
    case Gasoline = "89 octane"
    case Diesel = "sulphur free"
    case Biodiesel = "vegetable oil"
    case Electric = "30 amps"
    case NaturalGas = "coalbed methane"
}

var engine : FuelType = .Gasoline

var vehicleName : String

switch engine {
case .Gasoline:
    vehicleName = "Ford F-150"
```

5

```
    case .Diesel:
        vehicleName = "Ford F-250"

    case .Biodiesel:
        vehicleName = "Custom Van"

    case .Electric:
        vehicleName = "Toyota Prius"

    case .NaturalGas:
        vehicleName = "Utility Truck"
    }

    print("Vehicle \(vehicleName) takes \(engine.rawValue)")
```

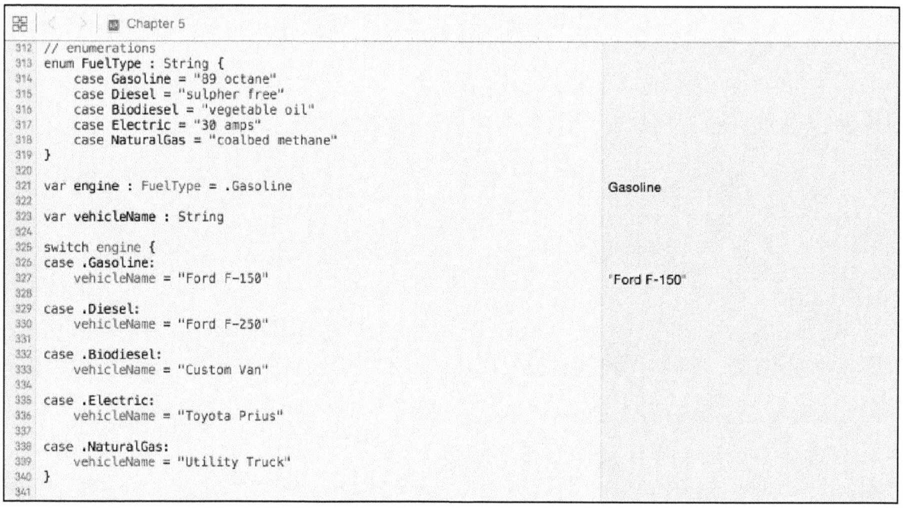

```
Chapter 5
312 // enumerations
313 enum FuelType : String {
314     case Gasoline = "89 octane"
315     case Diesel = "sulpher free"
316     case Biodiesel = "vegetable oil"
317     case Electric = "30 amps"
318     case NaturalGas = "coalbed methane"
319 }
320
321 var engine : FuelType = .Gasoline                    Gasoline
322
323 var vehicleName : String
324
325 switch engine {
326 case .Gasoline:
327     vehicleName = "Ford F-150"                       "Ford F-150"
328
329 case .Diesel:
330     vehicleName = "Ford F-250"
331
332 case .Biodiesel:
333     vehicleName = "Custom Van"
334
335 case .Electric:
336     vehicleName = "Toyota Prius"
337
338 case .NaturalGas:
339     vehicleName = "Utility Truck"
340 }
341
```

图5-18　创建并使用枚举

第313~319行定义的枚举包含各种燃料。第321行声明了类型枚举FuelType的变量engine，并将其值设置为Gasoline。注意到这个值前面有一个句点，这是一种简写的句点表示法。由于你显式地将该变量的类型声明成了FuelType，因此Swift假定Gasoline是该枚举的一部分，所以无需显式地指定枚举FuelType。你可以这样书写前面的代码：

```
var engine : FuelType = FuelType.Gasoline
```

这种更完整的引用方式也可行，但需要输入更多的代码，这没有必要。

第325~340行使用了一条switch语句来确定变量engine与枚举FuelType的哪个成员匹配，进而显示对应的车辆类型。

如果你熟悉C语言中的枚举，就知道C语言编译器会给每个枚举成员指定一个数字，因此对枚举成员的引用都将解析为相应的数字。在Swift中，情况并非如此，枚举值在内部依然是其标签名。

5.5 结构

在Swift中，类是一个功能强大的结构，可用于描述各种对象，但Swift还提供了另一种以类似方式组织数据的方式：结构。

如果你熟悉C语言或其变种，就一眼就能识别结构。结构是一种用于存储数据的组织构造，在很多方面都与类很像，其中包括创建方式：

```
struct structureName {
    // 变量和常量定义
}
```

在图5-19中，第344~356行将一个枚举和一个结构关联起来了。第350~353行定义了结构Vehicle，它有两个成员，分别表示燃料类型和传动方式。第355行和第356行演示了如何创建表示这种结构的变量。

```
enum TransmissionType {
    case Manual4Gear
    case Manual5Gear
    case Automatic
}

struct Vehicle {
    var fuel : FuelType
    var transmission : TransmissionType
}

var dieselAutomatic = Vehicle(fuel: .Diesel, transmission: .Automatic)
var gasoline4Speed = Vehicle(fuel: .Gasoline, transmission: .Manual4Gear)
```



```
Chapter 5
338 case .NaturalGas:
339     vehicleName = "Utility Truck"
340 }
341
342 print("Vehicle \(vehicleName) takes \(engine.rawValue)")      "Vehicle Ford F-150 takes 89 octane"
343
344 enum TransmissionType {
345     case Manual4Gear
346     case Manual5Gear
347     case Automatic
348 }
349
350 struct Vehicle {
351     var fuel : FuelType
352     var transmission : TransmissionType
353 }
354
355 var dieselAutomatic = Vehicle(fuel: .Diesel, transmission: .Automatic)      Vehicle
356 var gasoline4Speed = Vehicle(fuel: .Gasoline,                               Vehicle
        transmission: .Manual4Gear)
357
```

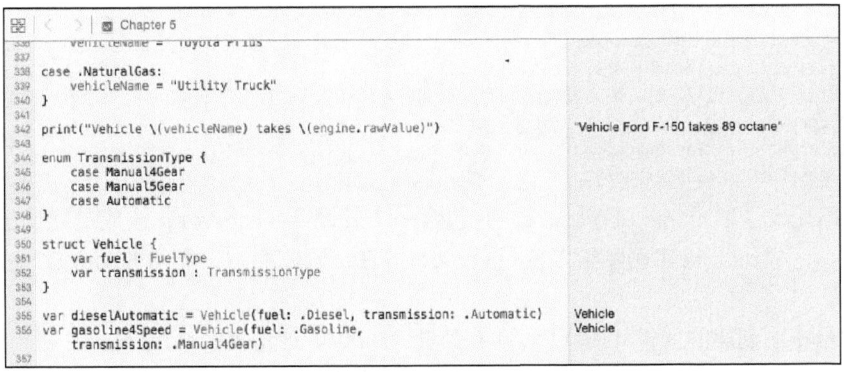

图5-19 创建并初始化Vehicle结构

在C语言中，结构是一种很有用的组织和聚合相关数据的方式，因为它没有类。Swift结构与C语言结构类似，但还可以包含方法。这让结构几乎与类一样，但它们之间存在一些重要差别。

类可通过继承建立层次结构，而结构不支持继承。另外，将一个结构变量赋给另一个结构变量时，将复制整个结构，而类是引用类型，不会在变量之间复制。

5.6 值类型和引用类型

类和结构之间存在一个非常细微而重要的差别，那就是被赋给变量或常量时的行为。在Swift中，类是引用类型。不管将同一个对象赋给了多少变量或常量，这些变量或常量都将指向同一个对象；其中每个变量或常量存储的都是指向这个对象的引用，而不是副本。

结构截然不同。将结构赋给变量或常量时，将创建其副本；将结构作为参数传递给函数时，情况亦如此。这种复制行为使得结构属于值类型。

要在你的游乐场文件中证明这一点，可将对象或结构赋给变量，再查看变量的内容。请输入如下代码，如图5-20中的第358~382行所示。

```
// *****************************
// 值类型和引用类型
// *****************************

// 在Swift中，结构属于值类型
struct Structure {
    var copyVar : Int = 10
}

var struct1 = Structure()// 创建struct1
var struct2 = struct1 // struct2是struct1的副本
struct2.copyVar = 20 // 修改struct2的copyVar
struct1.copyVar // struct1的copyVar
struct2.copyVar // struct2的copyVar

// 在Swift中，对象属于引用类型
class Class {
        var copyVar : Int = 10
}

var class1 = Class()// 实例化对象class1
var class2 = class1 // class2是指向class1的引用
class2.copyVar = 20 // 修改class2的copyVar
class1.copyVar // class1的copyVar
class2.copyVar // class2的copyVar
```

第363行定义了简单结构Structure，它包含一个成员——copyVar，该成员默认被设置为10。第367行将一个Structure实例赋给了变量struct1。在结果侧栏中，显示的copyVar值为10，与预期一致。

第368行将刚创建的变量struct1赋给了变量struct2。这将复制struct1，并将得到的副本赋给struct2。鉴于struct2是副本，修改其copyVar不会影响struct1的copyVar。第369行验证了这一点，它将struct2的copyVar设置为20。

执行上述赋值后，在结果侧栏中显示了struct1和struct2的copyVar的内容。struct1的copyVar还是原始值10，而struct2的copyVar为20，这与你对值类型的预期一致。copyVar的值不同，这表明struct1和struct2并非指向同一个结构的引用，而是彼此独立的不同副本。

第374行定义了类Class，其行为完全不同。这个类看起来与前面的结构完全相同，也包含成员copyVar，只是被声明为类。

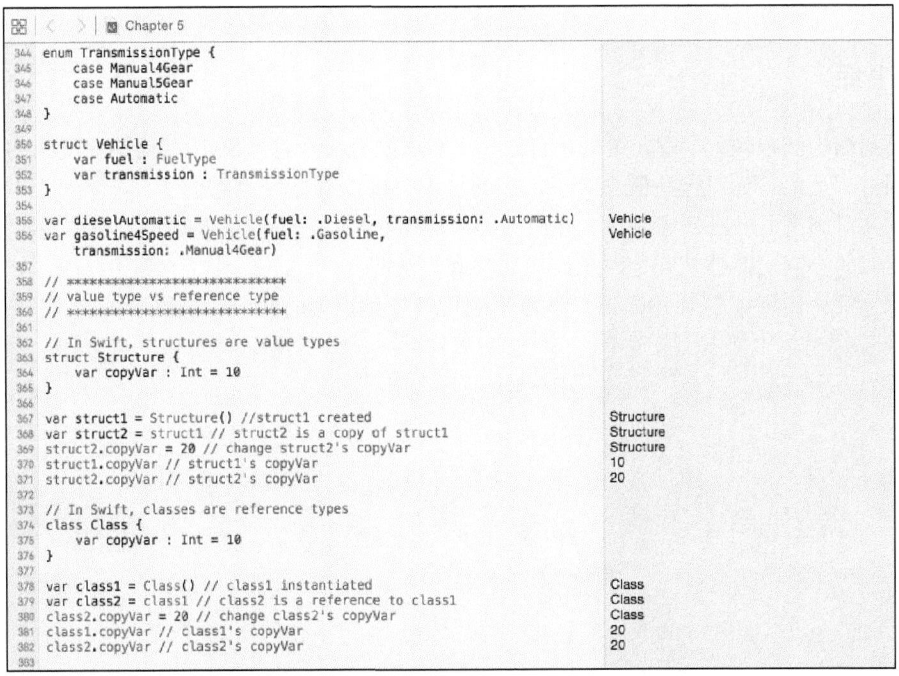

```
Chapter 5
344 enum TransmissionType {
345     case Manual4Gear
346     case Manual5Gear
347     case Automatic
348 }
349
350 struct Vehicle {
351     var fuel : FuelType
352     var transmission : TransmissionType
353 }
354
355 var dieselAutomatic = Vehicle(fuel: .Diesel, transmission: .Automatic)      Vehicle
356 var gasoline4Speed = Vehicle(fuel: .Gasoline,                                Vehicle
        transmission: .Manual4Gear)
357
358 // ******************************
359 // value type vs reference type
360 // ******************************
361
362 // In Swift, structures are value types
363 struct Structure {
364     var copyVar : Int = 10
365 }
366
367 var struct1 = Structure() //struct1 created                                   Structure
368 var struct2 = struct1 // struct2 is a copy of struct1                         Structure
369 struct2.copyVar = 20 // change struct2's copyVar                              Structure
370 struct1.copyVar // struct1's copyVar                                          10
371 struct2.copyVar // struct2's copyVar                                          20
372
373 // In Swift, classes are reference types
374 class Class {
375     var copyVar : Int = 10
376 }
377
378 var class1 = Class() // class1 instantiated                                   Class
379 var class2 = class1 // class2 is a reference to class1                        Class
380 class2.copyVar = 20 // change class2's copyVar                                Class
381 class1.copyVar // class1's copyVar                                            20
382 class2.copyVar // class2's copyVar                                            20
383
```

图5-20 结构和对象分别属于值类型和引用类型

与前面的结构示例一样，第378行实例化了一个新对象，并将其赋给变量class1。接下来，将变量class1赋给了另一个变量class2。至此，class2存储了一个指向class1的引用，这意味着这两个变量都引用（指向）内存中的同一个对象。

为证明这一点，第380行将class2的copyVar设置成了20，而第381行和第382行分别显示了class1和class2的成员copyVar。从结果侧栏可知，它们都被设置为20，这表明class1和class2指向的是同一个对象。修改class1的成员时，将立即影响class2。

明白这种行为很重要，它可指导你如何使用对象和结构。相比于引用结构，任何可复制的语言结构的使用代价都很高，因为对象占用的内存通常比引用多。有鉴于此，应少用结构，只将其用于组织少量紧密相关的数据，如下所示：

```
struct Triangle {
    var base : Double
    var height : Double

    func area() -> Double {
        return (0.5 * base) * height
    }
}
```

这个结构用于组织三角形的底和高，还包含一个计算面积的函数。虽然也可使用类，但像这里这样组织少量数据时，使用结构更合适。类更适合用于组织大量不相关的数据以及大量不同的方法。

5.7 小结

从类到结构和枚举，本章介绍的内容很多。本章没有涉及这些Swift结构错综复杂的地方，但后面将探讨。至此，你对这些概念有了足够的认识，可以开始使用它们了。

建议你对周围的各种对象建模，并使用类来描述它们。它们有哪些属性？有哪些行为？哪些对象是相似的？它们能够从其他对象继承属性和方法吗？

在下一章，你将拓展Swift知识，学习其他几个与类相关的概念：协议和扩展。

第6章

使用协议和扩展进行规范化

祝贺你在前一章学习了几个具有里程碑意义的主题：类、结构和枚举。至此，本书的Swift之旅差不多已经过半，但你只了解了Swift面向对象功能的一些皮毛，这个领域有待探索的地方还有很多，下面继续将注意力集中在与类和结构相关的概念上。

Swift语言提供了两个重要的特性，可改善类和结构的用途和灵活性，它们就是协议和扩展，本章将介绍这些内容。

6.1 遵循协议

用正餐叉子还是沙拉叉子，说“请”和“好的，先生”或“好的，妈妈”。这些都是我们知道的在特定场合（在餐桌前就餐或答话时）的行为规范。这些行为方式是从父母那里习得的，已成为习惯动作。当我们采取这样的行为时，实际上遵循了既有的礼仪或行为规范。

协议理念也适用于Swift，尤其是类和结构。协议指定了类和结构的“行为规范”，要求它们承诺实现特定的方法或属性。这种规范是强制性的，但仅当类或结构决定遵循协议时才有效。

为演示如何在Swift中使用协议，回顾一下前一章的Portal类（你可能需要查看该章的游乐场文件）。意识到Door和Window都能上锁和开锁后，我们创建了Portal类，它演示了OOP的核心概念——类层次结构和继承。

6.1.1 类还是协议

对于门和窗户，使用继承合乎逻辑，但对于其他也能够上锁和开锁的相关对象呢？汽车和房子都能够上锁和开锁，但如果创建一个类层次结构，将它们的属性和行为封装起来，就会显得很不合理，因为它们差别很大，不适合使用继承。在这种情况下，协议可派上用场。

图6-1的第8~11行是一个协议的定义，这与类的定义很像。协议的基本形式如下：

```
protocol ProtocolName {
    // 协议的成员
}
```

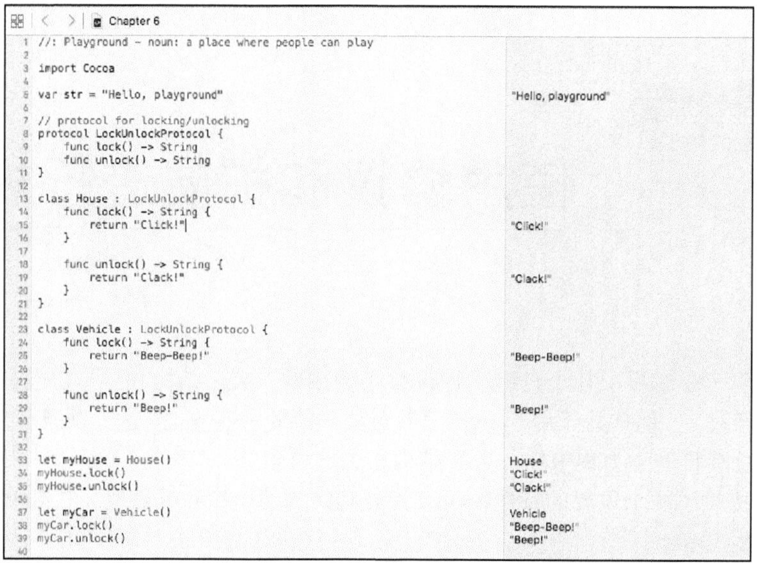

```
Chapter 6
//: Playground - noun: a place where people can play

import Cocoa

var str = "Hello, playground"                          "Hello, playground"

// protocol for locking/unlocking
protocol LockUnlockProtocol {
    func lock() -> String
    func unlock() -> String
}

class House : LockUnlockProtocol {
    func lock() -> String {
        return "Click!"                                  "Click!"
    }

    func unlock() -> String {
        return "Clack!"                                  "Clack!"
    }
}

class Vehicle : LockUnlockProtocol {
    func lock() -> String {
        return "Beep-Beep!"                              "Beep-Beep!"
    }

    func unlock() -> String {
        return "Beep!"                                   "Beep!"
    }
}

let myHouse = House()                                  House
myHouse.lock()                                         "Click!"
myHouse.unlock()                                       "Clack!"

let myCar = Vehicle()                                  Vehicle
myCar.lock()                                           "Beep-Beep!"
myCar.unlock()                                         "Beep!"
```

图6-1　Swift的协议特性

请启动Xcode，新建一个游乐场并将其命名为Chapter 6。在该游乐场文件中，从第7行开始输入如下代码（如图6-1所示）：

```
// 上锁/开锁的协议
protocol LockUnlockProtocol {
    func lock() -> String
    func unlock() -> String
}

class House : LockUnlockProtocol {
    func lock() -> String {
        return "Click!"
    }

    func unlock() -> String {
        return "Clack!"
    }
}
class Vehicle : LockUnlockProtocol {
    func lock() -> String {
        return "Beep-Beep!"
    }

    func unlock() -> String {
        return "Beep!"
    }
}

let myHouse = House()
myHouse.lock()
```

```
myHouse.unlock()

let myCar = Vehicle()
myCar.lock()
myCar.unlock()
```

第9行和第10行声明了两个方法：lock和unlock，它们都不接受任何参数，且返回类型都是String。这些方法都没有方法体，看起来有点怪异，但这正是协议的关键所在。协议指定了类必须实现的方法的特征。

为明白这一点，请看第13行。这是一个常规的类声明，但注意到冒号后面是协议名。这很像前一章介绍的继承，但指定的是协议而不是超类。

第14行和第18行是House类中方法lock和unlock的定义。在Vehicle类中，第24行和第28行也定义了这些方法，但返回结果不同（给房子上锁与给车上锁发出的声音不同）。

第33行和第39行声明了两个类型分别为House和Vehicle的常量，接下来调用了LockUnlock-Protocol指定的方法lock和unlock。

6.1.2 协议并非只能定义方法

Swift协议并非只能定义方法，它还可定义遵循协议的类将包含的变量。在第5章，使用了变量locked来跟踪锁的状态；可在协议中定义这个变量，以改进前面的示例。

请从第41行开始输入下面的代码（如图6-2所示）：

```
// 包含变量locked的新协议
protocol NewLockUnlockProtocol {
    var locked : Bool { get set }
    func lock() -> String
    func unlock() -> String
}

class Safe : NewLockUnlockProtocol {
    var locked : Bool = false

    func lock() -> String {
        locked = true
        return "Ding!"
    }

    func unlock() -> String {
        locked = false
        return "Dong!"
    }
}

class Gate : NewLockUnlockProtocol {
    var locked : Bool = false

    func lock() -> String {
        locked = true
```

```
        return "Clink!"
    }

    func unlock() -> String {
        locked = false
        return "Clonk!"
    }
}

let mySafe = Safe()
mySafe.lock()
mySafe.unlock()

let myGate = Gate()
myGate.lock()
myGate.unlock()
```

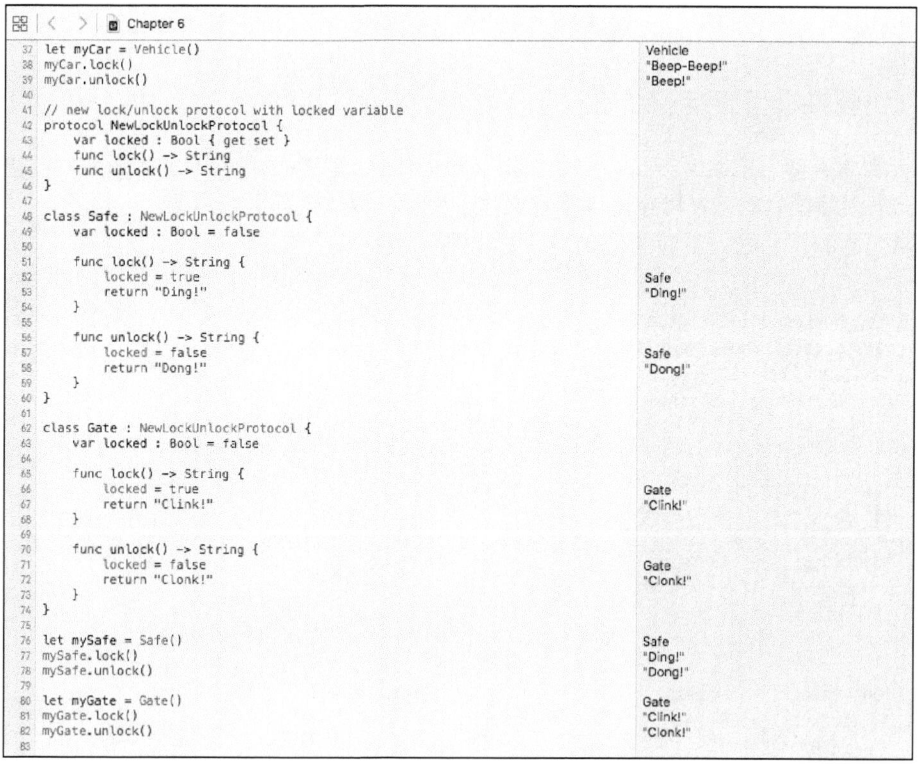

```
Chapter 6
37 let myCar = Vehicle()                                    Vehicle
38 myCar.lock()                                             "Beep-Beep!"
39 myCar.unlock()                                           "Beep!"
40
41 // new lock/unlock protocol with locked variable
42 protocol NewLockUnlockProtocol {
43     var locked : Bool { get set }
44     func lock() -> String
45     func unlock() -> String
46 }
47
48 class Safe : NewLockUnlockProtocol {
49     var locked : Bool = false
50
51     func lock() -> String {
52         locked = true                                    Safe
53         return "Ding!"                                   "Ding!"
54     }
55
56     func unlock() -> String {
57         locked = false                                   Safe
58         return "Dong!"                                   "Dong!"
59     }
60 }
61
62 class Gate : NewLockUnlockProtocol {
63     var locked : Bool = false
64
65     func lock() -> String {
66         locked = true                                    Gate
67         return "Clink!"                                  "Clink!"
68     }
69
70     func unlock() -> String {
71         locked = false                                   Gate
72         return "Clonk!"                                  "Clonk!"
73     }
74 }
75
76 let mySafe = Safe()                                      Safe
77 mySafe.lock()                                            "Ding!"
78 mySafe.unlock()                                          "Dong!"
79
80 let myGate = Gate()                                      Gate
81 myGate.lock()                                            "Clink!"
82 myGate.unlock()                                          "Clonk!"
83
```

图6-2　在协议定义中添加一个变量

第42~46行定义了新协议`NewLockUnlockProtocol`，它几乎与前一个协议相同，只是新增了第43行的代码：

```
var locked : Bool { get set }
```

在协议中，要将变量指定为可修改的，可使用你熟悉的关键字var，再加上变量名、冒号和类型。你没有见过的内容是类型后面的{ get set }。

get和set都是特殊的限定符，要求协议遵循者将变量视为可修改的。在协议中同时使用了get和set时，在遵循协议的类或结构中，必须使用关键字var来声明相应的变量，以指出它是可修改的。如果只使用了get，则在遵循协议的类或结构中声明相应的变量时，可使用关键字let，也可使用关键字var。

6.1.3 遵循多个协议

在Swift中，类或结构可遵循多个协议，这种灵活性让你能够将既有代码重构为协议，让代码更加组织有序。就拿计算几何形状的面积和周长来说吧，面积指的是形状内部包含多大区域，而周长是所有边的总长。

可在不同的协议中声明计算面积和周长的方法，并让表示各种形状的结构遵循这些协议。请从第84行开始输入下面的代码（如图6-3所示）：

```
// 遵循多个协议的结构
protocol AreaComputationProtocol {
    func computeArea() -> Double
}

protocol PerimeterComputationProtocol {
    func computePerimeter() -> Double
}

struct Rectangle : AreaComputationProtocol, PerimeterComputationProtocol {
    var width, height : Double

    func computeArea() -> Double {
        return width * height
    }

    func computePerimeter() -> Double {
        return width * 2 + height * 2
    }
}

var square = Rectangle(width: 3, height: 3)
var rectangle = Rectangle(width: 4, height: 6)

square.computeArea()
square.computePerimeter()

rectangle.computeArea()
rectangle.computePerimeter()
```

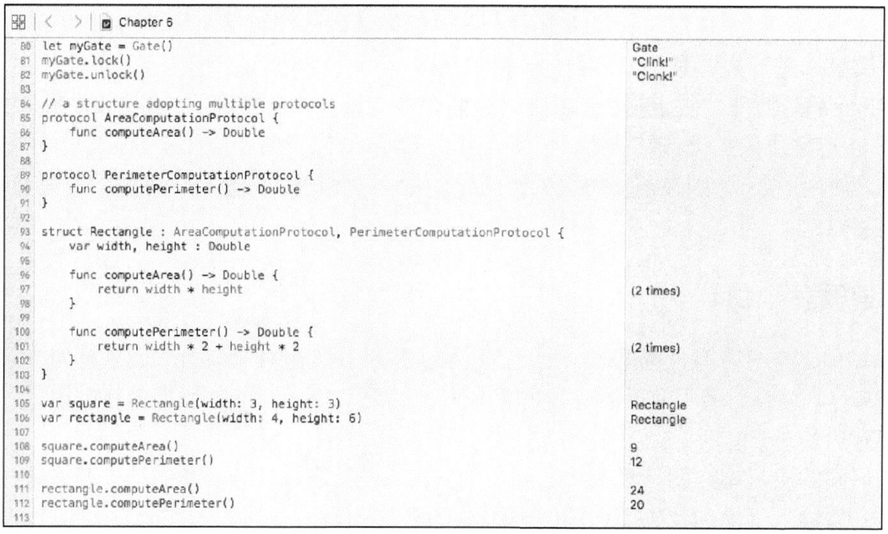

```
Chapter 6
80  let myGate = Gate()                                   Gate
81  myGate.lock()                                         "Clink!"
82  myGate.unlock()                                       "Clonk!"
83
84  // a structure adopting multiple protocols
85  protocol AreaComputationProtocol {
86      func computeArea() -> Double
87  }
88
89  protocol PerimeterComputationProtocol {
90      func computePerimeter() -> Double
91  }
92
93  struct Rectangle : AreaComputationProtocol, PerimeterComputationProtocol {
94      var width, height : Double
95
96      func computeArea() -> Double {
97          return width * height                         (2 times)
98      }
99
100     func computePerimeter() -> Double {
101         return width * 2 + height * 2                 (2 times)
102     }
103 }
104
105 var square = Rectangle(width: 3, height: 3)          Rectangle
106 var rectangle = Rectangle(width: 4, height: 6)       Rectangle
107
108 square.computeArea()                                  9
109 square.computePerimeter()                             12
110
111 rectangle.computeArea()                               24
112 rectangle.computePerimeter()                          20
113
```

图6-3　遵循多个协议

第85~91行定义了两个新协议，它们都要求实现一个方法。第93行定义了结构Rectangle，其中演示了遵循多个协议的语法——使用逗号分隔要遵循的协议。必须实现遵循的所有协议定义的方法和变量，就这里而言，结构Rectangle只需实现方法computeArea和computePerimeterare。

第105行和第106行声明了两个变量：一个用于存储正方形（特殊的矩形），另一个用于存储矩形。在这两行代码中，都使用参数width和height创建了一个Rectangle实例，结果侧栏证明了这一点。

6.1.4　协议也可继承

类可以彼此继承，协议亦如此，你可能对此感到惊讶。协议继承让你能够创建基本协议，再根据需要使用新方法或变量扩展它们。

请从第114行开始输入下面的代码（如图6-4所示）：

```
// 协议继承
protocol TriangleProtocol : AreaComputationProtocol,
→ PerimeterComputationProtocol {
    var a : Double { get set }
    var b : Double { get set }
    var c : Double { get set }
    var base : Double { get set }
    var height : Double { get set }
}

struct Triangle : TriangleProtocol {
    var a, b, c : Double
    var height, base : Double
```

```
    func computeArea() -> Double {
        return (base * height) / 2
    }

    func computePerimeter() -> Double {
        return a + b + c
    }
}

var triangle1 = Triangle(a : 4, b : 5, c : 6, height : 12, base : 10)

triangle1.computeArea()
triangle1.computePerimeter()
```

```
Chapter 6
111 rectangle.computeArea()                                              24
112 rectangle.computePerimeter()                                         20
113
114 // protocol inheritance
115 protocol TriangleProtocol : AreaComputationProtocol,
        PerimeterComputationProtocol {
116     var a : Double { get set }
117     var b : Double { get set }
118     var c : Double { get set }
119     var base : Double { get set }
120     var height : Double { get set }
121 }
122
123 struct Triangle : TriangleProtocol {
124     var a, b, c : Double
125     var height, base : Double
126
127     func computeArea() -> Double {
128         return (base * height) / 2                                   60
129     }
130
131     func computePerimeter() -> Double {
132         return a + b + c                                             15
133     }
134 }
135
136 var triangle1 = Triangle(a : 4, b : 5, c : 6, height : 12, base : 10)   Triangle
137
138 triangle1.computeArea()                                              60
139 triangle1.computePerimeter()                                         15
140
```

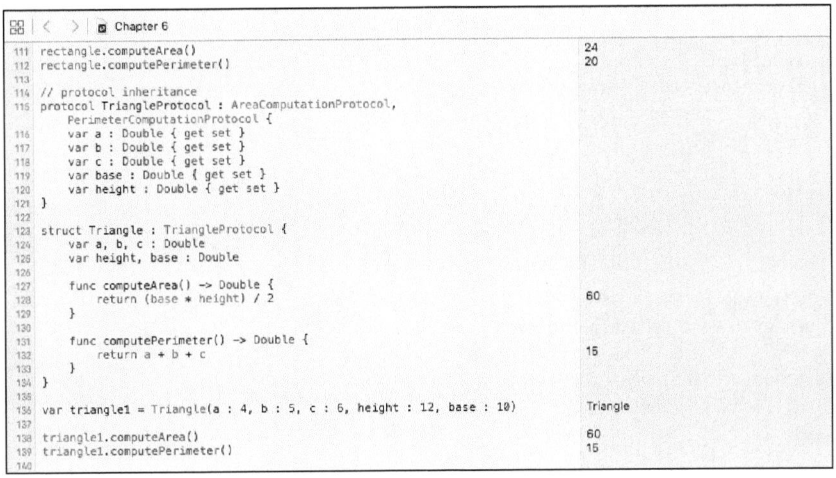

图6-4 演示协议继承

第115行是TriangleProtocol的定义，在该协议名后面指定了它继承的两个协议：AreaComputationProtocol和PerimeterComputationProtocol。除遵循这两个协议外，TriangleProtocol还要求实现5个可帮助计算三角形面积和周长的变量。注意到对于每个变量，都指定了限定符get和set。

第123行定义了新结构Triangle，它遵循协议TriangleProtocol。遵循协议TriangleProtocol时，结构Triangle也必须遵循协议AreaComputationProtocol和PerimeterComputationProtocol。第127~133行实现了这两个协议指定的方法。第124~125行创建了协议TriangleProtocol指定的变量。

第136行创建了一个Triangle结构实例——triangle1，并使用参数初始化了各个变量。第138~139行调用计算面积和周长的方法，结果侧栏显示了计算结果。

6.1.5 委托

Swift的一种具体用途是，用于实现重要的编程设计模式委托。委托让一个类或结构能够将工作或决策交给另一个类或结构去完成。当你将任务委托给别人时，希望这个人完成这项任务并将结果告诉你，Swift的委托概念与此很像——可委托其他类代替当前类执行工作，而协议非常适合用于实现委托。委托还可用于询问其他类或结构是否可以执行某项操作。

请从第141行开始输入下面的代码（如图6-5所示）。这段代码通过模拟接受硬币并吐出商品的自动售货机演示了委托。

```
// 使用协议实现委托
protocol VendingMachineProtocol {
    var coinInserted : Bool { get set }
    func shouldVend() -> Bool
}

class Vendor : VendingMachineProtocol {
    var coinInserted : Bool = false

    func shouldVend() -> Bool {
        if coinInserted == true {
            coinInserted = false
            return true
        }
        return false
    }
}

class ColaMachine {
    var vendor : VendingMachineProtocol

    init(vendor : VendingMachineProtocol) {
        self.vendor = vendor
    }

    func insertCoin() {
        vendor.coinInserted = true
    }

    func pressColaButton() -> String {
        if vendor.shouldVend() == true {
            return "Here¡¯s a Cola!"
        }
        else {
            return "You must insert a coin!"
        }
    }

    func pressRootBeerButton() -> String {
        if vendor.shouldVend() == true {
            return "Here¡¯s a Root Beer!"
        }
        else {
            return "You must insert a coin!"
        }
    }
}
```

```
Chapter 6
141 // delegation via protocol
142 protocol VendingMachineProtocol {
143     var coinInserted : Bool { get set }
144     func shouldVend() -> Bool
145 }
146
147 class Vendor : VendingMachineProtocol {
148     var coinInserted : Bool = false
149
150     func shouldVend() -> Bool {
151         if coinInserted == true {
152             coinInserted = false                                   (2 times)
153             return true                                            (2 times)
154         }
155         return false                                               (2 times)
156     }
157 }
158
159 class ColaMachine {
160     var vendor : VendingMachineProtocol
161
162     init(vendor : VendingMachineProtocol) {
163         self.vendor = vendor
164     }
165
166     func insertCoin() {
167         vendor.coinInserted = true                                 (2 times)
168     }
169
170     func pressColaButton() -> String {
171         if vendor.shouldVend() == true {
172             return "Here's a Cola!"                                "Here's a Cola!"
173         }
174         else {
175             return "You must insert a coin!"                       (2 times)
176         }
177     }
178
179     func pressRootBeerButton() -> String {
180         if vendor.shouldVend() == true {
181             return "Here's a Root Beer!"
182         }
183         else {
184             return "You must insert a coin!"
185         }
186     }
187 }
188
189 var vendingMachine = ColaMachine(vendor : Vendor())               ColaMachine
190
191 vendingMachine.pressColaButton()                                  "You must insert a coin!"
192 vendingMachine.insertCoin()                                       ColaMachine
193 vendingMachine.pressColaButton()                                  "Here's a Cola!"
194 vendingMachine.pressColaButton()                                  "You must insert a coin!"
195
```

图6-5 使用协议实现委托

第142~145行定义了协议VendingMachineProtocol，其中包含一个布尔变量和一个方法。如果投入了硬币，就将这个变量设置为true，否则将其设置为false。这个方法返回一个布尔值，指出是否应该吐出商品。

第147~157行定义了一个遵循协议VendingMachineProtocol的新类Vendor。它创建该协议指定的变量coinInserted和方法shouldVend。这里的逻辑很简单：如果投入了硬币，就将变量coinInserted重置为false，并返回true，指出应该吐出商品；如果没有投入硬币，就返回false，以禁止吐出商品。

第159~187行定义了ColaMachine类，它包含一个遵循协议VendingMachineProtocol的对象。第162行的init方法将一个这样的对象作为参数，而第163行将这个对象赋给self.vendor。这个vendor对象将为当前类判断是否该吐出商品。

第166~168行定义了便利方法insertCoin，它在被调用时将vendor对象的变量coinInserted设置为true。

其他两个方法（pressColaButton和pressRootBeerButton）都调用vendor的委托方法

6

shouldVend来确定该吐出指定的商品（可乐或根汁汽水），还是提醒用户投币。

最后，第189行创建了变量vendingMachine，而第191~194行调用了其方法，以检查这个类是否按预期那样工作。图6-5显示了结果侧栏中的结果。

6.2　扩展

前一章介绍过，子类化是一种通过继承扩展Swift类的方式。在扩展既有类方面，通过子类化进行继承是一种经过时间检验的方式，在面向对象语言中，使用它进行建模和解决问题的效果很好。

然而，Swift提供了子类化替代方式，它们不使用继承就能扩展类的功能。在需要扩展类而不是创建新类时，这种方式很有用。另外，子类化只能用于类，而不能用于结构。

另一方面，扩展让你能够以非侵入的简单方式增加类、结构甚至基本类型的行为和功能。Swift扩展类似于Objective-C类别，但功能强大得多。

Swift扩展的基本形式类似于类或协议声明：

```
extension className {
    // 扩展的方法
}
```

在扩展声明中，关键字extension后面是要扩展的类或结构的名称。下面首先来扩展前面的ColaMachine类。当前，这个类包含售卖可乐和根汁汽水的方法，下面来扩展它，使其还能够售卖健怡可乐。请从第196行开始输入下面的代码（如图6-6所示）：

```
// 扩展
extension ColaMachine {
    func pressDietColaButton() -> String {
        if vendor.shouldVend() == true {
            return "Here's a Diet Cola!"
        }
        else {
            return "You must insert a coin!"
        }
    }
}

var newVendingMachine = ColaMachine(vendor : Vendor())

vendingMachine.insertCoin()
vendingMachine.pressDietColaButton()
```

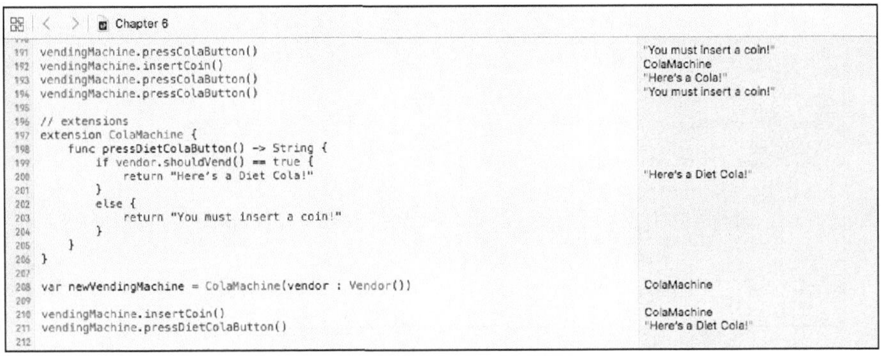

```
Chapter 6
191 vendingMachine.pressColaButton()                     "You must insert a coin!"
192 vendingMachine.insertCoin()                          ColaMachine
193 vendingMachine.pressColaButton()                     "Here's a Cola!"
194 vendingMachine.pressColaButton()                     "You must insert a coin!"
195
196 // extensions
197 extension ColaMachine {
198     func pressDietColaButton() -> String {
199         if vendor.shouldVend() == true {
200             return "Here's a Diet Cola!"                 "Here's a Diet Cola!"
201         }
202         else {
203             return "You must insert a coin!"
204         }
205     }
206 }
207
208 var newVendingMachine = ColaMachine(vendor : Vendor())   ColaMachine
209
210 vendingMachine.insertCoin()                              ColaMachine
211 vendingMachine.pressDietColaButton()                     "Here's a Diet Cola!"
212
```

图6-6 使用扩展对ColaMachine类进行扩展

在图6-6中，ColaMachine类的扩展始于第197行。第198~205行定义了新方法pressDiet-ColaButton，它与游乐场前面ColaMachine类定义的类似方法几乎相同。

第208行实例化了一个新的自动售货机对象，而第210~211行调用了扩展中定义的新方法。结果侧栏显示了这些代码的执行结果。

你可能会问，为何要创建扩展呢？在ColaMachine类中添加这个方法不就可以了吗？这里确实可以这样做，但使用Swift开发应用程序时，将用到第三方开发的类，而你可能无法访问这些类的源代码。对于在其他地方定义的类，使用扩展是给它们添加功能的极佳方式，即便你无法获得这些类的源代码也没有关系。

6.2.1 扩展基本类型

使用扩展给类添加功能是一回事，扩展基本类型完全是另一回事。使用Swift扩展可改进标准类型，使其功能更强大、更易于使用。

1. MB和GB

咱们首先来扩展最常见的Swift基本类型：无处不在的整型（Int）。从第213行开始输入下面的代码，将Int值转换为千字节（kb）、兆字节（mb）或吉字节（gb），如图6-7所示。

```
// 扩展Int以处理不同的内存量单位
extension Int {
    var kb : Int { return self * 1_024 }
    var mb : Int { return self * 1_024 * 1_024 }
    var gb : Int { return self * 1_024 * 1_024 * 1_024 }
}

var x : Int = 4.kb
var y = 8.mb
var z = 2.gb
```

6

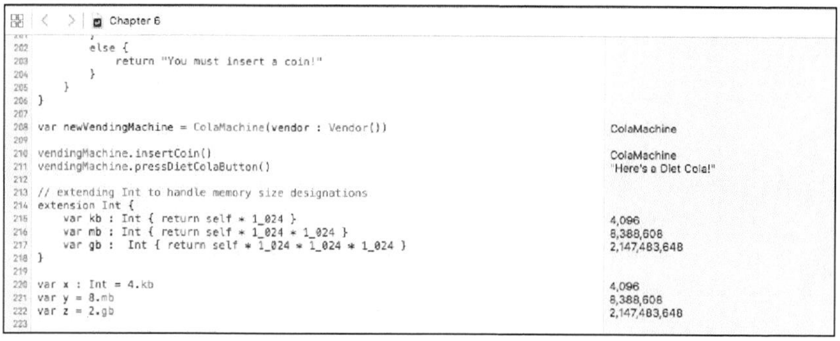

Chapter 6

```
202         else {
203             return "You must insert a coin!"
204         }
205     }
206 }
207
208 var newVendingMachine = ColaMachine(vendor : Vendor())            ColaMachine
209
210 vendingMachine.insertCoin()                                       ColaMachine
211 vendingMachine.pressDietColaButton()                              "Here's a Diet Cola!"
212
213 // extending Int to handle memory size designations
214 extension Int {
215     var kb : Int { return self * 1_024 }                          4,096
216     var mb : Int { return self * 1_024 * 1_024 }                  8,388,608
217     var gb :  Int { return self * 1_024 * 1_024 * 1_024 }         2,147,483,648
218 }
219
220 var x : Int = 4.kb                                                4,096
221 var y = 8.mb                                                      8,388,608
222 var z = 2.gb                                                      2,147,483,648
223
```

图6-7　使用扩展对Int类型进行扩展

这个扩展演示了一种被称为计算属性的功能。不同于类继承，在扩展中不能添加常规（和存储）属性，但完全可以添加计算属性。计算属性指的是其值是通过计算得到的属性，其基本形式如下：

```
var propertyName : type { code }
```

在上述Int类型的扩展中，第215~217行进行千字节、兆字节和吉字节转换——对关键字self表示的类型值执行简单的数学运算。

第220~222行给声明的变量赋值时，使用了你熟悉的句点表示法和所需的符号（kb、mb或gb）。

声明计算属性时，采用属性（而不是方法）的声明语法，因此无需在计算属性的名称后面加上一对括号，只需指定属性名本身。

2. 温度

下面来扩展Double类型，以处理三种温度单位的转换：表示华氏温度的F、表示摄氏温度的C和表示开氏温度的K。请从第224行开始输入如下代码（如图6-8所示）：

```
// 扩展Double类型以处理温度单位的转换
extension Double {
    var F : Double { return self }
    var C : Double { return (((self - 32.0) * 5.0) / 9.0) }
    var K : Double { return (((self - 32.0) / 1.8) + 273.15) }
}

var temperatureF = 80.4.F
var temperatureC = temperatureF.C
var temperatureK = temperatureF.K
```

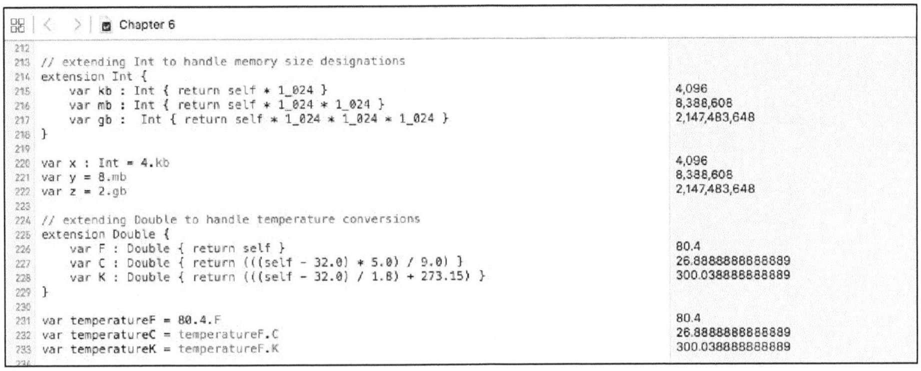

```
Chapter 6
212
213 // extending Int to handle memory size designations
214 extension Int {
215     var kb : Int { return self * 1_024 }                        4,096
216     var mb : Int { return self * 1_024 * 1_024 }                8,388,608
217     var gb :  Int { return self * 1_024 * 1_024 * 1_024 }       2,147,483,648
218 }
219
220 var x : Int = 4.kb                                              4,096
221 var y = 8.mb                                                    8,388,608
222 var z = 2.gb                                                    2,147,483,648
223
224 // extending Double to handle temperature conversions
225 extension Double {
226     var F : Double { return self }                              80.4
227     var C : Double { return (((self - 32.0) * 5.0) / 9.0) }     26.8888888888889
228     var K : Double { return (((self - 32.0) / 1.8) + 273.15) }  300.038888888889
229 }
230
231 var temperatureF = 80.4.F                                       80.4
232 var temperatureC = temperatureF.C                               26.8888888888889
233 var temperatureK = temperatureF.K                               300.038888888889
```

图6-8 使用扩展对Double类型进行扩展

这个扩展与刚讨论的Int扩展很像，也使用了计算属性来扩展Double类型。

在图6-8中，第231~233行给变量赋值时，使用了句点表示法和符号F、C或K。要核实结果，可查看图6-8中的结果侧栏。

使用计算属性给基本类型添加新功能非常方便，但使用扩展还可给类型添加方法。

3. 给String类型添加方法

前面扩展了Int和Double类型，现在来扩展String类型。从第235行开始输入下面的代码，以使用扩展给String添加两个方法prepend和append（如图6-9所示）：

```
// 给String类型添加方法
extension String {
    func prependString(value : String) -> String {
        return value + self
    }

    func appendString(value : String) -> String {
        return self + value
    }
}

"x".prependString("prefix")
"y".appendString("postfix")
```

第237~243行定义了两个方法，它们将传入的String参数与当前String对象拼合，以创建一个新字符串。这里也使用了关键字self来引用当前String对象。在方法prepend中，将self附加到了传入参数value的后面；而在方法append中，将self附加到了参数value的前面。

第246~247行调用了这些新方法：分别对字面量字符串"x"和"y"调用这些方法。这些方法都只接受一个参数，结果侧栏显示了调用的结果。

6

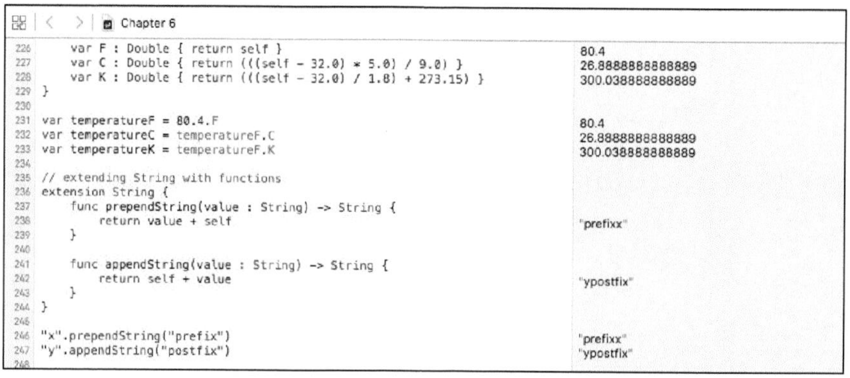

```
Chapter 6
226     var F : Double { return self }                                  80.4
227     var C : Double { return (((self - 32.0) * 5.0) / 9.0) }         26.8888888888889
228     var K : Double { return (((self - 32.0) / 1.8) + 273.15) }      300.038888888889
229 }
230
231 var temperatureF = 80.4.F                                           80.4
232 var temperatureC = temperatureF.C                                   26.8888888888889
233 var temperatureK = temperatureF.K                                   300.038888888889
234
235 // extending String with functions
236 extension String {
237     func prependString(value : String) -> String {
238         return value + self                                         "prefixx"
239     }
240
241     func appendString(value : String) -> String {
242         return self + value                                         "ypostfix"
243     }
244 }
245
246 "x".prependString("prefix")                                         "prefixx"
247 "y".appendString("postfix")                                         "ypostfix"
248
```

图6-9　使用扩展给String类型添加方法

4. 使用关键字mutating

在前面的扩展示例中，都返回根据self计算得到的结果：在self前面附加一个字符串、在self后面附加一个字符串、将self与一个数字相乘等。可将结果赋给一个常量或变量，如图6-9的第231~233行所示。

如果要修改self的值，而不是返回根据它计算得到的结果，该怎么办呢？Swift支持这样做，为此可在声明方法时使用关键字mutating。在扩展中，mutating方法可修改self。

请从第249行开始输入如下代码，给Int类型添加一个mutating方法（如图6-10所示）。

```
// 使用扩展添加mutating方法
extension Int {
    mutating func triple() {
        self = self * 3
    }
}

var trip = 3
trip.triple()

extension String {
    mutating func decorate() {
        self = "*** " + self + " ***"
    }
}

var testString = "decorate this"
testString.decorate()
```

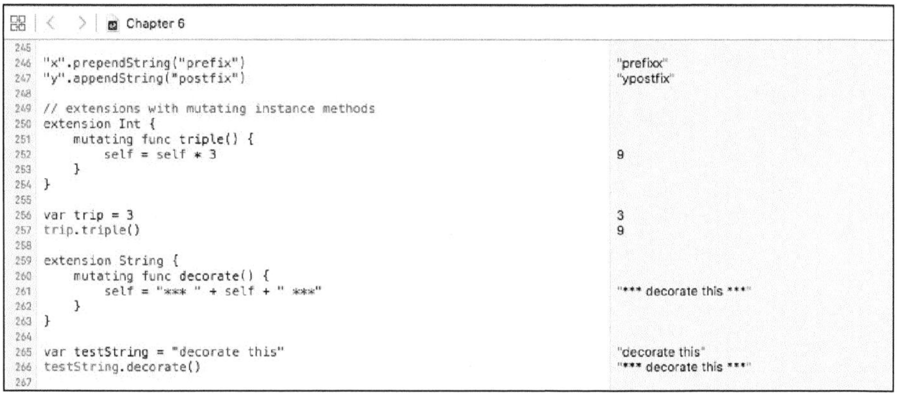

```
245
246 "x".prependString("prefix")                              "prefixx"
247 "y".appendString("postfix")                              "ypostfix"
248
249 // extensions with mutating instance methods
250 extension Int {
251     mutating func triple() {
252         self = self * 3                                  9
253     }
254 }
255
256 var trip = 3                                             3
257 trip.triple()                                            9
258
259 extension String {
260     mutating func decorate() {
261         self = "*** " + self + " ***"                    "*** decorate this ***"
262     }
263 }
264
265 var testString = "decorate this"                         "decorate this"
266 testString.decorate()                                    "*** decorate this ***"
267
```

图6-10　给Int类添加一个mutating方法

第251行在方法定义前面指定了关键字mutating。要创建mutating方法，必须指定这个关键字，否则第252行给self赋值时将导致编译器错误。

方法triple将当前值乘以3，这是在第252行进行的——将self乘以3，并将结果赋给self。这是一个mutating方法，self位于等号左边，意味着它将被修改。

第256行声明了变量trip，并将值3赋给它。接下来调用了方法triple，将这个变量的值乘以3。结果侧栏表明，这个变量的值从3变成了9。

同样，第260行给String类型添加了一个mutating方法。在方法decorate中，第261行在self前面和后面附加了一些星号。第265行和第266行声明了一个String变量，并对其调用了方法decorate。结果侧栏表明，这个方法确实发挥了作用。

请记住，mutating方法是用于修改的——修改被扩展类的对象的实际值。它们不能用于常量，因为根据定义，常量是不可变的，试图对常量调用mutating方法将导致Swift编译器错误。

6.2.2　在扩展中使用闭包

在Swift中，闭包是可像变量一样传递的代码块。你可将一个闭包作为参数传递给Int类型扩展，以执行重复的工作。请从第268行开始输入下面的代码（如图6-11所示）。

```
// 将闭包作为参数的扩展
extension Int {
    func repeater(work : () -> String) {
        for _ in 0..<self {
            work()
        }
    }
}

5.repeater({
    return "repeat this string"
})
```

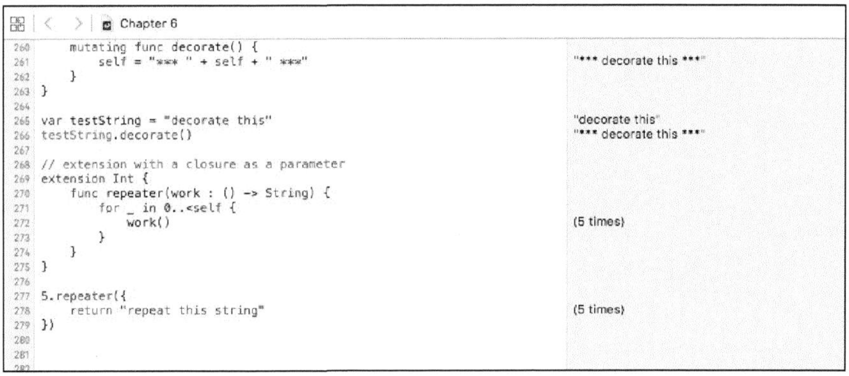

```
Chapter 6
260     mutating func decorate() {
261         self = "*** " + self + " ***"                "*** decorate this ***"
262     }
263 }
264
265 var testString = "decorate this"                     "decorate this"
266 testString.decorate()                                "*** decorate this ***"
267
268 // extension with a closure as a parameter
269 extension Int {
270     func repeater(work : () -> String) {
271         for _ in 0..<self {
272             work()                                   (5 times)
273         }
274     }
275 }
276
277 5.repeater({
278     return "repeat this string"                      (5 times)
279 })
280
281
```

图6-11　在扩展中使用闭包

第269行清楚地表明，这是一个Int类型扩展。要重复执行任务时，使用Int是不错的选择（使用Double不可行，因为你无法重复执行任务3.153次）。

第270行给Int类型添加了方法repeater，其参数很有意思。

```
work: () - > String
```

这是最简单的闭包声明：一个不接受任何参数但返回一个字符串的代码块。这个参数名为work。

第271~273行使用一个简单的for-in循环来迭代闭包：调用闭包若干次——self值指定的次数。你可能对下划线（_）感到陌生，因为你以为这里应该是一个变量。这是Swift的卓越特性之一，实际上它就是一个“不在乎”符号，它告诉Swift不考虑使用变量。在这里，不需要使用变量来迭代循环，因为在这个for-in循环中没有使用循环变量。

第277~279行对字面量5调用了方法repeater。传入的闭包返回字符串repeat this string。

别忘了，要查看结果，可单击结果侧栏中输出旁边的圆圈，再单击多行图标（multiline icon），如图6-12所示。

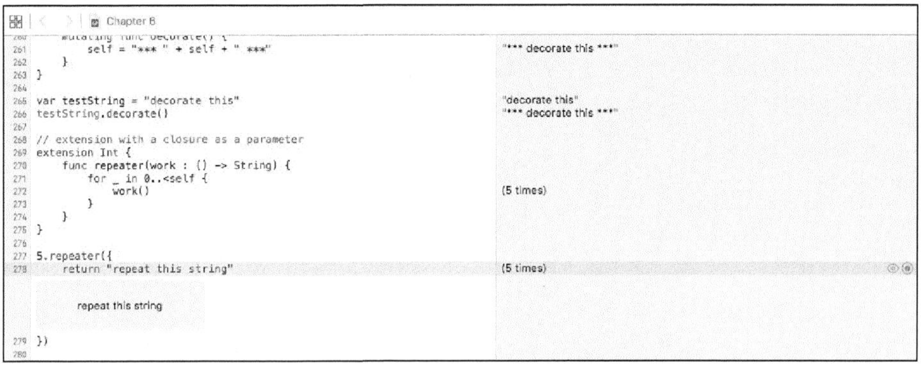

```
Chapter 6
260     mutating func decorate() {
261         self = "*** " + self + " ***"                "*** decorate this ***"
262     }
263 }
264
265 var testString = "decorate this"                     "decorate this"
266 testString.decorate()                                "*** decorate this ***"
267
268 // extension with a closure as a parameter
269 extension Int {
270     func repeater(work : () -> String) {
271         for _ in 0..<self {
272             work()                                   (5 times)
273         }
274     }
275 }
276
277 5.repeater({
278     return "repeat this string"                      (5 times)
        repeat this string
279 })
280
```

图6-12　单击圆圈在游乐场中显示时间轴窗格

6.3 小结

你又很快地阅读了一章。本章介绍的内容很多，如果必要请回过头去复习所有的代码示例。另外，也请在你的游乐场文件中进行试验，以牢固地掌握本章介绍的概念。

至此，你阅读完了第一部分，正是休息一下的好时机。虽然还有其他Swift特性需要介绍，但接下来你将开始学习编写几个应用程序。编写功能齐备的程序是学习Swift的极佳方式，而着手编写程序的最佳方式是学习Xcode（苹果提供的不可思议的开发环境）的方方面面。

Part 2 第二部分

使用 Swift 开发软件

欢迎进入第二部分！前 6 章介绍了 Swift 语言的重要方面。虽未涉足该语言的方方面面，但你已经学习了基本知识及一些中级特性。现在该将新学到的知识付诸应用了。

阅读到这里，你已具备一定的基础，因此接下来的几章不再使用试验场，提供的示例也不再那么简单，我将演示如何使用 Xcode 来开发和调试功能齐备的 Swift 应用程序。

本部分内容

- 第 7 章　使用 Xcode
- 第 8 章　改进应用程序
- 第 9 章　Swift 移动开发
- 第 10 章　成为专家
- 第 11 章　高山滑雪

第 7 章

使用Xcode

7

Xcode是具有苹果烙印的软件开发平台，用于开发Mac和iOS应用程序，为充分利用Swift，每个Swift开发人员都必须能够熟练使用这个工具。在本书前面，你与Xcode有过一面之交，具体地说是在创建游乐场文件时。你稍后将看到，Xcode有很多其他的功能，对提高Swift技能以及编写卓越应用程序大有帮助。

Xcode是一个IDE（Integrated Development Environment，集成开发环境），它集成了很多组件，让你能够更轻松地编写、调试和测试软件。所有现代IDE都包含如下主要组件。

- 编译器：将人类能够理解的源代码转换为随处理器而异的可执行代码，以便在计算机上执行。
- 调试器：在程序不能正确运行时帮助你找出代码中的问题。
- 编辑器：让你能够编写代码。
- 项目管理器：帮助你组织软件项目的数十乃至数百个文件。
- 测试子系统：帮助测试，而测试在任何情况下都是软件开发的重要方面。
- 剖析和分析工具：帮助你研究代码的运行情况，确定其性能如何、资源使用情况如何等。

除这些组件外，Xcode还包含其他组件。本书余下的篇幅将触及Xcode的大部分组件，但下面先来上一堂简短的历史课。

7.1 Xcode 简史

编写本书期间，Xcode的最新版本为7.0，对于一个IDE来说，这是不小的进步。Xcode是苹果旗下的一款产品，始终专注于使用编程语言Objective-C以及C和C++为苹果旗下的产品开发软件。

Xcode 1.0发布于2003年秋季，是在苹果的早期IDE——Project Builder的基础上开发的，旨在作为日益增大的Macintosh计算机产品线的统一开发平台。

直到Xcode 3.1面世后，才对iPhone OS（现在为iOS）提供支持。Xcode 3.1还新增了一些调试和剖析工具，这些工具内嵌在功能强大的应用程序Instruments中。它还首次采用了一种功能强大的编译器技术——LLVM编译器系统，而现在这种技术在Xcode中已随处可见。

Xcode 6提供了对Swift语言的支持，同时继续支持Objective-C。当前，最新的Xcode版本为Xcode 7。鉴于Swift还处于不断成熟中，可以预见苹果公司将继续改进该语言和开发工具。

7.2 创建第一个 Swift 项目

开始咱们的Xcode之旅吧。如果你还没有启动Xcode 7，请现在就这样做。然后，选择菜单File > New > Project，如图7-1所示。

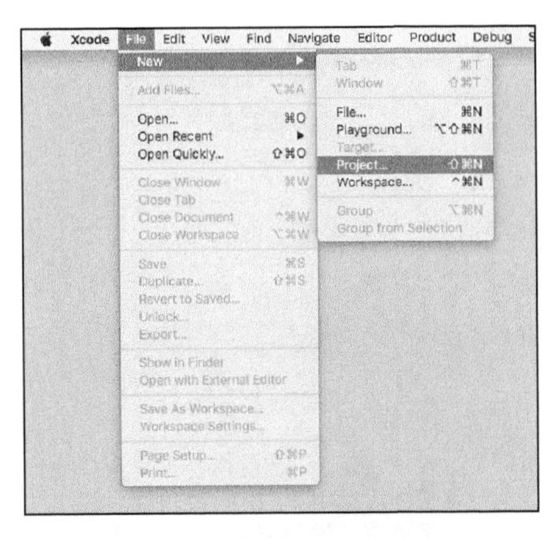

图7-1 Xcode 7的File菜单

在本书前面，你使用了菜单项Playground来新建游乐场文件，但这次新建的是一个项目。

Xcode项目是什么呢？它是一个文件包，包含对组成应用程序的所有源代码和资源的引用。项目文件负责为你管理所有这些文件，并确保Swift编译器正确地使用它们。

选择菜单项Project后，将出现一个新的Xcode窗口，其中包含两个列表，让你能够选择项目模板，如图7-2所示。

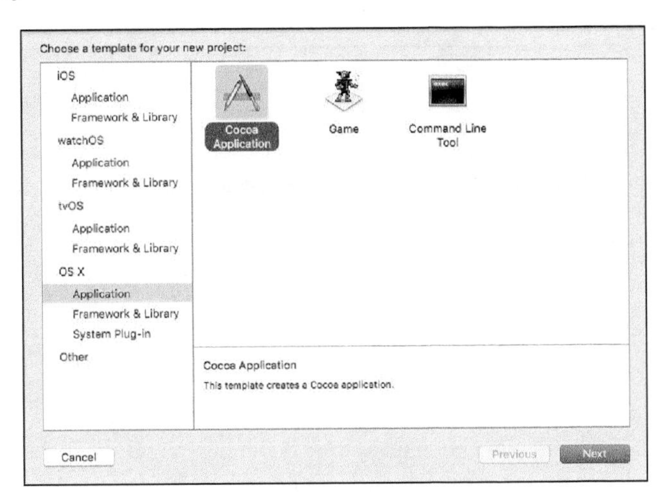

图7-2 在Xcode中为新项目选择模板

可供选择的模板分两大组：iOS和OS X。如果要编写的是iOS应用，通常从第一组选择一项。

这里选择一个OS X项目模板。具体地说，在左边选择OS X下的Application，再在右边选择模板Cocoa Application，然后单击Next按钮。在出现的对话框中，可设置项目的选项，如图7-3所示。

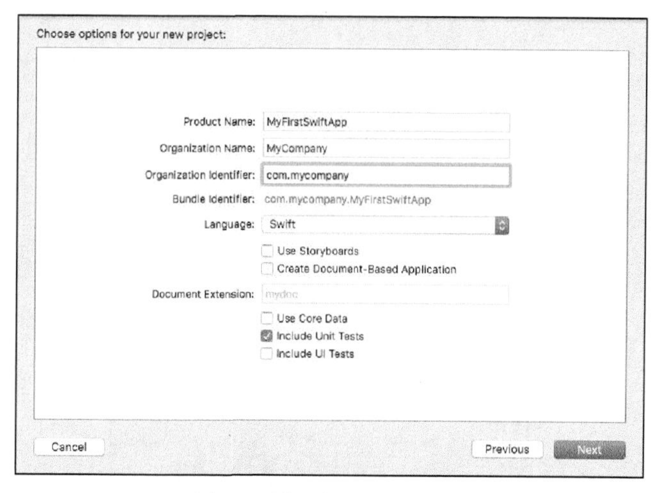

图7-3　设置新项目的选项

如果你所在单位的名称与图7-3显示的不同，可不用管它，按图7-3所示的输入即可。最重要的是，确保在文本框Product Name中输入MyFirstSwiftApp，并在下拉列表Language中选择Swift而不是Objective-C。你可保留图7-3所示的默认设置。单击Next按钮。

点击之后将出现另一个对话框，让你保存项目，如图7-4所示。你可以选择任何方便的位置。如果选中了复选框Create Git Repository，取消选择它，这里不考虑源版本控制的问题。选择项目保存位置后，单击Create按钮。

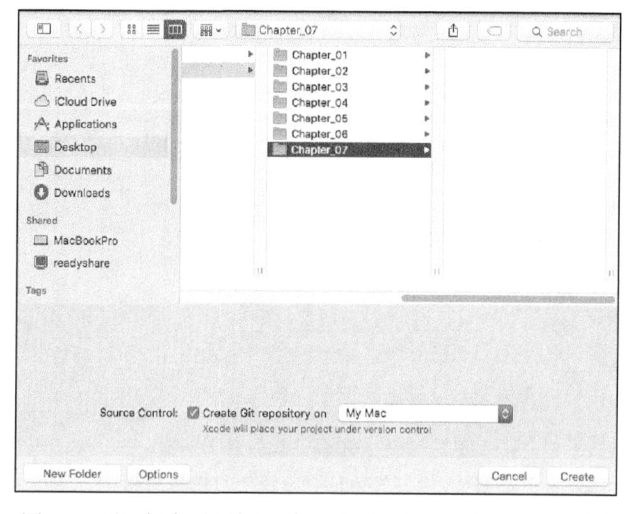

图7-4　项目保存对话框，请切换到要将项目保存到的位置

祝贺你！你迈出了在Mac上创建第一个Swift应用程序的第一步。

7.3 Xcode 界面

创建项目后，就可以深入了解Xcode界面了。乍一看，Xcode界面令人望而生畏，不用担心，下面将详细介绍其各个组成部分以及如何使用它来管理Swift开发工作。Xcode界面包含五个主要部分，你现在只能看到的其中的四个。

- **工具栏**：位于Xcode窗口顶部，让你一眼就能知道项目文件的名称、编译状态以及你在Xcode中执行的其他任务的状态。
- **导航器**：位于窗口左侧，以层次方式列出了项目中的所有文件，让你能够以自己喜欢的方式组织和浏览它们。开发项目时，你经常需要参考导航器。
- **实用工具（Utilities）区域**：位于Xcode窗口右侧，自动显示当前在导航器中选择的文件的信息。你还将在这里设置应用程序中各种资源的信息。
- **调试区域**：位于Xcode窗口底部，当前被隐藏，你稍后就将看到它。你可能猜到了，你将在这个区域与调试器交互，以修复代码中的问题。
- **编辑器**：你与Xcode的大部分交互都是在这里进行的。你将在这个区域编辑源代码，它也是Xcode窗口中最大的区域，且位于中央，让你能够将注意力集中到代码上。

当前，编辑器区域没有源代码，它显示的是General面板，其中包含与应用程序相关的设置。就学习Swift而言，你可忽略其中的很多设置，但必须明白导航器与该面板的关系。

在导航器中，最上面的条目是项目名称。它被选中时，编辑器区域将显示图7-5所示的内容。编辑器区域的一个子面板中显示了项目（MyFirstSwiftApp）以及两个目标。在Xcode中，目标有点目的地的味道，指的是预期要“创建”或“生成”的实体。应用程序MyFirstSwiftApp就是一个目标，当前被选中。第二个目标（这里为MyFirstSwiftAppTests）是为应用程序项目自动创建的，让你能够编写让代码更健壮的测试。

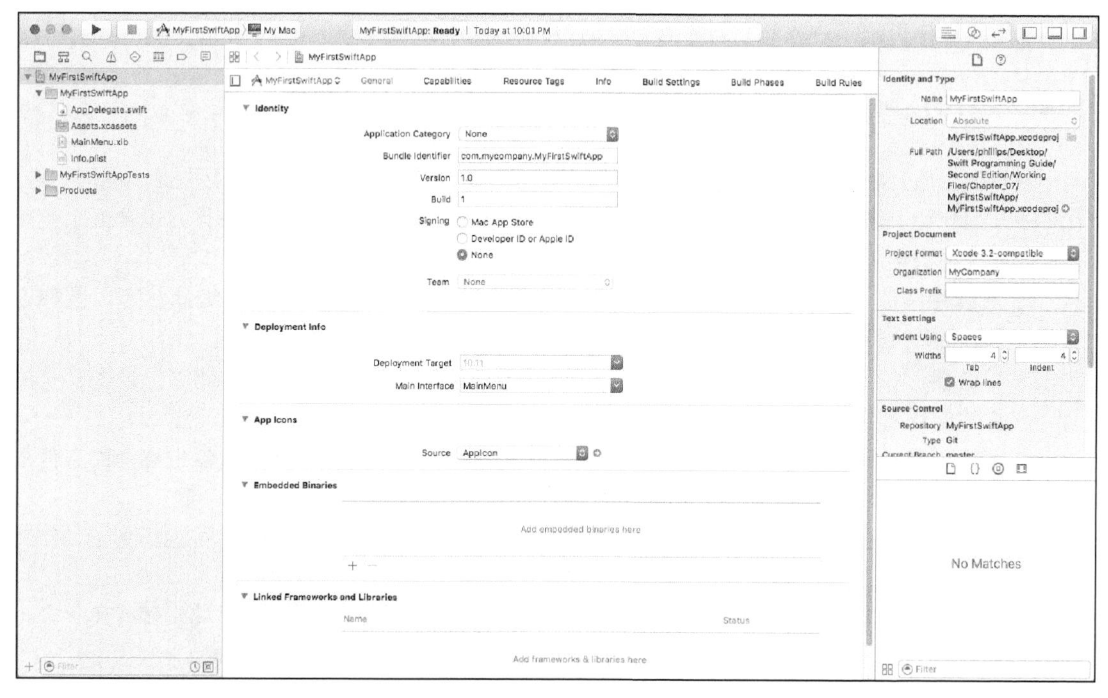

图7-5　设置目标

7.3.1　与 Xcode 窗口交互

在Xcode窗口左侧的导航器中（如图7-5所示），找到文件AppDelegate.swift。Xcode要求所有Swift源代码文件的扩展名都为.swift，因此随着时间的推移，你应该会习惯这种扩展名。

在导航器中，单击源代码文件AppDelegate.swift，如图7-6所示。这将显示它的代码，如图7-7所示。

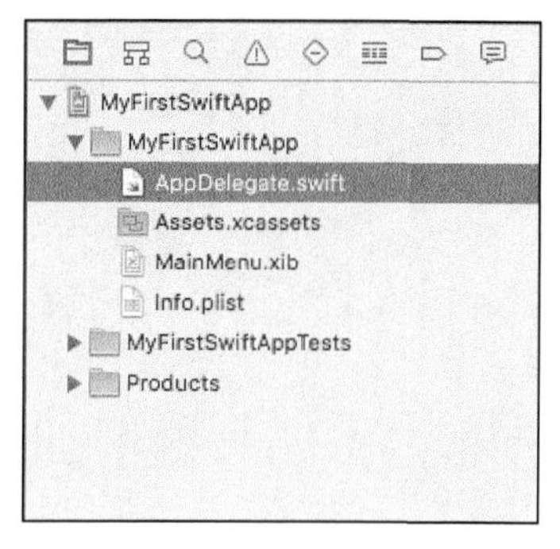

图7-6　在导航器中，选择源代码文件AppDelegate.swift

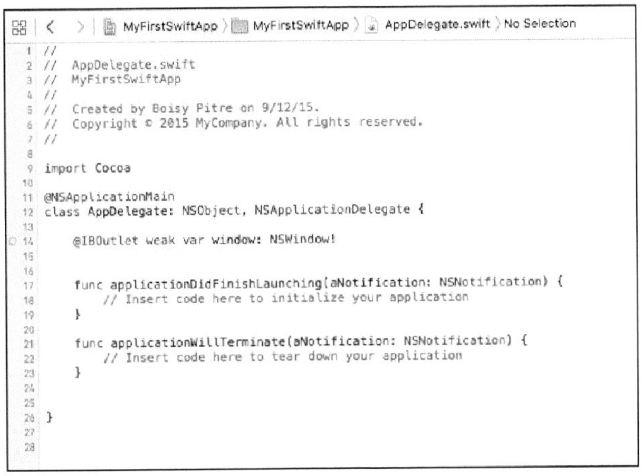

MyFirstSwiftApp 〉 MyFirstSwiftApp 〉 AppDelegate.swift 〉 No Selection

```
1  //
2  //  AppDelegate.swift
3  //  MyFirstSwiftApp
4  //
5  //  Created by Boisy Pitre on 9/12/15.
6  //  Copyright © 2015 MyCompany. All rights reserved.
7  //
8
9  import Cocoa
10
11 @NSApplicationMain
12 class AppDelegate: NSObject, NSApplicationDelegate {
13
14     @IBOutlet weak var window: NSWindow!
15
16
17     func applicationDidFinishLaunching(aNotification: NSNotification) {
18         // Insert code here to initialize your application
19     }
20
21     func applicationWillTerminate(aNotification: NSNotification) {
22         // Insert code here to tear down your application
23     }
24
25
26 }
27
28
```

图7-7　编辑器中显示的AppDelegate.swift的代码

你应该感觉图7-7所示的代码很眼熟。第1~7行是注释，从第12行开始是一个类的定义。其他的代码看起来比较陌生，但不用担心，稍后将解释它们。

当前，你看到的是使用Swift编写的Mac OS X应用程序的入口，即方法applicationDidFinishLaunching，它是AppDelegate类的一个成员函数。在你编写的代码中，它是应用程序启用后首先调用的方法。

该方法中的注释让你插入对应用程序进行初始化的代码。第二个方法（applicationWillTerminate）在应用程序即将终止时被调用。

这两个方法都位于AppDelegate类中，而这个类是所有OS X应用程序都必须实现的（实际上，这个类会被自动创建）。

另外，注意到编辑器区域提供了有关源代码的视觉线索：注释为绿色，Swift关键字为蓝色。这种配色让你一眼就能看清源代码的构成。这些颜色实际上是可配置的，为此可选择菜单Xcode > Preferences，再选择工具栏按钮Fonts & Colors（这项任务作为练习留给你去完成）。

为清楚起见，下面来逐行解释文件AppDelegate.swift中的代码。

第1~7行为注释，指出了该文件的编写时间及其作者和所属的公司。

第9行是一条import语句：

```
import Cocoa
```

关键字import让Swift编译器将其他软件组件导入项目。这里要导入的组件是Cocoa。Cocoa是苹果的一个大型框架的名称，其中的类提供了OS X体验。在本书后面将简要地介绍这些框架。

第11行是一个特殊的特性（attribute），让Swift编译器生成专门用于启动应用程序的代码，你可以不用管它。

第12行是你现在应该很熟悉的类定义。这个类名为AppDelegate，它继承了基类NSObject。NSObject类源自Objective-C。接下来是NSApplicationDelegate，这是一个协议。

```
class AppDelegate: NSObject, NSApplicationDelegate {
```

第14行你应该不陌生，它声明了类型为NSWindow的window变量。比较陌生的是@IBOutlet weak，这是一个特殊的特性，指出这个变量是表示UI元素的输出口（稍后介绍）。类型NSWindow后面的惊叹号是一个与可选类型相关的特殊字符（可选类型在本书开头介绍过）。!运算符的含义将在后面介绍，现在暂时不要管它。

```
@IBOutlet weak var window: NSWindow!
```

第17~23行是Cocoa框架中定义的AppDelegate类的成员方法。这两个方法都接受如下参数：

```
aNotification: NSNotification
```

通知是一种特殊的对象，用于在Cocoa框架中的类之间传输信息。调用这两个方法时，都传入一个从NSNotification类实例化得到的对象。更熟悉iOS和Mac OS X等环境中的Swift编程后，你将在很多地方见到通知。它们是庞大的设计理念的一部分，让应用程序获悉对象的生命周期和其他事件。

对源代码文件AppDelegate.swift的介绍到此结束。这是Xcode在创建应用程序时自动生成的一个简短文件，可将其视为用于开发项目的模板。

7.3.2　运行应用程序

有了这个只包含少量代码的源代码文件后，应用程序就是可运行的，你可能觉得这难以置信。你只需做很少的工作，就能创建一个可运行的应用程序，这是Xcode众多卓越特性之一。为让你相信这一点，请选择菜单Product > Run。这将开始编译，很快你就会看到类似于图7-8所示的窗口。

图7-8　第一个Swift应用程序的窗口

你运行了第一个Swift应用程序。出现了一个窗口，标题栏中显示了MyFirstSwiftApp。你只做了很少的工作就显示了一个窗口，但这个窗口是空的，不会给人留下深刻印象。这是因为你还没有为这个项目做任何事情，但马上就会开始做。

作为一个正在运行的应用程序，MyFirstSwiftApp占据了Dock的突出位置，但使用的图标相当普通。你可以移动这个窗口，还可通过拖曳右下角来调整其大小。功能不少，还都是“不劳而获”的。

这很不错，但手段归根结底是为目的服务的，你希望创建的应用程序有点用处，毕竟这才是学习Swift的目的所在。

下面来做些修改，因此按Command+Q退出该应用程序（这样做之前，确保该应用程序获得了焦点的，这样命令才会发送给它）。

7.4 开发应用程序

一个空窗口难以让人激动，但在窗口中能放些什么呢？这取决于你要创建什么样的应用程序。

本书前面简要地介绍了利息计算，那种理念在REPL中可行，但UI（User Interface，用户界面）不是最佳的。在使用鼠标指向并单击就能获得答案的情况下，有谁还愿意去输入代码呢？

编写第一个真正意义的Swift应用程序时，简单的利息计算器是极佳的选择，其UI很容易创建。下面将简单地盘点一下创建这样的应用程序需要用到的UI元素，但首先得解决其中的核心问题——以单利方式计算贷款的归还金额。

为此，需要考虑输入（用户输入的内容）和输出（计算得到的结果）。

- 输入：以单利方式计算时，需要三项输入——贷款金额、贷款期限和利率。
- 输出：输出只有一个，就是还款总额。

如果快速考虑一下该UI，将发现需要三个获取输入的文本框以及一个显示输出的标签。还需要一个按钮，让用户能够通过单击它来执行计算。

知道需要的界面元素后，就可以开始创建界面了。但在此之前，先在Xcode窗口中腾出足够的空间。

7.4.1 腾出空间

Xcode提供了创建该UI所需的全部工具。事实上，它已经为你创建了窗口，你在运行该应用程序时看到过。这个窗口是在文件MainMenu.xib中定义的。在导航器中，找到这个文件（它位于组文件夹MyFirstSwiftApp中），再单击它。

编辑器区域将类似于图7-9。

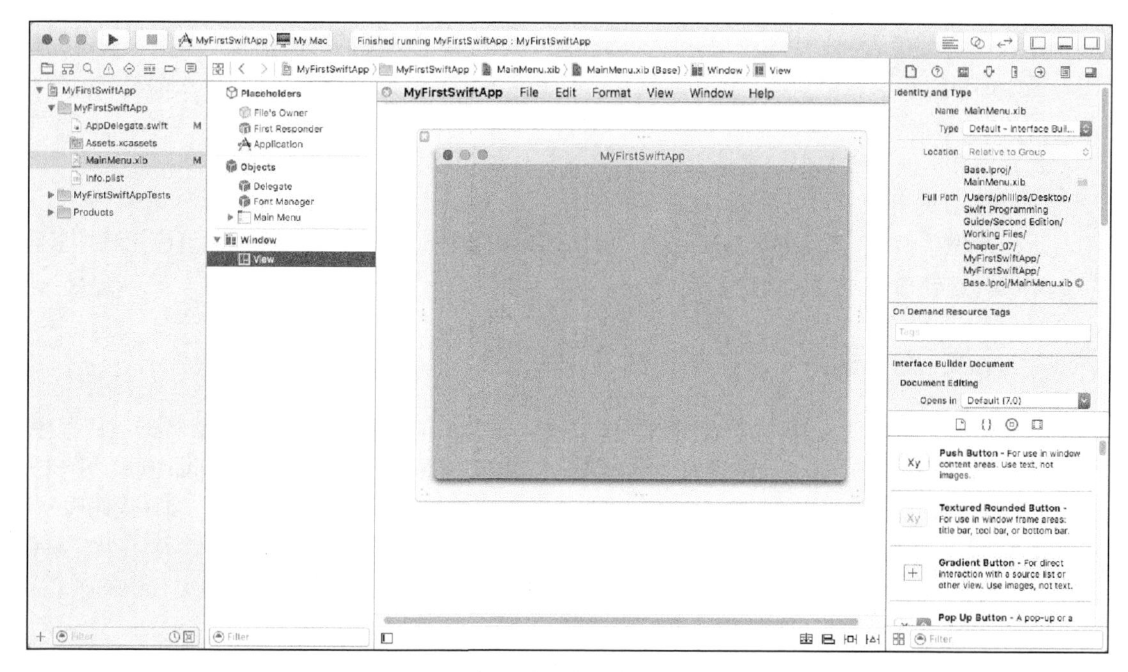

图7-9　在导航器中选择文件MainMenu.xib

在编辑器区域中，AppDelegate.swift的代码不见了，显示的是一个内嵌窗格以及一个看起来不完整的窗口，该窗口上面是Xcode的菜单栏。通过单击文件MainMenu.xib，让编辑器区域显示了应用程序窗口的视图。编辑器区域是上下文相关的，显示你要编辑的内容。

如果你的Mac屏幕较小，可能无法看到整个编辑器区域。Xcode提供了一些帮助你尽可能增大工作区的途径。

Xcode窗口的右上角有三个按钮，如图7-10a所示，你可单击它们来增大工作区。这些按钮展开或折叠Xcode窗口的区域，但需要注意的是，你折叠的区域可能马上就要用到，因此一定要小心使用这些按钮。当然，需要时你可再次单击这些图标，以显示相应的区域

图7-10　Xcode让你能够折叠某些区域(a)，还可切换到全屏模式以最大限度地增大工作区(b)

你还可以单击窗口左上角的绿色按钮（如图7-10b所示），让Xcode进入全屏模式，以利用整个屏幕。

无论采用哪种方式，都请确保Xcode编辑器中的整个窗口都可见，并确保右边的Utilities区域可见，因为你马上就要用到它。

7.4.2 创建界面

有趣的部分开始了！现在可以可是使用合适的UI元素创建应用程序的窗口了。首先，请将目光投向Xcode窗口的右上角（Utilities区域），其中有一个可滚动的UI元素列表，这是可用于应用程序的UI元素仓库。

1. 按钮

我们先从Push Button着手，如图7-11所示。找到它并将其拖曳到编辑器区域中的窗口上。

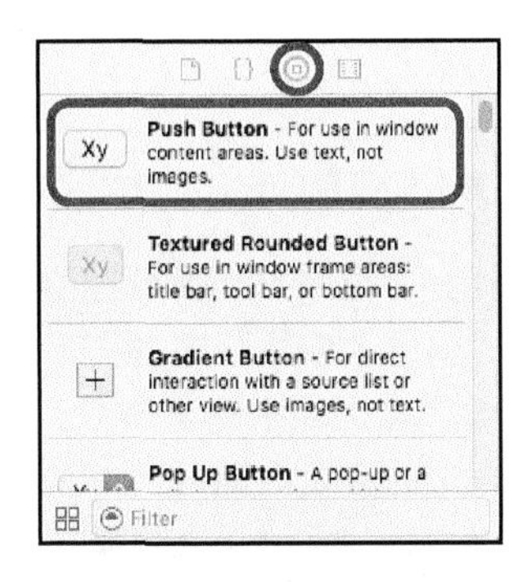

图7-11 UI元素Push Button

当你将这个按钮拖曳到应用程序窗口内时，Xcode将显示用虚线表示的参考线，让你知道按钮是否位于窗口正中央以及按钮所处的位置是否符合苹果用户界面指南。按钮的位置不用太准确，只要位于应用程序窗口底部即可，如图7-12所示。

图7-12 包含UI元素Push Button的窗口

2. 标签

标签是不可编辑的文本字段，用于放置文本信息。在这个应用程序中，它们用于引导用户在可编辑的文本框中输入相应的信息。

要找到UI元素Label，可在Utilities区域的UI元素库中滚动，直到找到字样Label，但一种更快的方式是，使用搜索文本框，这让你能够立马找到该UI元素，如图7-13所示。

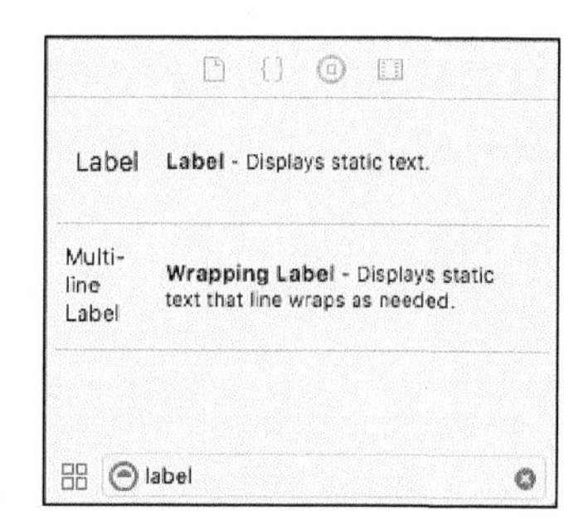

图7-13　使用搜索文本框找到特定UI元素（这里搜索的是Label）

标签有两种：单行标签和多行标签（也叫自动换行标签）。如果标签需要跨越多行，以包含较多的描述信息，多行标签很方便。就这个应用程序而言，单行标签足以满足需求。

将Utilities区域中的标签拖曳到编辑器区域中的窗口内，并放在如图7-14所示的位置。同样，标签的位置不用太准确，只要位于大致的区域内即可。

双击文本Label以选择它，再输入`Loan Amount:`来替换该文本。

标签将自动变宽，以容纳输入的文本。

再拖曳两个标签到窗口中，并将其放在第一个标签下方。同样，请参阅图7-14确定标签的大致位置，并使用Xcode参考线将这些标签对齐。在新增的两个标签中，将文本分别改为`Loan Term:`和`Interest Rate:`。

下面在视图中添加可编辑的文本框。

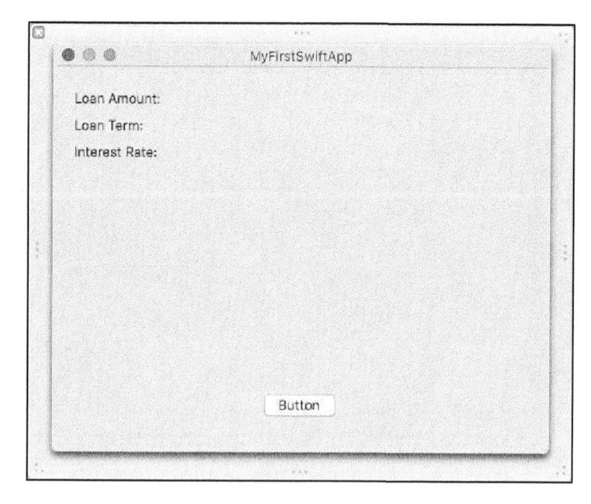

图7-14　添加标签后的窗口

3. 输入很重要

至此，你应该掌握了UI元素库的用法：在列表中找到合适的控件，再将其拖放到窗口中。这是UI创建过程的一部分。还需在窗口中添加一组UI元素：文本框。

文本框类似于标签，但是可编辑的。用户通过文本框与应用程序交互。这里需要三个文本框，它们对应于刚创建的三个标签。

请使用UI元素库下方的搜索文本框搜索field，如图7-15所示。找到这种UI元素后，将其拖曳到窗口中，放在标签的右边，并与之对齐。再重复上述过程两次，并将文本框与标签对齐，如图7-16所示。

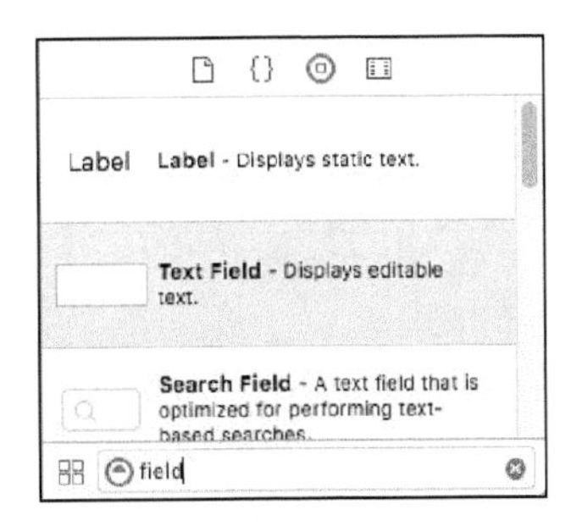

图7-15　UI元素库中的文本框

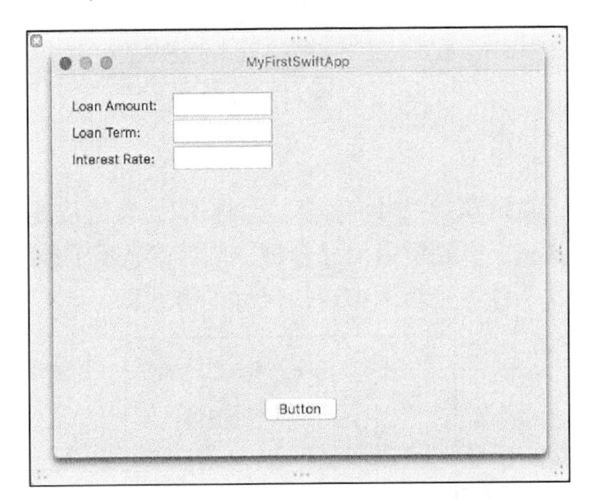

图7-16　窗口现在包含一个按钮、三个标签和三个文本框

注意到文本框比配套标签高。当你将文本框放入窗口并移动它们时，Xcode将使用布局参考线就合适的垂直间距提供建议。这是一项很方便的功能，应让标签与相应的文本框水平对齐。

7.4.3　美化

UI差不多做好了，马上就将进入有趣的部分——使用Swift实现逻辑。然而，进入这个阶段前，还有些工作要做。

1. 修改按钮标题

按钮标题为Button，这显然不直观。双击该按钮，并将标题改为Calculate。

2. 添加显示结果的标签

这个应用程序需要显示计算结果，为此最佳的方式是使用标签。从UI元素库拖曳一个Label元素到窗口中，并将其放在文本框Interest Rate和按钮之间。双击该标签，并将其文本设置为RESULT。

为让这个标签更突出，单击Utilities区域的属性检查器图标，并将字体（Font）从System Regular改为System 17以增大字号，如图7-17所示。另外，单击对齐（Alignment）设置中左数第二个图标，让该标签的文本居中。如果必要，使用鼠标增大这个标签的宽度，使其能够更好地容纳其中的文本。

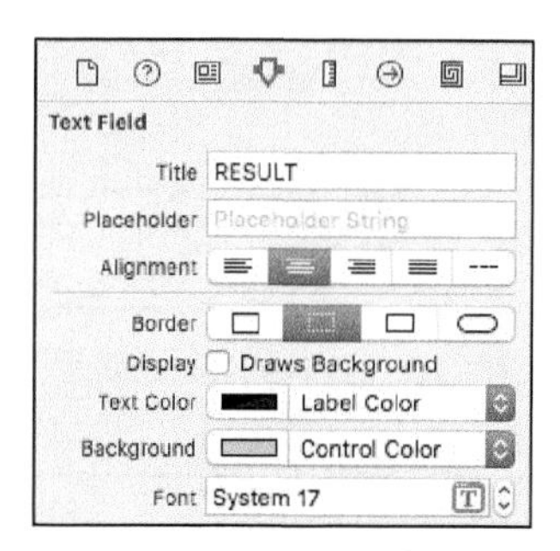

图7-17　属性检查器窗格

3. 优化窗口尺寸

对这个应用程序来说，默认窗口尺寸有点大。调整UI元素的位置以更充分地利用窗口空间，再单击窗口右下角并向内拖曳，直到窗口尺寸合适。图7-18显示了最终的窗口。同样，窗口尺寸不必非常准确，只需通过这个练习了解调整窗口尺寸的方式即可。

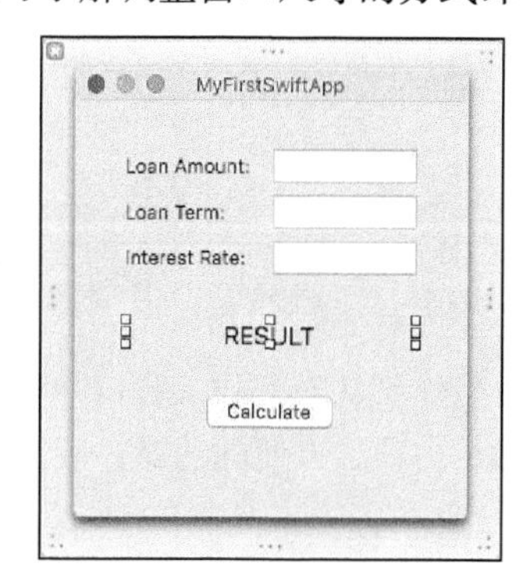

图7-18　应用程序的窗口做好了

4. 运行应用程序

窗口准备就绪后，选择菜单Product > Run运行该应用程序。你应该能够与三个文本框交互并单击Calculate按钮。当然，单击按钮时什么都不会发生，因为还没有编写Swift代码。下面就这样做。

7.4.4 编写代码

第5章介绍了Swift类。使用类旨在创建实物模型以及抽象概念，还有助于以符合逻辑的方式组织代码。Swift类的一大优点是，可轻松地将其加入到项目中，从而迅速实现所需的功能。

在这个应用程序中，创建一个Swift类来处理利息计算是不错的选择。那么如何创建类呢？本书前面一直使用游乐场来编写代码，但这里不适合这样做，而必须创建类文件。

为此，选择菜单File > New > File，这将打开文件模板对话框，如图7-19所示。

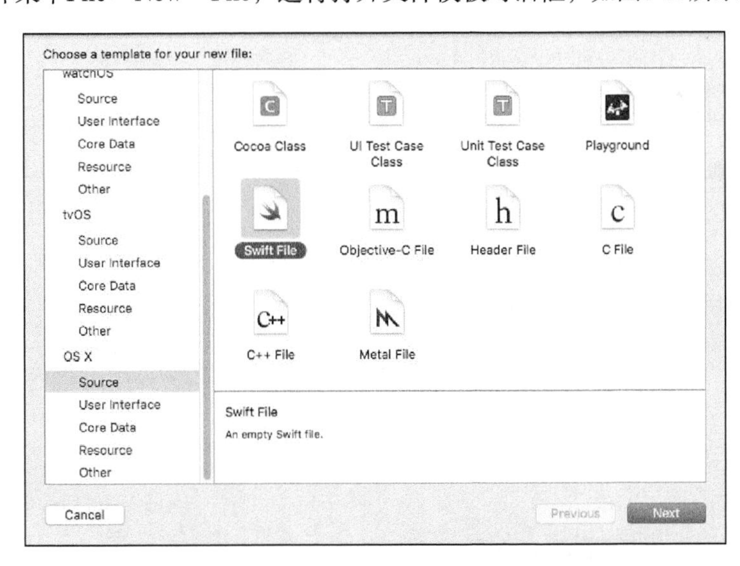

图7-19 Xcode中的文件模板

在这个对话框中，你可选择创建各种类型的文件。这些文件类型按平台（如iOS和OS X）编组。由于这是一个OS X应用程序，而你需要创建的是Swift类，因此在左边选择Source，并在右边单击Swift File，再单击Next按钮。将出现文件保存对话框，让你保存新创建的文件，如图7-20所示。将这个文件命名为SimpleInterest.swift。

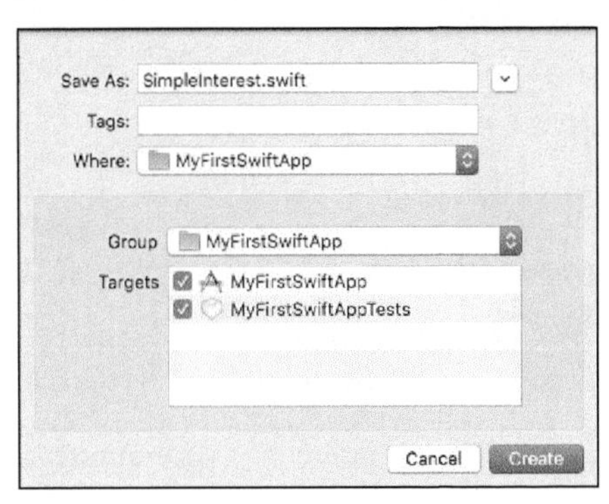

图7-20 文件创建对话框

你可指定文件要关联到的目标。默认选择了MyFirstSwiftApp，请同时选择目标MyFirstSwiftAppTests。

Xcode将创建文件并给它指定扩展名swift，还将文件加入到了导航器中。编辑器区域发生了变化，显示的是该文件的内容，其中包含一些注释以及一条import语句，你可以在import语句下面开始编写这个类。第4章创建了一个单利计算闭包，在这个类（SimpleInterest）中，你将把那个闭包提升为方法。在新创建的类文件末尾，输入下面的代码行：

```
class SimpleInterest {
    func calculate(loanAmount : Double, var interestRate :
    → Double, years : Int) -> Double {
        interestRate = interestRate / 100.0
        let interest = Double(years) * interestRate * loanAmount

        return loanAmount + interest
    }
}
```

你应该熟悉这些代码，这是一个方法，它将贷款金额、利率和期限（单位为年）作为参数，并返回指定期限后的未来值，如图7-21所示。

```
MyFirstSwiftApp 〉 MyFirstSwiftApp 〉 SimpleInterest.swift 〉 SimpleInterest
1  //
2  //  SimpleInterest.swift
3  //  MyFirstSwiftApp
4  //
5  //  Created by Boisy Pitre on 9/13/15.
6  //  Copyright © 2015 MyCompany. All rights reserved.
7  //
8
9  import Foundation
10
11 class SimpleInterest {
12     func calculate(loanAmount : Double, var interestRate : Double, years : Int) -> Double {
13         interestRate = interestRate / 100.0
14         let interest = Double(years) * interestRate * loanAmount
15
16         return loanAmount + interest
17     }
18 }
```

图7-21　显示在编辑器中的SimpleInterest类

现在将注意力转向文件AppDelegate.swift，为此在导航器中单击该文件。将第9行（语句import Cocoa）后面的代码替换为下面的代码：

```
@NSApplicationMain
class AppDelegate: NSObject, NSApplicationDelegate {

    @IBOutlet weak var window : NSWindow!

    @IBOutlet weak var loanAmountField : NSTextField!
    @IBOutlet weak var interestRateField : NSTextField!
    @IBOutlet weak var yearsField : NSTextField!
    @IBOutlet weak var resultsField : NSTextField!

    var simpleInterestCalculator : SimpleInterest = SimpleInterest()

    func applicationDidFinishLaunching(aNotification: NSNotification) {
```

```
        // 在这里插入初始化应用程序的代码

    }

    func applicationWillTerminate(aNotification: NSNotification) {
        // 在这里插入终止应用程序的代码

    }

    @IBAction func buttonClicked(sender : NSButton) {
        var result : Double

        result = simpleInterestCalculator.calculate
        → (loanAmountField.doubleValue, interestRate:
        → interestRateField.doubleValue, years:yearsField.integerValue)

        self.resultsField.stringValue = result.description
    }
}
```

下面逐行解释这些代码，并使用图7-22所示的行号来指称代码。

```
MyFirstSwiftApp 〉 MyFirstSwiftApp 〉 AppDelegate.swift 〉 AppDelegate
 1  //
 2  //  AppDelegate.swift
 3  //  MyFirstSwiftApp
 4  //
 5  //  Created by Boisy Pitre on 9/12/15.
 6  //  Copyright © 2015 MyCompany. All rights reserved.
 7  //
 8
 9  import Cocoa
10
11  @NSApplicationMain
12  class AppDelegate: NSObject, NSApplicationDelegate {
13
14      @IBOutlet weak var window : NSWindow!
15
16      @IBOutlet weak var loanAmountField : NSTextField!
17      @IBOutlet weak var interestRateField : NSTextField!
18      @IBOutlet weak var yearsField : NSTextField!
19      @IBOutlet weak var resultsField : NSTextField!
20
21      var simpleInterestCalculator : SimpleInterest = SimpleInterest()
22
23      func applicationDidFinishLaunching(aNotification: NSNotification) {
24          // Insert code here to initialize your application
25      }
26
27      func applicationWillTerminate(aNotification: NSNotification) {
28          // Insert code here to tear down your application
29      }
30
31      @IBAction func buttonClicked(sender : NSButton) {
32          var result : Double
33
34          result = simpleInterestCalculator.calculate(loanAmountField.doubleValue,
                interestRate: interestRateField.doubleValue, years:yearsField.integerValue)
35
36          self.resultsField.stringValue = result.description
37      }
38  }
```

图7-22 显示在Xcode编辑器中的代码

前面讨论过第9~14行，但没有讨论第14行末尾的惊叹号（!）。第16~19行声明了四个新变量，这些声明末尾也有惊叹号。

那么惊叹号是什么意思呢？它被称为隐式拆封的可选类型，用于声明变量等。那么什么是隐式拆封的可选类型呢？

可选类型在第1章讨论过，它是一种特殊类型，指出变量可能有值，也可能为nil。Swift运行环境不喜欢访问值为nil的变量，因此Swift程序员必须知晓变量的值，尤其在其可能为nil时。

将变量声明为隐式拆封的可选类型相当于告诉Swift编译器，你承诺在该变量的值为nil时绝不会访问它。这是你与编译器签订的一个合约，你必须遵守。如果你不遵守，在变量为nil时访问它，将引发运行阶段错误，导致应用程序停止运行。

需要更详细地讨论可选类型，尤其是拆封概念，但将留到后面去讨论。现在接着讨论代码。

在第16~19行，使用了@IBOutlet对这些变量进行标记。这个特殊的关键字告诉编译器，这些变量是UI元素的输出口。从这四个变量的名称可知，它们对应于前面在窗口中添加的文本框和标签。稍后，将建立这种关联。

第21行声明了一个类型为SimpleInterest的对象变量——simpleInterestCalculator。SimpleInterest指的就是你刚才创建的SimpleInterest类。该行同时实例化了该对象，以便能够立即使用它。

可能让你感到惊讶的是，第23行和第27行的两个方法还是原来的样子——依然是空的。这没有关系，因为所有的功能都是由第31~37行的代码完成的。

操作方法buttonClicked是一个特殊方法，在用户与一个UI元素交互时被调用。前面在窗口中添加了一个Calculate按钮，用户单击该按钮时，就将调用这个方法。

操作方法以关键字@IBAction打头，这给你和Swift编译器提供了重要线索。

这个方法将sender（发送方或调用者）作为参数，这是一个引用，指向被单击的NSButton对象。在这个方法中，虽然没有使用这个参数，但也必须将其包含在参数列表中。

这个方法也没有返回类型，这意味着它不会返回任何值。

这个方法声明了一个名为result的Double变量，使用三个参数（loanAmountField.doubleValue、interestRateField.doubleValue和yearsField.integerValue）对对象simpleInterestCalculator调用方法calculate，并将结果赋给变量result。

在这三个参数中，引用了前面在窗口中添加的NSTextField对象。因为这些文本框的内容将以字符串的方式返回，所以使用了方法doubleValue和integerValue将它们转换成了数值类型，以满足在SimpleInterest类中执行数学运算的要求。

计算结果为一个Double值，必须将其转换为String，以便赋给resultsField：

```
self.resultsField.stringValue = result.description
```

方法description是Swift类的一个特殊方法，让类能够返回其数据的String表示。在这里，Double变量result返回其存储的数字（单利计算结果）的String表示。然后，将标签resultsField的内容设置成了返回的字符串。

请选择菜单Product > Run运行这个应用程序，在每个文本框中输入值，再单击按钮Calculate。显示了结果吗？

7.4.5 建立连接

单击按钮Calculate的结果令人失望——什么都没发生。这是因为还有一些工作没有完成。

标记@IBOutlet和@IBAction给编译器和开发人员提供了线索。在编辑器中看到这些标记时，你将发现相应的行号左边有一个小圆圈。这个圆圈指出了输出口和操作是否已连接到UI元素。

要完成这个应用程序的开发，使其能够正常运行，将输出口和操作连接到UI元素是至关重要的一步。通过连接可将UI元素关联到你编写的代码。没有连接，UI就得不到完成其工作所需的支持。

在Xcode中，将输出口和操作连接到UI元素的方式有多种。这里将使用下面这样方式：在导航器中，单击文件MainMenu.xib，编辑器中将显示你前面创建的窗口；在这个窗口的左边，是一个包含多个部分（Placeholders、Objects和Window）的子窗格；选择对象Delegate（如图7-23所示）；请注意，你可能需要单击图7-24标出的图标才能显示整个文档大纲区域。

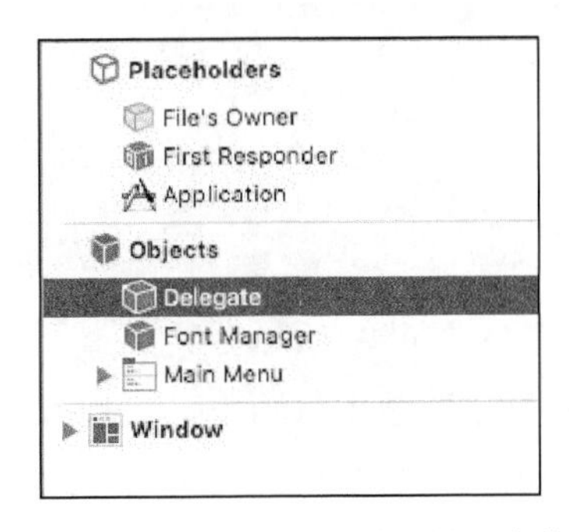

图7-23 与XIB文件相关联的子窗格

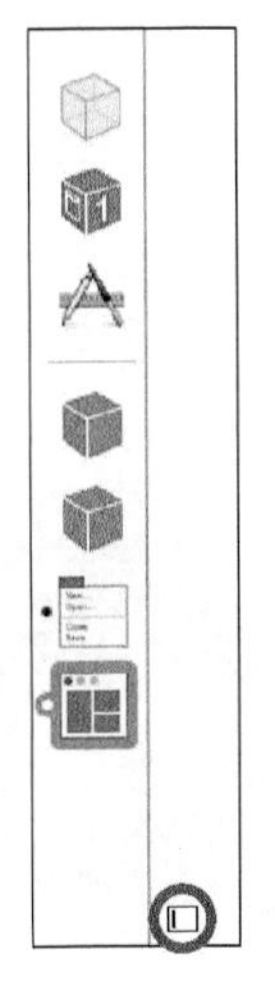

图7-24 单击文档大纲按钮以显示/隐藏有关界面的更多细节

在这里，Delegate对象是一个引用，指向AppDelegate.swift中的源代码（前面详细介绍过）。在XIB文件中，存储了这个对象的序列化实例，应用程序启动时，运行环境将自动创建并实例化它。因此，这个对象中的所有输出口和操作都可连接到UI。

右击Delegate，将出现一个HUD窗口（因其透明特征而被称为平视显示器窗口），如图7-25所示。该窗口中列出了应用程序委托的所有输出口和操作，其中两个已连接好——window（连接到了窗口对象）和delegate。你需要连接其他的输出口和操作。

- interestRateField：输出口，需要连接到Interest Rate文本框。
- loanAmountField：输出口，需要连接到Loan Amount文本框。
- yearsField：输出口，需要连接到Loan Term文本框。
- resultsField：输出口，需要连接到Result标签。
- buttonClicked：操作，需要连接到按钮Calculate。

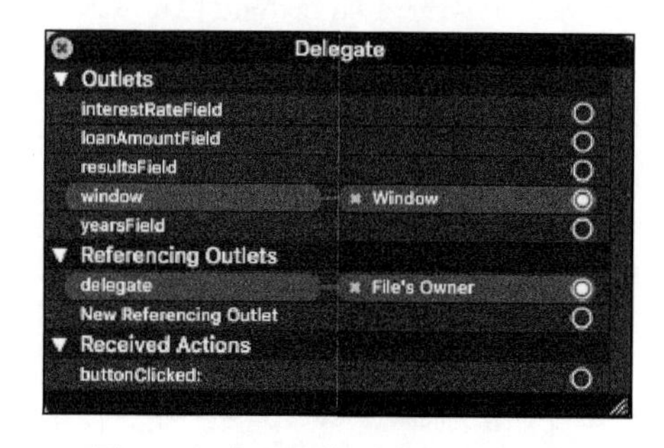

图7-25　建立连接前的连接对话框

在HUD窗口中，单击每个输出口和操作右边的圆圈并开始拖曳。将出现一条直线，将直线拖曳到窗口中合适的UI元素再松开，连接便建立好了，如图7-26所示。

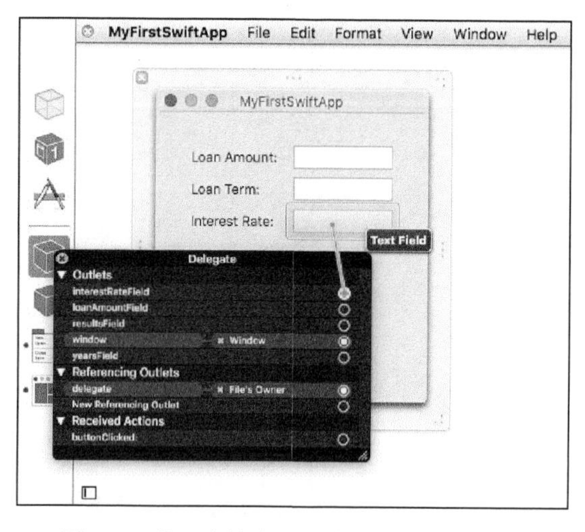

图7-26　将一个输出口连接到相应的UI元素

连接全部输出口和操作后，再次运行该应用程序。这次输入图7-27所示的值，再单击按钮Calculate。如果一切都连接好了，结果栏将显示13125.0，即13 125美元。如果结果不正确或者根本没有结果，请检查你为所有的输出口和操作建立的连接是否正确。

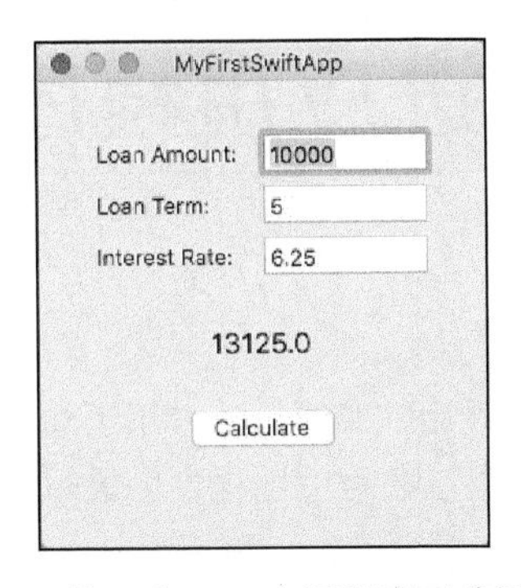

图7-27 第一个Swift应用程序正确运行了

7.5 小结

在本章中，你创建了一个应用程序，它虽然简单，但确实能够正确运行。你亲自动手编写了Swift应用程序，而且相当容易。正如你看到的，Xcode让创建应用程序基本框架易如反掌，只需添加一些UI元素、编写执行操作的代码、捕获UI元素中的值并将代码连接到UI元素即可。这种基本思想适用于任何应用程序。

还有其他Swift知识需要学习，你刚创建的应用程序也有改进空间，这些将在下一章进行。

第 8 章 改进应用程序

你可能听说过这样一句谚语：最后20%的任务占用了80%的精力。这种说法当然也适用于软件开发。开发人员的大部分精力常常花在对应用程序做最后的完善上，而这种完善正是优秀应用程序和卓越应用程序的分水岭。

8.1 细节很重要

前一章开始创建的单利计算器就是这样的例子。它无疑是能够正确运行的，但还有一些细节有待改进。下面就来改善这个小小的应用程序，并在这个过程中更深入地探索Swift。

8.1.1 显示金额

在这个单利应用程序中，没有指出显示的金额为美元，这显然是个缺陷。使用description方法显示Double数值时，默认使用普通的小数表示。在大多数情况下这都挺好，但对于处理金额的应用程序来说有点单调乏味。

如何美化呢？一种办法是，在数字前面加上美元符号（$），但小数点后面的数字呢？惯常做法是精确到分，即包含两位小数。我们必须考虑如何实现这个目标。

另外，如果金额超过了999.99美元，在千分位加上逗号将是不错的选择，例如显示$11,311.33而不是$11313.33。

还有，这里只考虑了货币为美元的情况（即假定用户身处美国）。如果这个应用程序的用户是其他国家的人，使用的是其他货币呢？他们使用的金额格式完全不同，甚至用逗号代替小数点。

正如你看到的，这种问题解决起来可能很棘手，这取决于你打算采取的金额显示精度。

所幸的是，Cocoa提供了格式设置器（formatter）。格式设置器是一个特殊的类，知道如何以特定方式设置数据的格式。例如，有日期格式设置器和数字格式设置器，你还可以创建自己的格式设置器，以便在应用程序中反复使用。

这里要使用的是NSNumberFormatter类，它实际上是NSFormatter的一个子类，而NSFormatter是所有格式设置器类的基类。NSNumberFormatter支持很多数值格式，包括货币格式，对这个应用程序来说非常合适。不仅如此，它还能够处理很多地区使用的格式，例如，如果用户身处英国或西班牙，应用程序将显示这些地区习惯的格式。

如何使用这个类呢？更重要的是，如何轻松地将其集成到既有代码中呢？第6章介绍了Swift的扩展功能，它非常适合用于给Double类型添加功能，图8-1正是这样做的。

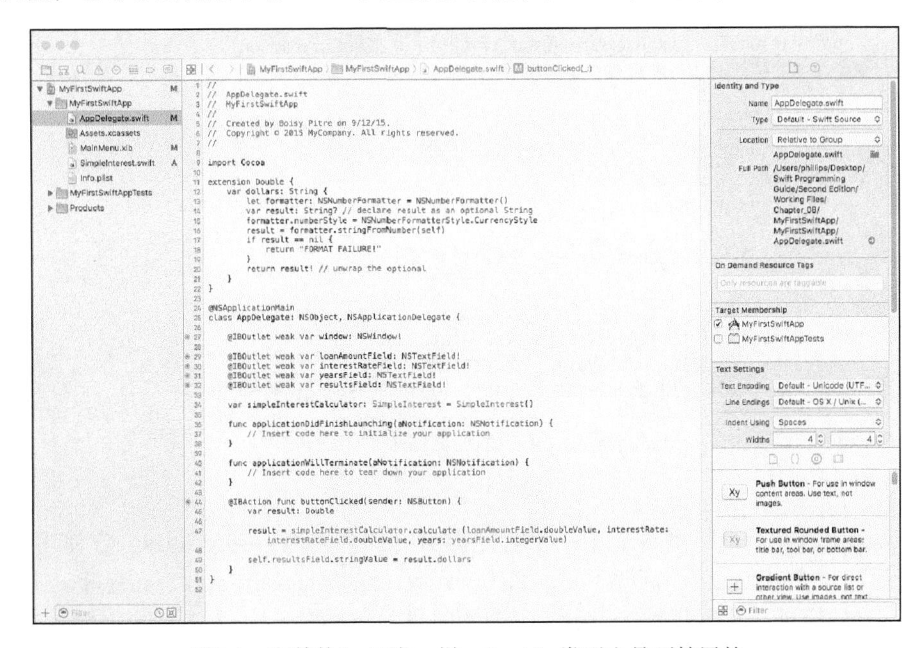

图8-1 和其他Swift类一样，Double类型也是可扩展的

确保启动了Xcode并加载了项目MyFirstSwiftApp，再将代码行import Cocoa后面的既有代码替换为下面的代码：

```
extension Double {
    var dollars: String {
        let formatter: NSNumberFormatter = NSNumberFormatter()
        var result: String? // 将result声明为可选的String变量
        formatter.numberStyle = NSNumberFormatterStyle.CurrencyStyle
        result = formatter.stringFromNumber(self)
        if result == nil {
            return "FORMAT FAILURE!"
        }
        return result! // 拆封可选变量
    }
}

@NSApplicationMain
class AppDelegate: NSObject, NSApplicationDelegate {

    @IBOutlet weak var window: NSWindow!

    @IBOutlet weak var loanAmountField: NSTextField!
    @IBOutlet weak var interestRateField: NSTextField!
    @IBOutlet weak var yearsField: NSTextField!
```

```
    @IBOutlet weak var resultsField: NSTextField!

    var simpleInterestCalculator: SimpleInterest = SimpleInterest()

    func applicationDidFinishLaunching(aNotification: NSNotification) {
        // 在这里插入初始化应用程序的代码
    }

    func applicationWillTerminate(aNotification: NSNotification) {
        // 在这里插入终止应用程序的代码
    }

    @IBAction func buttonClicked(sender: NSButton) {
        var result: Double

        result = simpleInterestCalculator.calculate
        → (loanAmountField.doubleValue, interestRate:
        → interestRateField.doubleValue, years: yearsField.integerValue)

        self.resultsField.stringValue = result.dollars
    }
}
```

这个对Double类型的扩展添加了一个名称得当的计算属性——dollars，它使用NSNumberFormatter返回一个String值。声明了一个名为formatter的NSNumberFormatter变量，还声明了一个名为result的变量，其类型为String?（又包含问号）。对象formatter有一个属性numberStyle，该属性被设置为NSNumberFormatterStyle.CurrencyStyle，因为你要设置金额的格式。最后，对formatter调用了方法stringFromNumber并传入了self（Double的值），这将返回一个String，其中包含设置格式后的文本。接下来，检查变量result是否为nil，如果是，就返回一条错误消息；否则使用下面这种扎眼的语法返回result：

```
return result!
```

这是什么意思呢？只是为了检查nil吗？真够令人困惑的！下面就来揭开这些在Swift中反复出现的神秘符号的面纱。我将先稍微离开正题，解释一下这个重要的Swift概念，再回过头来继续编写代码。

8.1.2　再谈可选类型

可选类型在第2章介绍过。它们扩展了类型，让被声明为可选的变量可包含指向指定类型对象的引用，也可包含nil（表示不存在）。

通过将变量result的类型声明为String?，让Swift知道这个变量可能包含有效的字符串，也可能包含nil。事实上，仅这样声明而未赋值时，将自动把nil赋给变量result。

之所以这样声明变量result，是考虑到NSNumberFormatter的方法stringFromNumber的返回类型。其返回类型为String?而不是String。因此存储返回对象的变量也必须是这种类型。

你可能会问，stringFromNumber为何返回一种可选类型？为何不返回String（不包含可选标记?)? 这是因为在有些情况下，这个方法无法成功地完成转换。NSNumberFormatter的相反方法numberFromString提供了这样的示例，它将一个String值作为参数，并将其转换为一个数字。如果传入33或145，这个方法将返回一个数字。但如果传入的字符串包含非数字字符，如3X4，转换将失败，因为它不是数字，所以无法将其从String形式转换为数字形式。在这种情况下，numberFromString将返回nil。

在Swift框架Cocoa的类中，方法返回可选类型是想让你知道，它们可能返回nil，而你必须意识到这种可能性。

8.1.3 可选类型拆封

在Swift中，可选类型变量就像位于漂亮而闪闪发亮的包装纸内的礼物。要提取存储在这种变量中的值，必须拆封。拆封指的是将变量转换为值不能为nil的变量。拆封时一定要小心！如果变量的值为nil，将其拆封将导致运行阶段错误。Swift不会拆封值为nil的可选变量。

这就是惊叹号的用武之地。这种简短的语法告诉Swift，请马上将这个可选变量拆封。为避免前面说到的运行阶段错误，开发人员必须确保这个变量的值不为nil。

在前面的代码示例中，为处理方法stringFromNumber可能返回nil的情形，首先检查result是否为nil，如果是就返回一个替代字符串。

在本书后面，你将看到更多这样的安全检查示例。这是Swift强调安全编码的必然结果。

8.1.4 美化

在这些示例代码中，最后一项修改是在下面的代码行中添加了对计算属性的引用。

```
self.resultsField.stringValue = result.dollars
```

这将调用在Double类型的扩展中创建的计算属性，从而在应用程序中添加这种功能。

为查看代码的效果，选择菜单Product > Run让Xcode运行这个应用程序。图8-2显示了添加代码后应用程序的运行情况，根据区域设置“美国”设置了结果的格式（根据你的计算机的区域设置，你看到的结果可能不同）。

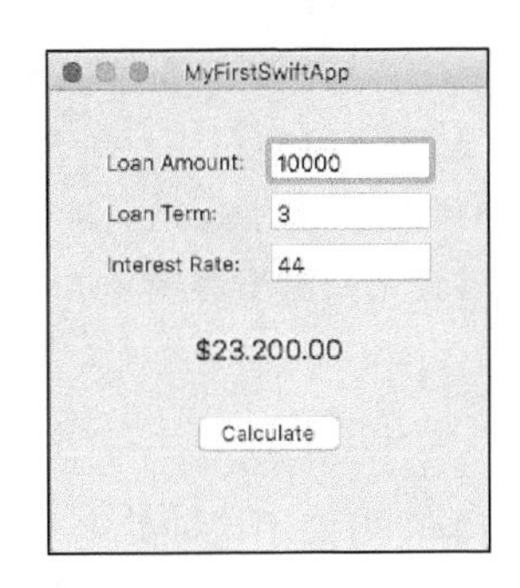

图8-2 使用NSNumberFormatter设置的金额格式

在Xcode中探索

使用Xcode时，必须知道如何探索Swift提供的大量类和方法。Cocoa框架包含很多可供你使用的类，这里使用的NSNumberFormatter就是其中的一个。

Xcode的卓越功能是，在编辑器区域中提供了上下文相关帮助。要查看这种帮助，请按住Option键，并将鼠标指向第13行的单词NSNumberFormatter。鼠标将变成问号，而该单词下面将出现一条虚线。此时单击鼠标将出现类似于图8-3所示的弹出框。

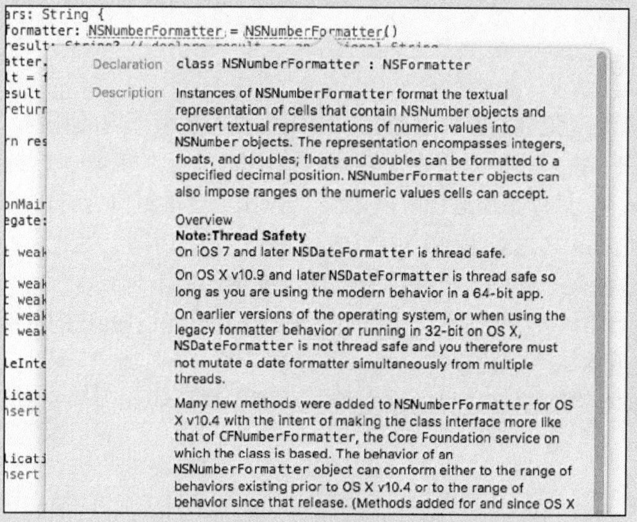

图8-3　Xcode提供的上下文相关帮助

在这个弹出框中，包含类名以及到其超类的链接，单击该链接可获悉有关超类的信息。另外，提供了有关这个类的描述和兼容性信息，还有到更完整类文档的链接。阅读完这些帮助信息后，可单击弹出框外部将其关闭。

请牢记按住Option键并单击这种快捷方式：在学习Swift和Cocoa的过程中，它可提供极大的方便。另一种快捷方式是，按住Command键并将鼠标指向源代码。还是以NSNumberFormatter为例来尝试这种技巧，鼠标将变成手型，而单词下面将出现一条实线。再次单击鼠标，这次编辑器区域将显示NSNumberFormatter类的Swift类文件，所有可供你使用的变量和方法都尽收眼底。通过查看源代码和Xcode提供的文档，可对Swift提供的Cocoa框架有全面了解。

查看完源代码后，单击主编辑器视图顶部的左箭头图标，切换到之前查看的文件。

8.1.5　另一种格式设置方法

结果看起来很不错，对两个文本框也可使用这种美化方式：贷款金额文本框和利率文本框。

与结果字段一样，贷款金额文本框包含的也是金额，应以相同的方式显示其内容；利率文本框亦如此。例如，在贷款金额和利率文本框中，如果要求用户分别输入类似于$20 000和6.25%的内容，可让这些文本框的含义更清晰。

然而，这里不使用代码，而使用Xcode来帮助完成这项任务。你依然将使用新朋友NSNumberFormatter来完成这项工作，只是方式不同。

在导航器中选择文件MainMenu.xib（你可能必须单击导航器中工具栏上的文件夹图标），再选择MyFirstSwiftApp，以确保Xcode的编辑器显示的是应用程序窗口，如图8-4所示。这为你接下来要做的工作搭建好了舞台。

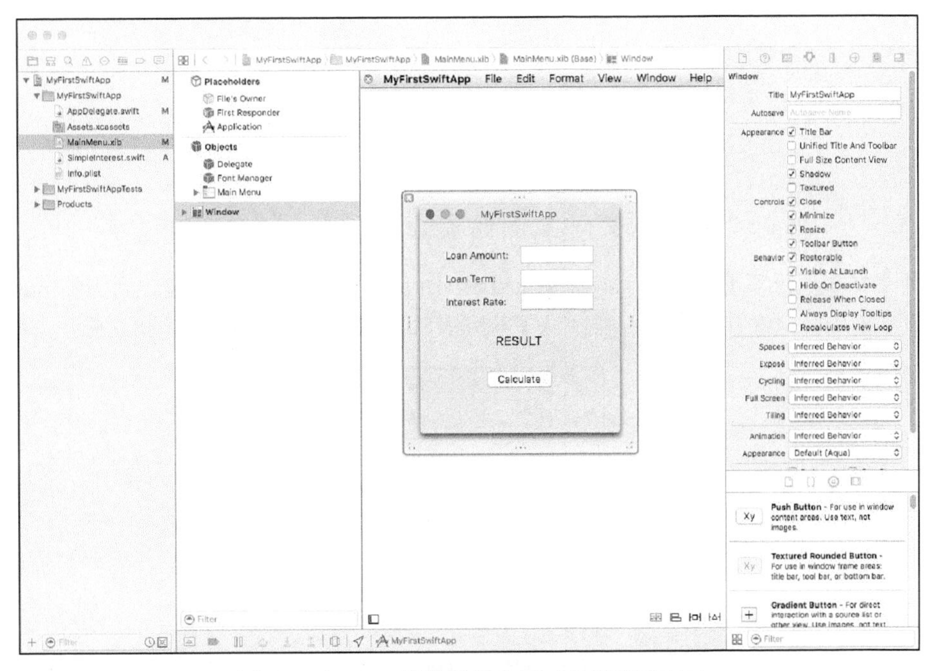

图8-4 在Xcode的编辑器中显示应用程序窗口

现在，将注意力转向Xcode窗口右下角的对象库。确保选择了对象库工具栏上的对象（Object）按钮，如图8-5所示。通过滚动或使用搜索文本框来找到对象NSNumberFormatter，这个对象是你在前面使用代码创建的——它现在出现在Xcode的对象列表中，如图8-5所示。

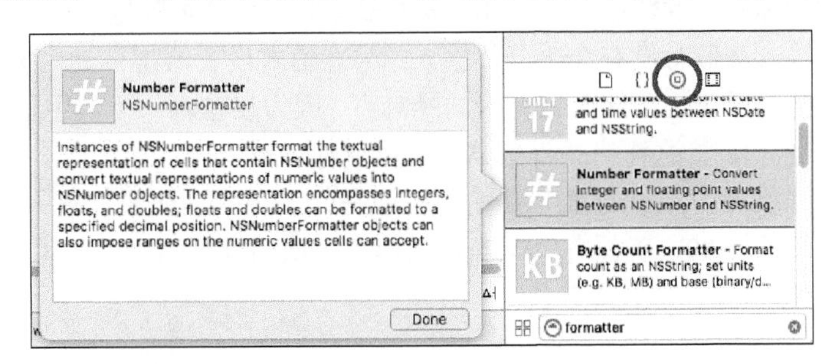

图8-5 Xcode对象库中的NSNumberFormatter对象

使用鼠标或触控板将对象库中的对象NSNumberFormatter拖曳到标签Loan Amount右边的文本框中。当你这样做时，Xcode右上角的Utility区域将自动显示属性查看器，你可在其中设置刚才通过拖曳到文本框中创建的NSNumberFormatter对象的属性。从Style下拉列表中选择Currency，如图8-6所示。

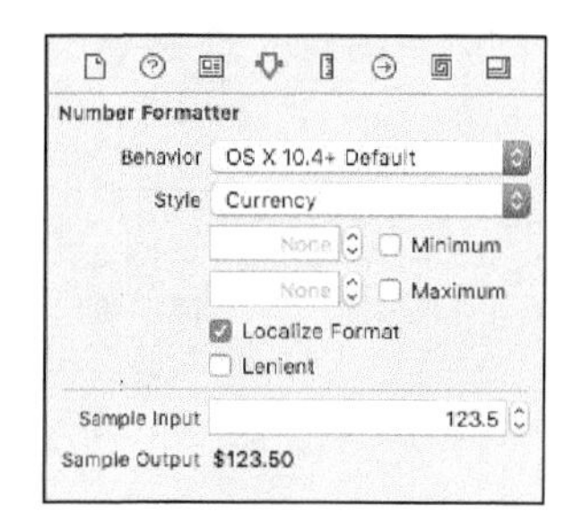

图8-6　为贷款金额文本框创建的NSNumberFormatter对象的属性检查器

对利率文本框重复上述操作——将NSNumberFormatter对象从对象库拖放到标签Interest Rate右边的文本框中。这次在属性检查器中从下拉列表Style中选择Percent，如图8-7所示。

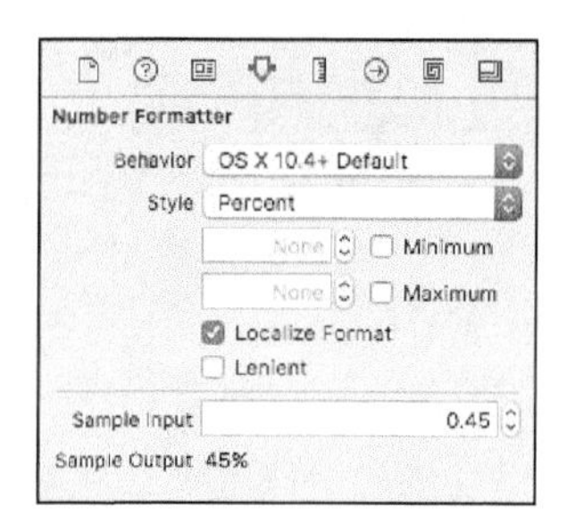

图8-7　为利率文本框新创建的NSNumberFormatter对象的属性检查器

现在编译并运行这个应用程序。该应用程序的窗口出现后，在贷款金额文本框中输入一个数字，并填写其他文本框。

如果试图离开贷款金额文本框以输入其他数据时听到讨厌的蜂鸣声，是意料之中的。这是格式设置器对象在抱怨你输入的数据没有采用金额格式。为避免这种问题，在金额开头加上美元符号。另外，如果你输入金额时没有在千分位输入逗号，格式设置器将自动为你插入。

试图离开利率文本框时也可能听到讨厌的蜂鸣声，因为仅输入一个数字还不够，还必须在它后面加上百分比符号（%），这样格式设置器才会接受你的输入。

图8-8显示了单击按钮Calculate前各项输入应该是什么样的。如果你输入的是贷款金额为整数，将自动在它后面添加.00。确保各个文本框的内容与该图显示的一致，再单击按钮Calculate。

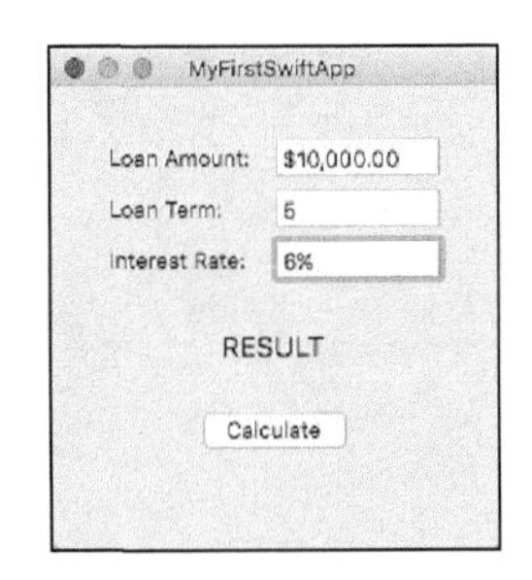

图8-8 利息计算器应用程序要求的输入格式

结果看起来很不错（如图8-9所示），但输入美元符号和百分比字符是件很痛苦的事情。不仅如此，用户还可能不输入它们，导致输入的数字看起来绝对有效而应用程序却不断地发出蜂鸣声，让用户始终迷惑不解。诚然，你可以添加一些线索，如额外的标签，督促用户输入数字时加上合适的符号，但这将导致窗口混乱不堪，和应用程序的流程不清晰。另外，也会让人觉得怪怪的。必须想办法让用户能够鱼和熊掌兼得。

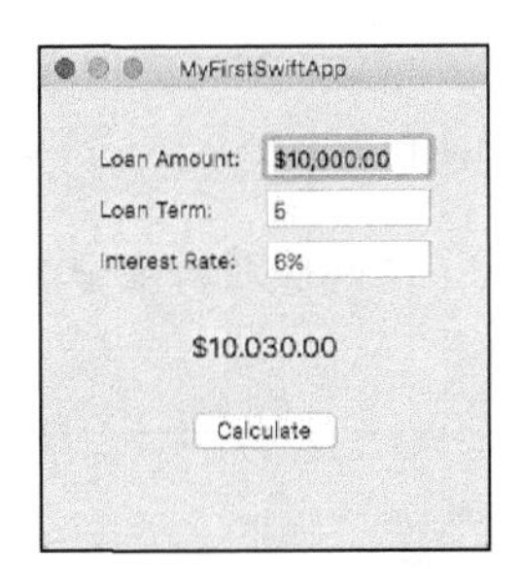

图8-9 利息计算器应用程序的输出格式

事实上，存在这样的办法。通过使用输入宽容（input leniency），既可让用户享受设置器调整输入使其符合指定格式规则带来的好处，又让用户能够以最得心应手的方式输入数据。

退出应用程序，再在编辑器区域左边的对象树（如图8-10所示）中找到两个文本框的数字格式设置器，并启用宽容功能。这个对象树是一个方便而信息丰富的视图，通过它可获悉MainMenu.xib文件中各个对象之间的关系。在这里查找格式设置器很容易，因为它们就位于与之关联的文本框下方。

8

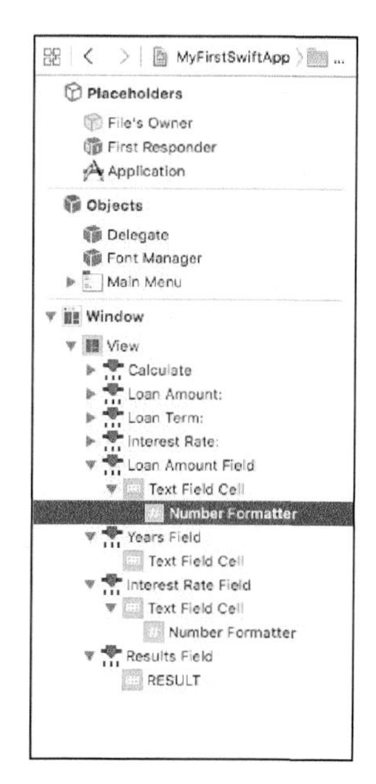

图8-10　对象树显示了所有对象之间的关系

在图8-11中，选中了复选框Lenient。请确保对贷款金额和利率文本框的格式设置器都选中了该复选框。

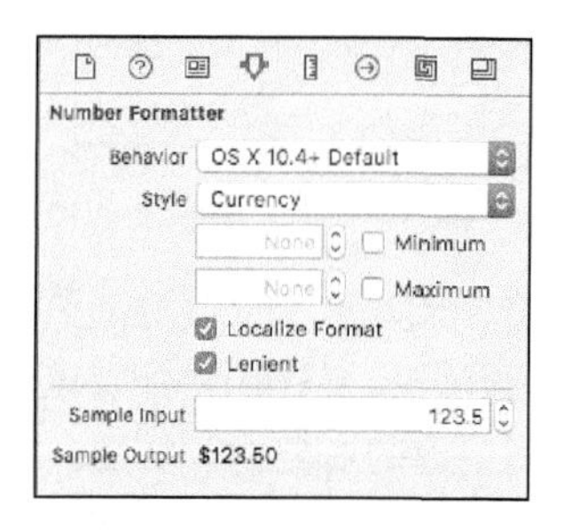

图8-11　复选框Lenient让数字格式设置器对用户输入的要求不那么严格

让Xcode再次运行这个应用程序。这次在贷款金额和利率文本框中都输入普通数字。应用程序不仅会接受这些数字，还会自动根据你为每个文本框选择的格式设置规则修改它们。

另外，格式设置器会拒绝不符合格式设置规则的输入。例如，你可以输入一个字母字符，但你无法再输入或离开，除非将其删除，因为无法获得有效的数字。作为提醒，你将反复听到前述讨厌的蜂鸣声。

8.2　计算复利

鉴于这个利息计算应用程序的当前情况，添加复利计算功能不用费多大功夫，毕竟使用的参数是相同的。

第4章介绍了复利计算公式，这里再重复一遍：

```
futureValue = presentValue (1 + interestRate)^years
```

要给这个应用程序添加这项功能，看起来最快捷、最容易的方式是添加一个复利计算类。为此，需要新增一个Swift文件。在前一章，你通过选择菜单File > New > File来新建一个Swift源代码文件。这当然可行，但一种稍微快点的方法时，创建一个文件并将其放在项目的合适位置。为此，首先在Xcode导航器中找到文件夹MyFirstSwiftApp，再右击它并从快捷菜单中选择New File，如图8-12所示。

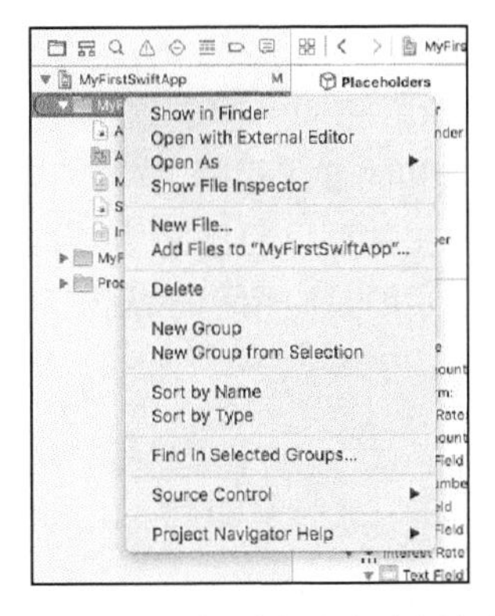

图8-12 通过在导航器中右击来添加新文件

在文件模板对话框，选择OS X下的Source，再选择Swift File，然后单击Next按钮，如图8-13所示。

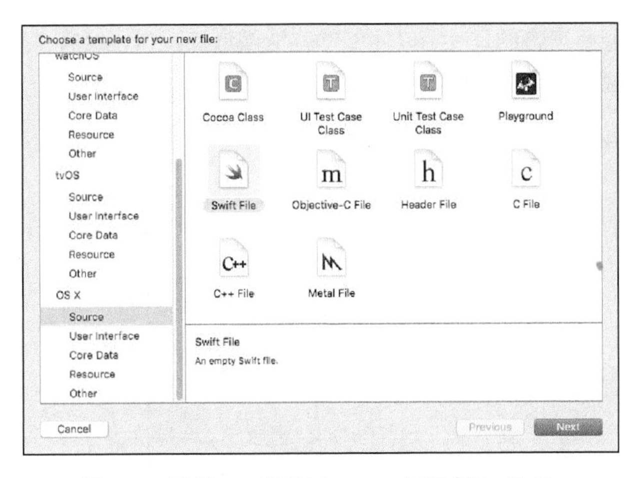

图8-13 选择OS X下的Source，再选择Swift file

将出现一个对话框，让你给类指定名称。请输入CompoundInterest，再单击Next按钮。这将打开文件保存对话框，请选中Targets部分的复选框MyFirstSwiftAppTests，再单击Create按钮关闭该对话框。这个新文件将出现在导航器中。选择这个新建的文件，并确保显示了编辑器窗口，再在语句import Foundation下面输入如下代码：

```
class CompoundInterest {
    func calculate(loanAmount: Double, var interestRate: Double, years: Int) ->
    ➔ Double {
        interestRate = interestRate / 100.0
        let compoundMultiplier = pow(1.0 + interestRate, Double(years))

        return loanAmount * compoundMultiplier
    }
}
```

这里使用的复利计算公式与第4章的相同。这个方法接受的参数以及返回类型（Double）都与类文件SimpleInterest.swift中计算单利的方法相同。

在你的Xcode项目中创建这个新文件后，将注意力转向用户界面。在导航器中，单击文件MainMenu.xib，并确保编辑器区域显示的是应用程序的窗口。

8.2.1 连接起来

当前只有一个按钮，用户通过单击它来计算单利。由于你要让用户能够计算复利，为何不创建一个用于计算这种计算的按钮呢？

为此，可从Xcode窗口右下角的对象库中拖曳一个NSButton对象，但有一种稍微快一点的方法：单击按钮Calculate以选择它，再按Command+D复制它。将复制的按钮放在当前按钮下方，并与之对齐；再双击它以修改标题，并输入Calculate Compound。双击原来的按钮，并将其重命名为Calculate Simple。

你可能需要稍微调整窗口的尺寸，以便能够容纳新增的按钮，然后将按钮在窗口中居中。完成这些操作后，窗口应类似于图8-14。

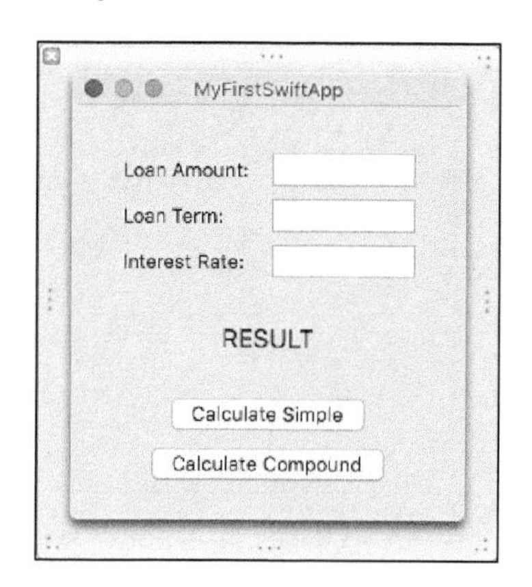

图8-14 添加新按钮并将两个按钮都重命名后的应用程序窗口

窗口设计好后，接下来需要将新按钮关联到刚创建的复利计算类。

在此之前，先来复习一下原来的按钮是如何连接的。在前一章，在文件AppDelegate.swift中创建了方法`buttonClicked`，它接受一个参数（一个指向`NSButton`对象的引用），不返回任何值，并使用特殊关键字`@IBActionk`进行标记。

一种简单的做法是，复制并重命名这个方法，再将新按钮连接到这个复制的方法。具体步骤如下。

首先复制代码。为此，在Xcode导航器中选择文件AppDelegate.swift，再通过拖曳选中第44~50行。选择菜单Edit > Copy将选中的代码复制到复制缓冲区。在编辑器区域中，在第51行开头单击，按回车键一次，再选择菜单Edit > Paste将复制的代码粘贴到光标所处的位置，如图8-15所示。

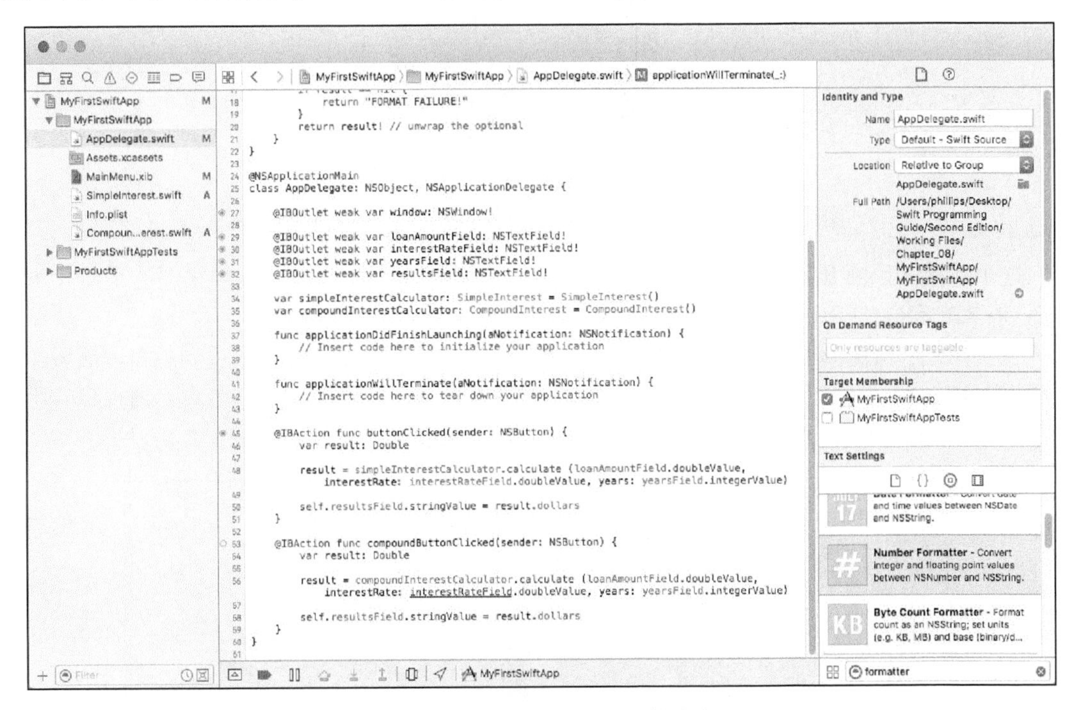

图8-15 添加新方法后的文件内容

接下来，需要重命名。为此，双击第52行的方法名`buttonClicked`，并将其重命名为`compoundButtonClicked`。选中第55行的文本`simpleInterestCalculator`，并将其修改为`compoundInterestCalculator`。

将光标移到第34行（声明对象`simpleInterestCalculator`的那行）下方，并输入如下代码行：

```
var compoundInterestCalculator: CompoundInterest = CompoundInterest()
```

经过这些修改后，便成功地创建了将复利计算器集合到该应用程序中所需的代码了。余下的唯一工作是，将Calculate Compound按钮关联到合适的操作方法。

为此，在导航器中选择文件MainMenu.xib，并显示应用程序窗口。右击按钮Calculate Compound打开包含连接的平视显示器窗口，再单击按钮☒断开方法buttonClicked和Delegate之间的连接，如图8-16所示。

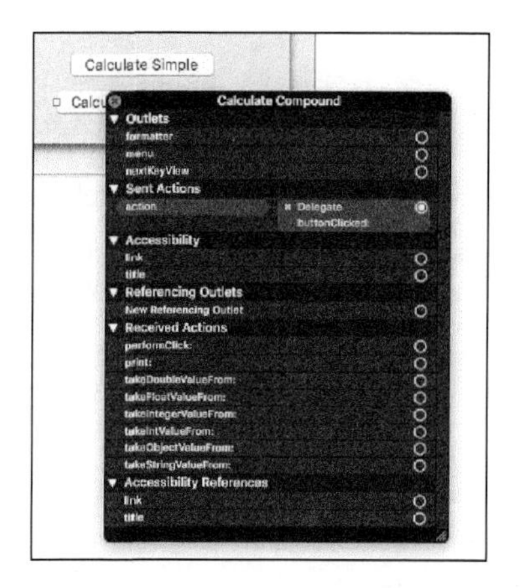

图8-16　断开按钮Calculate Compound与操作方法之间的连接

这个连接必须断开，因此它是前面复制按钮时复制而来的。新按钮被单击时，应调用方法compoundButtonClicked。

在平视显示器窗口中，单击选择器行最右端的圆圈，并将出现的线条拖曳到编辑器区域左边的图标Delegate上，如图8-17所示。松开鼠标后，将出现一个平视显示器窗口中，请选择其中的方法compoundButtonClicked，如图8-18所示。这便将新按钮连接到了正确的操作方法。

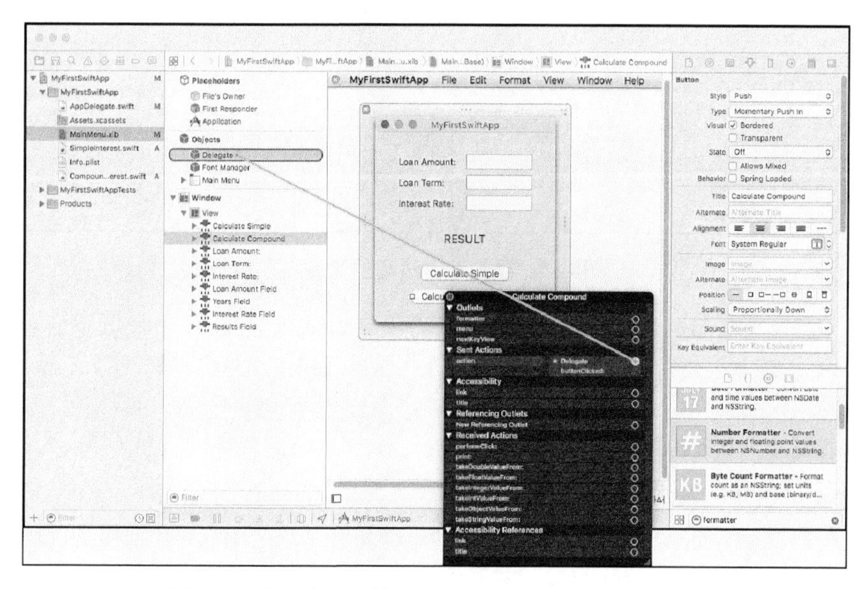

图8-17　将新按钮连接到方法compoundButtonClicked

图8-18 可连接到方法compoundButtonClicked时出现的窗口

8.2.2 测试

下面用实际数据来检验这个应用程序。在Xcode中运行这个应用程序，并输入下面的值。

- 贷款金额：$25 000
- 贷款期限：10
- 利率：8%

单击按钮Calculate Simple计算单利。

如果结果标签中没有显示结果，请检查代码和连接。

如果显示了结果，应为$45 000。是这样的吗？

我敢打赌，你看到的结果是$25 200。这表明连接没有问题，但计算有误。这到底是怎么回事呢？

你遇到了bug。不必烦恼，即便是最优秀的开发人员也会遇到这样的情况。在软件开发中，bug不可避免，即便使用的是像Swift那样简单的语言。然而，bug并非是无法消除的。苹果在Xcode中提供了功能强大的调试工具，可帮助你找出bug并将其就地正法。

8.3 调试

有时候，查找bug是一项既令人沮丧又具有启发性的工作。没有什么比找出并修复代码中特别棘手的问题更令人激动了。知道自己能够排除故障给人满足感，并将增强你继续前行的信心。

遭遇bug时，我会自问如下问题。

有何症状？

程序上一次运行正常后（假定程序曾正常运行过）做了哪些修改？

应从哪里着手找出问题的根源。

下面就来针对这个bug回答上述问题。

- 问题1：在这个应用程序中，症状显而易见——单利计算结果不对。
- 问题2：前一章的单利应用程序运行正确，修改了什么地方呢？你给贷款金额和利率文本框添加了NSNumberFormatter对象，显然有必要对其进行调查。
- 问题3：由于计算结果不对，应首先在执行计算的代码中查找bug。

8.3.1 bug 在哪里

上述问题的答案应该将你引向文件SimpleInterest.swift，因为计算方法在这里。在Xcode导航器中选择这个文件，使其代码出现在编辑器区域中。

仔细检查方法calculate，看不出有哪里不对。将变量interestRate除以100得到一个0~1的值，再将其乘以loanAmount和years（先将years从Int转换为Double）。这确实是计算单利的公式。

没有明显的错误。公式看起来是对的，结果却不对。怎么办？看来要求助于调试器了。

8.3.2　断点

你凭直觉就知道，代码是以线性方式执行的——执行完一行后，再执行下一行，依此类推。当然也有例外情况：使用线程可在不同处理器内核中同时执行一个应用程序的多行代码。但这里不关心这样的细节。对我们来说，以线性方式分析方法calculate足够了。

如果有办法在代码执行时"闯入"并检查变量，就能核实方法calculate执行的运算是否正确，进而确定问题是否出现在其中。确实有这样的办法，这就是*断点*。

断点是停止点，可将其放在源代码可执行部分的任何地方。Xcode运行应用程序时，会在遇到断点时停止，让你有机会检视环境：变量、常量和栈跟踪（stack trace）。

那么该在什么地方设置断点呢？如何设置呢？

在编辑器区域中，源代码左边显示行号的区域被称为gutter，在gutter中单击可在相应代码行处创建断点——蓝色箭头，如图8-19所示。

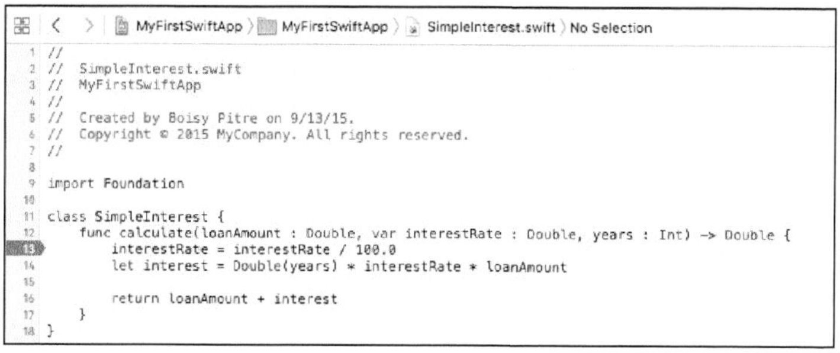

```
MyFirstSwiftApp 〉 MyFirstSwiftApp 〉 SimpleInterest.swift 〉 No Selection
 1 //
 2 //  SimpleInterest.swift
 3 //  MyFirstSwiftApp
 4 //
 5 //  Created by Boisy Pitre on 9/13/15.
 6 //  Copyright © 2015 MyCompany. All rights reserved.
 7 //
 8
 9 import Foundation
10
11 class SimpleInterest {
12     func calculate(loanAmount : Double, var interestRate : Double, years : Int) -> Double {
13         interestRate = interestRate / 100.0
14         let interest = Double(years) * interestRate * loanAmount
15
16         return loanAmount + interest
17     }
18 }
```

图8-19　在方法calculate中设置一个断点

在本例的调试中，单击gutter区域中的第13行，在方法calculate的第一行可执行代码处设置断点。

设置断点后，可再次运行应用程序，而它执行到该断点后将处停止。在Xcode中再次运行该应用程序，应用程序将启动并显示一个窗口。再次在文本框中输入如下值。

- 贷款金额：$25 000
- 贷款期限：10
- 利率：8%

你知道结果应为$45 000，但将得到的却是$25 200。单击计算单利的按钮，Xcode跳到了最前面，如图8-20所示。遇到了断点，而第13行呈高亮显示。应用程序处于冻结状态，你可以查看器所有值。

Xcode不但获得了控制权，其底部还显示了一个新区域。这是调试区域，包含两个窗格。左边的窗格显示的是方法calculate中的变量及其值；右边的窗格显示了提示符（lldb），这是苹果调试器LLDB的命令行界面。

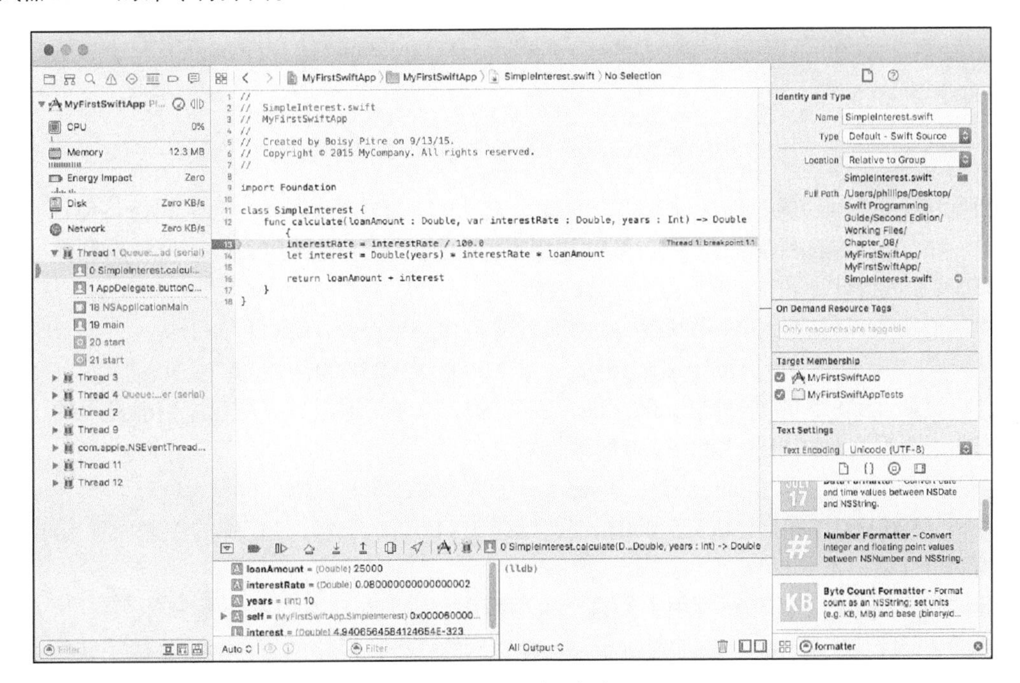

图8-20 遇到了断点

右边的窗格让你能够在LLDB调试器中直接输入命令。在本书中，你不会使用这个调试器的命令行版本，但如果你对其感兴趣，Xcode帮助提供了相关文档，指出了如何以这种方式与调试器交互。

你将专注于左边的窗格。注意到其中以突出方式显示了变量loanAmount、interestRate和years，还有它们的值。可清楚地看到，这些值与你在应用程序的文本框中输入的值相同。

你可命令Xcode以步进方式执行还未执行的当前代码行。以步进方式执行时，将执行当前代码行，并在进入到下一行时停止。在调试区域上方，有一些调试工具栏图标。为以步进方式执行第13行，单击左数第四个图标，如图8-21所示。这个图标像个三角形，指出使用它将执行一行代码。

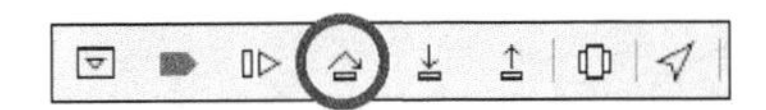

图8-21 调试工具栏让你能够控制Xcode调试流程，这里突出显示了步进图标

当你单击这个图标时，绿色箭头将移到第14行，指出接下来将执行这行代码。至此，第13行（修改变量interestRate）的代码已执行。在调试区域可以看到，这个变量的值从0.08变成了0.0008，这是将其除以100.0的结果，如图8-22所示。

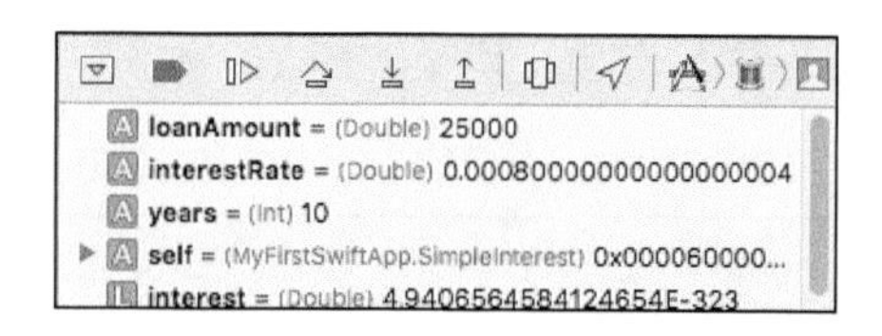

图8-22　以步进方式执行第13行后的变量值；注意到变量interestRate的值与图8-20显示的不同

变量interestRate的值的这种变化很有趣。它从0.08变成了0.0008，而第14行将使用它来计算变量interest。你在数学课上学过，0.08相当于8%，而0.0008相当于0.08%。应根据利率8%（而不是0.08%）进行计算。

如果根据第14行的公式使用利率0.0008来计算变量interest，结果将如下：

interest = 10 years × 0.0008 × $25 000 = $200

再将贷款金额$25 000与利息$200相加，结果为$25 200，这正是应用程序当前显示的结果。

现在来看看在公式中使用利率0.08的结果：

interest = 10 years × 0.08 × $25 000 = $20 000

将利息$20 000与贷款金额$25 000相加，结果为$45 000，这才是正确的答案。看来bug找到了，我们再确认一下。

同样的方法为何在前一章管用呢？这个应用程序与以前相比有何不同呢？

新增了umberFormatter。想想NSNumberFormatter的百分比风格的行为——将数字转换为百分比，它好像将你在文本框中输入的8转换成了0.08。这一点在图8-20中得到了印证：在该图中，调试区域显示的变量interestRate的值为0.08，而不是8。

添加格式设置器前，文本框的值被原封不动地传递给方法calculate，这正是必须将其除以100.0的原因所在。现在，这项工作已由NSNumberFormatter完成了，不需要再除以100.0。

如何修复这个bug呢？只需将第13行从SimpleInterest.swift类中删除即可。但这里不这样做，而在第13行开头添加字符//，将这行变成注释。这样可保留前面设置的断点。当你这样做时，注意到Swift编译器让Xcode对第12行发出了警告，建议你将var从参数interestRate的声明中删除。鉴于现在在函数中没有修改这个参数，因此最好接受Swift编译器的建议，将声明中的关键字var删除。

将第13行注释掉后，再次运行该应用程序，并输入与以前一样的值。遇到断点后，将跳到第14行，因为第13行为注释。在调试区域，注意到变量interestRate的值现在为0.08，这正是确保计算结果准确所需要的。

单击调试工具栏中的步进图标，以步进方式执行第14行，并查看调试区域中变量interest的值。它应该是20 000（20 000美元），如图8-23所示。

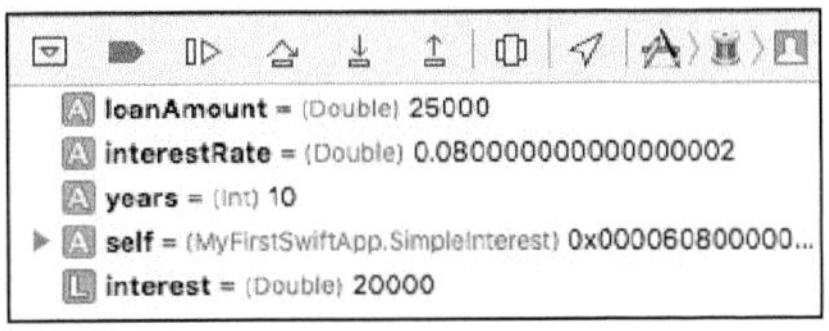

```
loanAmount = (Double) 25000
interestRate = (Double) 0.080000000000000002
years = (Int) 10
self = (MyFirstSwiftApp.SimpleInterest) 0x000060800000...
interest = (Double) 20000
```

图8-23　变量interestRate为正确值0.08

至此，你应该深信应用程序将提供正确的结果。鉴于当前还处于调试器中且执行已停止，你可命令Xcode让程序继续畅通无阻地执行。为此，单击调试工具栏中的继续执行程序（Continue Program Execution）按钮，如图8-24所示。

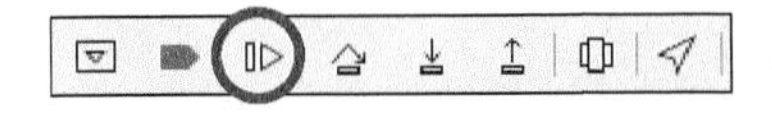

图8-24　继续执行按钮接着往下执行应用程序

应用程序全速执行后，将显示结果，它能提供准确地执行单利计算了，如图8-25所示。

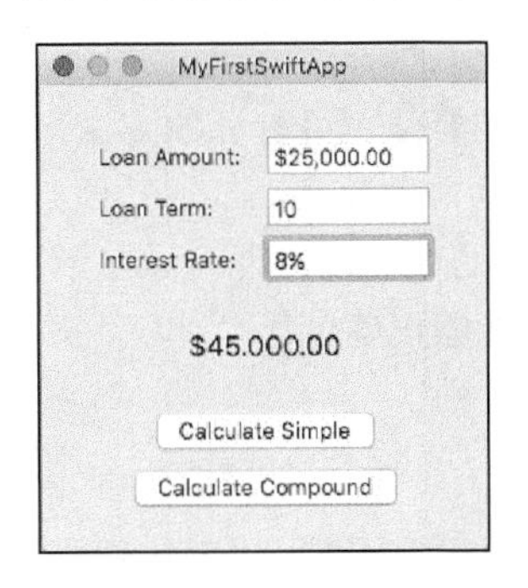

图8-25　应用程序显示的单利正确无误

8.3.3　复杂的复利计算

至此，你可能想宣告胜利，但实际上你的工作还没有完成。还有复利计算，这种计算也正确吗？通过快速查看文件CompoundInterest.swift的源代码可知，第13行对变量interestRate做了同样的假设，将它也除以了100。

可以肯定，为确保复利计算器准确无误，也需要将这条语句剔除。将这行代码注释掉，再使用相同的输入执行复利计算。结果应与图8-26显示的相同，这是正确的。你可能遇到前面调试时设置的断点，如果是这样，可单击断点图标并将其拖出gutter区域，从而将其删除。然后，单击调试工具栏中的继续执行程序按钮，接着往下执行程序。

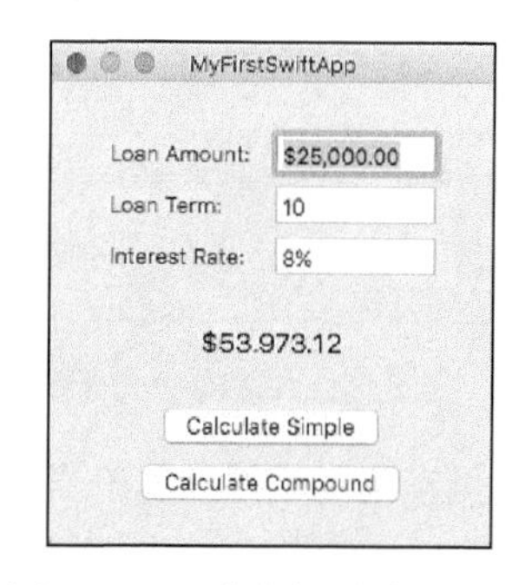

图8-26　正确的复利计算结果

8.4　测试的价值

bug有时很容易找到，有时却不那么容易找到。对于前面的bug，显然需要检查计算代码，但让我们做出这种判断的是，这个应用程序在第7章运行正确。给文本框添加NSNumberFormatter影响了计算，而你敏锐地注意到值好像不对。

这说明了软件开发的复杂性，需要使用可验证的测试来发现问题（如你刚才解决的问题）。在测试领域，你刚才修复的bug被称为*回归*（regression）。回归指的是原本管用的东西不再管用了，是最难对付的bug之一。回归可能悄悄地出现，因为你在不知不觉间会有一种错误的认识，以为前几个版本中正确无误的东西依然能够正确运行。

8.4.1　单元测试

在软件开发中，有很多测试类型和测试方法，其中特别有用的是*单元测试*。单元测试是很有针对性的测试，对特定功能进行检查。可针对类的特定方法编写单元测试，因此针对同一个类的单元测试可能很多。可将一组单元测试作为一个整体，使用它们来检查一个重要代码块的功能，并确保它能够正确地运行。

苹果在Xcode中突显了单元测试的重要性。事实上，为自己的第一个Swift应用程序创建Xcode项目时，你可能注意到了，应用程序目标的下方还有目标MyFirstSwiftAppTests，如图8-27所示。

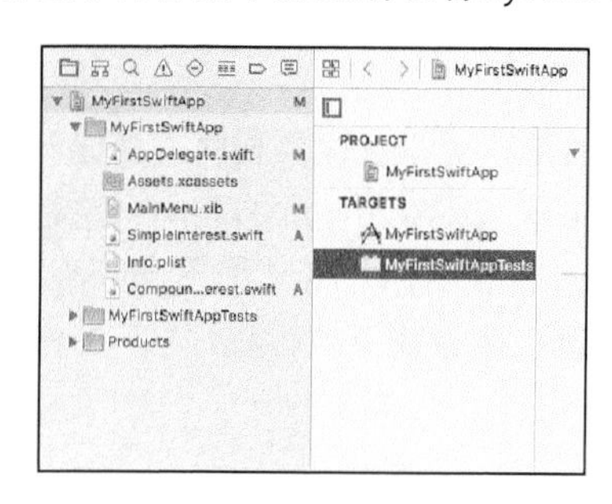

图8-27　目标MyFirstSwiftAppTests是Xcode自动创建的单元测试

在导航器中，有一个名为MyFirstSwiftAppTests的组文件夹，该文件夹中有一个名为MyFirst-SwiftAppTests.swift的Swift源代码文件。不用你要求，Xcode就创建了需要的所有基础设施，让你能够为应用程序编写测试。

8.4.2　编写测试

创建单元测试时，你常常会自问：需要编写什么样的测试呢？这个问题的答案取决于应用程序有哪些功能以及有哪些部分组成。

如果你查看利息计算器应用程序，就会发现显然需要为计算方法编写单元测试。通过测试计算方法的准确性，让你能够深信它不仅当前正确无误，即便以后对其进行修改或调整，它也将正确无误。

下面首先来看一下源代码文件MyFirstSwiftAppTests.swift。在Xcode导航器中，找到这个源代码文件，再单击它。编辑器区域将显示这个文件的内容，如图8-28所示。

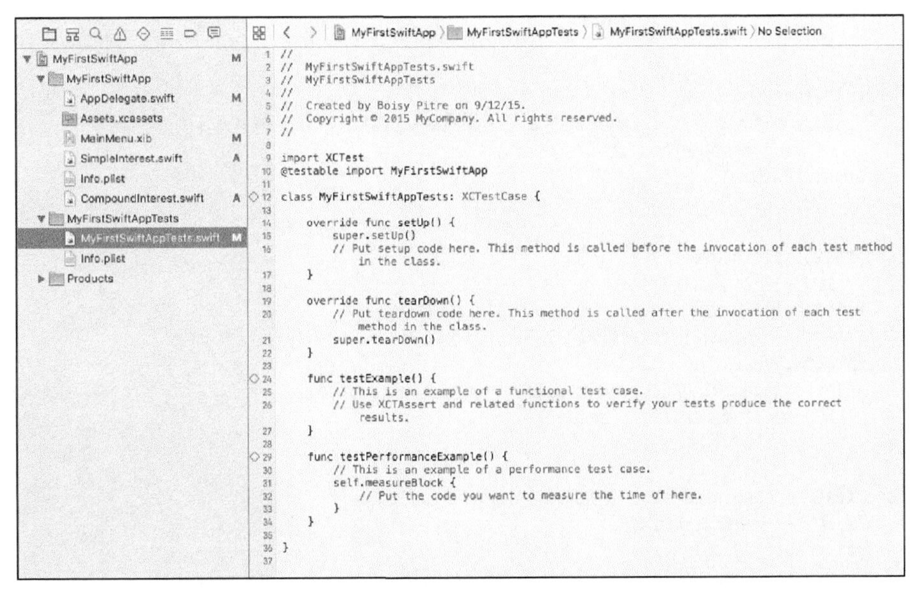

图8-28　单元测试文件，你可以对其进行修改了

注意到这是一个Swift源代码文件，包含一个名为MyFirstSwiftAppTests的Swift类。这个类是XCTestCase的一个子类，而XCTestCase是一个特殊的单元测试类，提供了很多对执行测试很有帮助的功能。

接下来，注意到这个类已经包含很多方法。开头两个（setUp和tearDown）属于特殊方法，分别在这个测试类启动和停止时被调用。这些方法提供了入口，让你能够创建在测试过程中可能需要的对象。

还有另外两个方法：testExample和testPerformanceExample。它们是示例测试方法，你可以以它们为基础编写自己的测试。

在这个单元测试框架中，以单词test打头的方法都是测试方法，将在运行单元测试时被调用。你可以编写一个或多个这样的方法。如何组织单元测试完全由你决定。

鉴于利息计算应用程序有两个类（一个用于计算单利，另一个用于计算复利），因此创建两个测试方法可能是合乎情理的。这两个方法将测试方法calculate的准确性，确保它们总是能返回准确的结果。

在文件MyFirstSwiftAppTests.swift中，将第12行到最后一行替换为下述代码：

```
class MyFirstSwiftAppTests: XCTestCase {

    var mySimpleInterestCalculator: SimpleInterest = SimpleInterest()
    var myCompoundInterestCalculator: CompoundInterest = CompoundInterest()

    override func setUp() {
        super.setUp()
        // 在这里插入设置代码。调用这个类中的每个测试方法前，都将调用这个方法
        → each test method in the class.
    }

    override func tearDown() {
        // 在这里插入清理代码。调用这个类中的每个测试方法后，都将调用这个方法
        → of each test method in the class.
        super.tearDown()
    }

    func testSimpleInterest() {
        // 这是一个功能测试用例
        var result: Double
        result = mySimpleInterestCalculator.calculate(25_000, interestRate:
        → 0.08, years: 10)
        XCTAssertEqualWithAccuracy(result, 45000, accuracy: 0.1,
        → "Unexpected result: \(result)")
    }

    func testCompoundInterest() {
        // 这是一个功能测试用例
        var result: Double
        result = myCompoundInterestCalculator.calculate(25_000, interestRate:
        → 0.08, years: 10)
        XCTAssertEqualWithAccuracy(result, 53973.12, accuracy: 0.1,
        → "Unexpected result: \(result)")
    }
}
```

文件中的方法testSimpleInterest和testCompoundInterest分别测试单利和复利计算。在这个测试中，调用了每个类的方法calculate，并传入贷款金额、贷款期限和利息，并检查结果是否符合预期。

在MyFirstSwiftAppTests类的开头，第14~15行实例化了两个对象：mySimpleInterest-Calculator和myCompoundInterestCalculator。然后，在两个测试方法中，第30~37行分别使用这

两个对象来测试利息计算，使用的值与你前面测试该应用程序使用的相同——贷款金额为25 000美元，贷款期限为10年，利率为8%。

在每个测试方法中，都声明了类型为Double的变量result，并将通过相应对象调用方法calculate的返回值赋给它。为检查是否通过了测试，调用了函数XCTAssertEqualWithAccuracy。这个函数接受四个参数：要评估的变量、该变量应包含的值、准确因子以及未通过测试时显示的String。需要检查Float或Double变量的值时，这个函数特别有用，因为鉴于浮点数在内存中的表示方式，它们都是不精确的。在这里，你指出只要传入的变量和预期结果相差不超过0.1（10美分），就认为它们相等。

修改源文件后，选择菜单Product > Test来运行该测试。测试将运行，而导航器中将显示这两个测试的结果。在导航器中，单击测试导航器图标（绿色的菱形图标）切换到测试导航器视图。你将看到每个方法名旁边都有绿钩。另外，源代码旁边的gutter中也有绿钩，如图8-29所示。

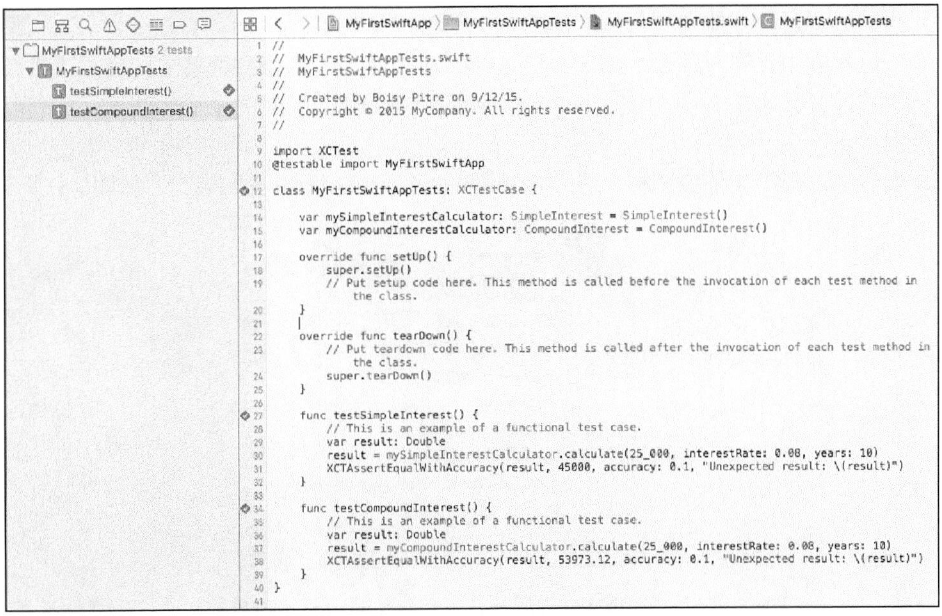

MyFirstSwiftApp 〉 MyFirstSwiftAppTests 〉 MyFirstSwiftAppTests.swift 〉 MyFirstSwiftAppTests

MyFirstSwiftAppTests 2 tests
MyFirstSwiftAppTests
testSimpleInterest()
testCompoundInterest()

```
1  //
2  //  MyFirstSwiftAppTests.swift
3  //  MyFirstSwiftAppTests
4  //
5  //  Created by Boisy Pitre on 9/12/15.
6  //  Copyright © 2015 MyCompany. All rights reserved.
7  //
8
9  import XCTest
10 @testable import MyFirstSwiftApp
11
12 class MyFirstSwiftAppTests: XCTestCase {
13
14     var mySimpleInterestCalculator: SimpleInterest = SimpleInterest()
15     var myCompoundInterestCalculator: CompoundInterest = CompoundInterest()
16
17     override func setUp() {
18         super.setUp()
19         // Put setup code here. This method is called before the invocation of each test method in
               the class.
20     }
21
22     override func tearDown() {
23         // Put teardown code here. This method is called after the invocation of each test method in
               the class.
24         super.tearDown()
25     }
26
27     func testSimpleInterest() {
28         // This is an example of a functional test case.
29         var result: Double
30         result = mySimpleInterestCalculator.calculate(25_000, interestRate: 0.08, years: 10)
31         XCTAssertEqualWithAccuracy(result, 45000, accuracy: 0.1, "Unexpected result: \(result)")
32     }
33
34     func testCompoundInterest() {
35         // This is an example of a functional test case.
36         var result: Double
37         result = myCompoundInterestCalculator.calculate(25_000, interestRate: 0.08, years: 10)
38         XCTAssertEqualWithAccuracy(result, 53973.12, accuracy: 0.1, "Unexpected result: \(result)")
39     }
40 }
41
```

图8-29 通过了测试时的代码视图

8

8.4.3 如果测试未通过

前面的测试都通过了，但未通过时结果将如何呢？要让测试通不过很容易，只需在调用函数XCTAssertEqualWithAccuracy时，将第二个参数改为截然不同的值。请尝试将第38行的53973.12改为53973.12 + 1，并再次运行测试。该测试未通过，其对应的绿钩变成了红叉；另外，还显示了指出错误详情的错误消息，如图8-30所示。

```
34    func testCompoundInterest() {
35        // This is an example of a functional test case.
36        var result: Double
37        result = myCompoundInterestCalculator.calculate(25_000, interestRate: 0.08, years: 10)
38        XCTAssertEqualWithAccuracy(result, 53973.12 + 1, accuracy: 0.1, "Unexpected result: \(result)")
39    }      XCTAssertEqualWithAccuracy failed: ("53973.1249318197") is not equal to ("53974.12") +/- ("0.1") - Unexpected result: 53973.1249318197
40 }
41
```

图8-30　测试未通过的情形

知道如何让测试通不过后，将+1删除以修复存在的问题，将又能通过测试了。

具有讽刺意味的是，这组单元测试无法捕获本章前面修复的bug。那个bug并非方法calculate本身导致的，而是因为NSNumberFormatter传给它的变量interestRate的值不对。真是应了那句古话：种瓜得瓜，种豆得豆。

8.4.4　始终运行的测试

单元测试必须运行才能发挥作用。前面每次都是选择菜单Product > Test来运行单元测试，如果要在每次运行应用程序时都运行测试呢？这样，对程序的任何修改都将立即受惠于重新测试。即便你认为修改是无害的，不会引入bug，也务请在编译前运行测试。下面演示了如何让Xcode自动运行测试。

在导航器中，选择文件夹图标，再单击顶部的MyFirstSwiftAppproject，如图8-31所示。

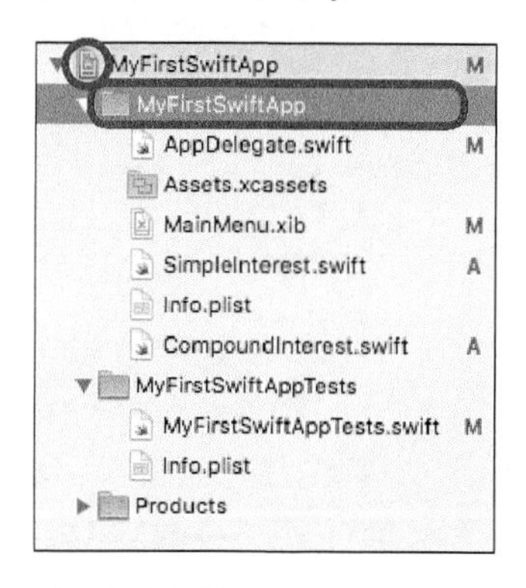

图8-31　通过选择文件夹图标，可在导航器中显示项目的文件

在编辑器中，单击目标MyFirstSwiftApp，再单击标签Build Phases。单击Target Dependencies旁边的展开三角形，在单击添加图标（+）添加一个依赖（dependency），如图8-32所示。

将出现一个对话框，其中显示了潜在依赖MyFirstSwiftAppTests。选择它，再单击Add按钮，如图8-33所示。

至此，将测试指定为应用程序的一个依赖了，因此每次编译该应用程序时，都将首先编译并执行测试。如果有测试未通过，将不会编译应用程序，从而迫使你先解决未通过的测试。

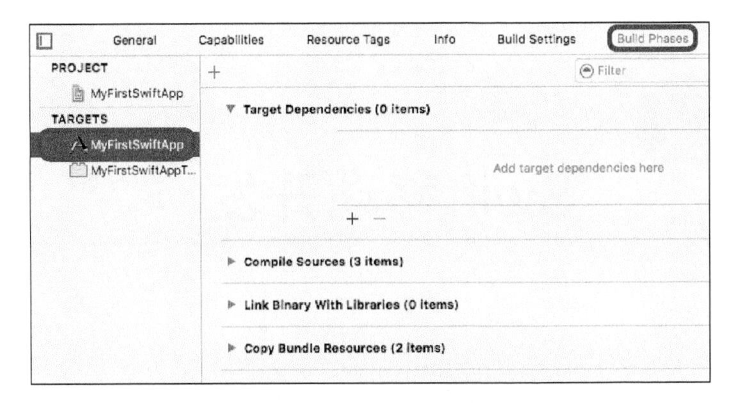

图8-32 选择目标再单击标签Build Phases

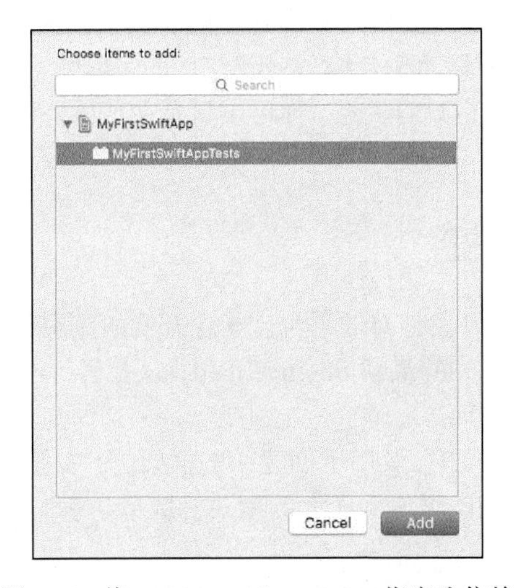

图8-33 将MyFirstSwiftAppTests指定为依赖

8.5 小结

在本章和前一章，你利用学到的Swift知识编写了一个功能齐备的应用程序。不仅如此，你还使用Xcode调试环境找出并修复了一个bug，还编写了多个单元测试来确保计算总是正确的。工作做了不少，成绩斐然！

喝杯咖啡休息一下，卯足劲准备阅读下一章吧！

第9章

Swift移动开发

在前一章，你完善了自己使用Swift编写的第一个Mac应用程序。虽然这个应用程序不复杂，要求也不苛刻，但有助于你熟悉Xcode。你还探索了调试和自动测试。

接下来会继续介绍应用程序开发和Swift语言，但你将离开桌面平台，转向另一个重要的苹果平台——iOS，获取为这个主要移动平台编写Swift应用的实际经验。

如果你没有iPhone或iPad，也没有关系。你可以只是在苹果公司提供的卓越iOS模拟器中运行应用，而不需要实际硬件。

9.1 移动设备和台式机

Swift的优点是，不依赖于开发针对的平台。无论开发的应用程序要用于运行Mac OS X的笔记本电脑或台式机，用于运行iOS的最新iPhone或iPad，还是运行watchOS的苹果手表和运行tvOS的苹果电视，Swift都能胜任。

OS X和iOS的主要差别在于UI以及用于创建UI的框架。正如你在前几章开发的利息计算器应用程序中看到的，OS X应用程序可使用庞大的台式机屏幕，它们是基于窗口的，可在屏幕上与其他应用程序和平相处。

移动设备的屏幕空间有限，用户与应用程序交互时，使用的不是键盘和触控板（或鼠标），而是触摸屏以及召之即来、挥之即去的虚拟键盘。

在OX S中名为Cocoa的苹果框架，在iOS中名为Cocoa Touch，真是名副其实，因为iPhone和iPad以基于触摸的交互著称。

在本章中，你将使用Swift编写一个iOS应用，它考虑了台式机和移动设备这两种环境之间的差别。与前面一样，本书还将介绍其他一些Swift功能，供你学习和思考。请准备好一杯饮料，静下心来享受学习的乐趣吧！

9.2 挑战记忆力

前一章你完善的OS X Swift应用程序有点“刻板”。在银行业中，贷款利息计算器无疑很重要，但在大多数人看来都很无趣。

接下来，你将使用Swift编写一个更有趣的应用程序。

1978年，Milton Bradley发布了Simon——一款手持电子游戏。Simon包含四个庞大的背光按钮，分别为红色、绿色、黄色和蓝色。Simon是一种圆形设备，而四个按钮呈圆形排列。

Simon旨在挑战玩家记忆力。它随机亮起四个按钮之一，玩家需要按刚亮起的按钮。过一会儿后，这个按钮会再次亮起，再亮起另一个按钮；此时玩家需要按亮起的顺序按这两个按钮。一轮结束后，Simon会重复这种套路，但再增加一个按钮。

游戏以这种方式不断进行，每轮结束后都增加一个按钮。优秀的玩家能够玩到20多轮，但一旦玩家按下按钮的顺序不对，游戏就结束了。

这样的游戏非常适合用于探索iPhone基于触摸的交互体验。有了Swift，这个游戏不仅编写起来很有趣，而且还能启迪你！

9.2.1 考虑玩法

考虑像Simon这样的游戏的玩法时，注意几个方面可帮助你明白如何使用Swift开发它。下面就来介绍这些方面。

- 游戏元素：这款游戏有四个按钮，分别为红色、绿色、黄色和蓝色。每个按钮既是输入设备（用户可触摸）又是输出设备（能够亮起）。代码需要处理触摸以及亮起和熄灭。
- 随机性：前面对这款游戏的描述展现了一定的随机性——按钮亮起的顺序由计算机决定。作为游戏开发人员和设计人员，你需要利用随机数生成器来决定每轮中按钮亮起的顺序。
- 可玩性：为让游戏有趣，它必须具有挑战性，还能提供不同的难度等级。就这款游戏而言，按钮依次亮起的速度无疑会影响难度。如果每个按钮都亮1/4秒，玩家将有足够的时间观察并记住顺序。另一方面，如果按钮每个只亮1/10秒，游戏就更难玩。
- “输”的判断标准：对这个游戏来说，标准很明确，那就是玩家重复亮起顺序时按错了按钮。出现这种情况时，应通过某种刺激告诉玩家游戏结束了——在屏幕上显示一条消息或发出某种声音。
- “赢”的判断标准：这种标准可以是一次都没错地按了多少次。如果次数太多，想赢可能几乎不可能；而如果太少，赢起来又太容易。
- 玩法：对于这样的游戏，很容易想象出玩游戏的整个过程。玩家开始游戏，然后不断玩，等到赢或输后得到祝贺或规劝。消息消失后，游戏又从头开始。

9.2.2 设计 UI

从UI的角度看，这样的游戏很容易设计：只需使用可触摸元素在屏幕上显示四个彩色按钮。为让游戏玩起来更容易，这些按钮应覆盖尽可能多的屏幕区域。

按钮的排列方式应有助于让游戏玩起来更容易、更有趣。最容易实现的排列方式是以2 × 2网格排列，这样用户观察按钮亮起的顺序时，所有按钮都能尽收眼底。图9-1显示了这种按钮排列方式。

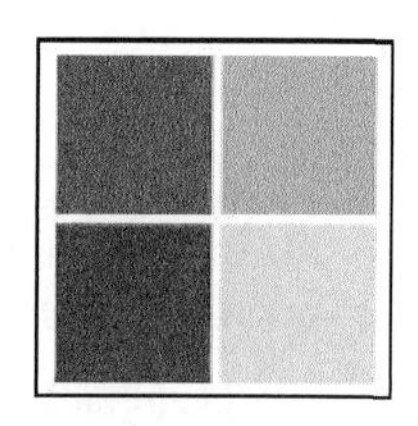

图9-1　最简单的按钮排列方式

简单起见，将在iPhone上实现这种设计。iPad也可运行这个游戏，虽然分辨率不太合适。

iPhone屏幕的高度大于宽度，因此屏幕底部（或顶部）将留下一些空间，可用于显示游戏信息。图9-2显示了按钮在iPhone 5s上的显示位置。

图9-2　按钮在iPhone 5s上的显示位置

最后，给这款游戏取个什么名字呢？每款游戏或应用都得有个好名字，这款游戏也不例外。出于好玩，我们将这款游戏称作FollowMe吧，因为这款游戏就是按亮起顺序按按钮嘛。

9.3　创建项目

这种事情你以前做过：启动Xcode并新建一个项目。但有一点需要注意，这里要创建的不是OS X应用程序，而是iOS应用。

启动Xcode后，选择菜单File > New > Project。对于这个项目，在左边选择iOS下的Application，再在右边选择模板Single View Application，如图9-3所示。

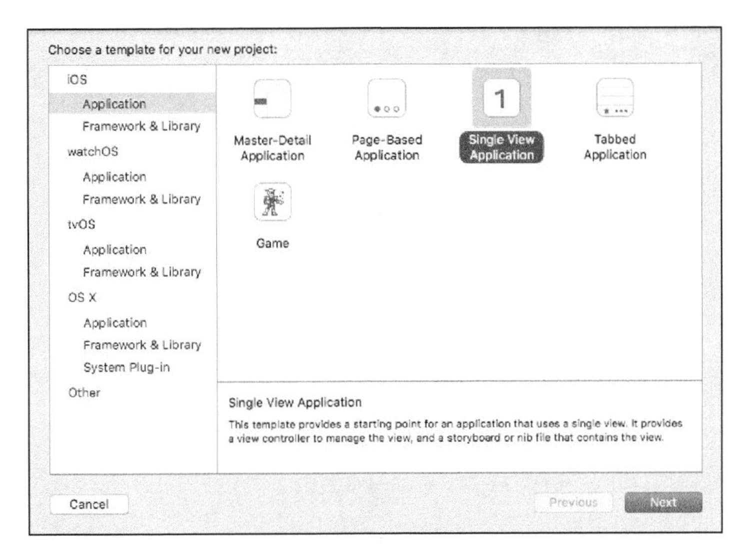

图9-3 选择模板Single View Application

这里还列出了其他应用程序模板，包括名为Game的模板。虽然FollowMe是款游戏，但其设计非常简单，使用模板Single View Application就很好。选择模板Single View Application后，单击按钮Next。在接下来出现的窗口中，将Product Name设置为FollowMe，并确保其他设置与图9-4一样。

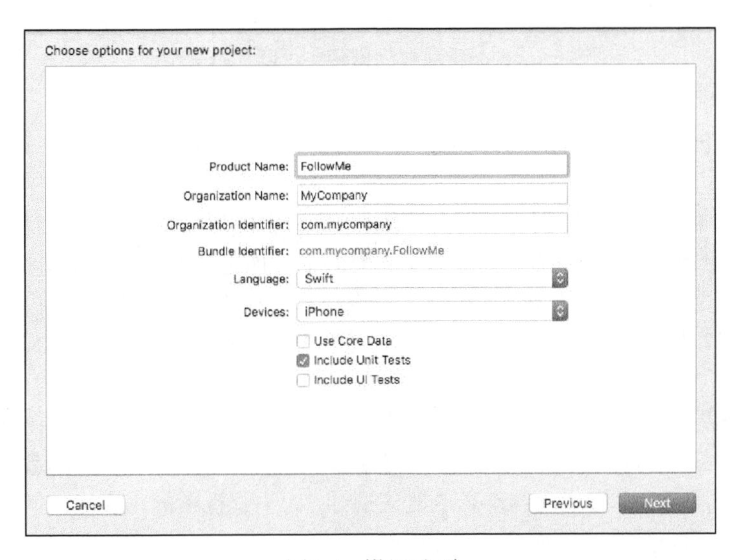

图9-4 设置选项

单击Next按钮打开保存对话框，再单击Create按钮。你将看到这个新项目的Xcode窗口，如图9-5所示。

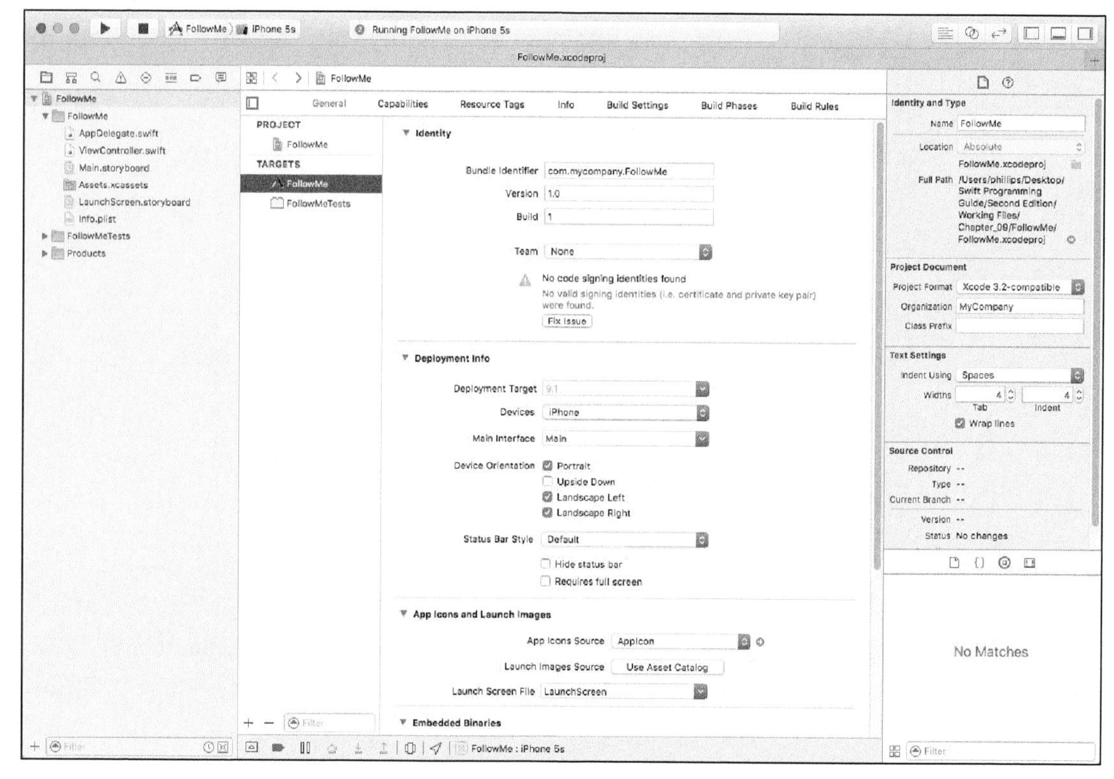

图9-5　Xcode新项目已创建，可以开始工作了

9.4　创建用户界面

创建项目后，需要开始打造UI了。默认情况下，iOS应用使用视图的方式与你前面看到的Mac OS X应用程序使用视图的方式稍有不同。Xcode提供了一种名为故事板的便利技术，让你能够一个视图一个视图地打造应用，就像动画制作人员在电影中制作一系列场景那样。

在Xcode窗口左侧的导航器中，找到并单击故事板文件Main.storyboard。编辑器区域将呈现出来，其中显示了故事板的主视图，如图9-6所示。

你将在这个视图中着手创建游戏的内容。如果这个视图看起来比iPhone屏幕宽点，那是因为它确实如此。这是一个600 × 600点的视图，旨在提供通用的视图空间。Xcode默认启用了被称为自动布局的大小调整功能，它让内容动态地适应视图，而不管视图的宽高比如何。这提供了便利，让设计人员能够将重点放在内容而非布局上。

自动布局很复杂，熟悉它需要的时间不短。它是iOS开发的重要组成部分，本章稍后将简要地介绍它。

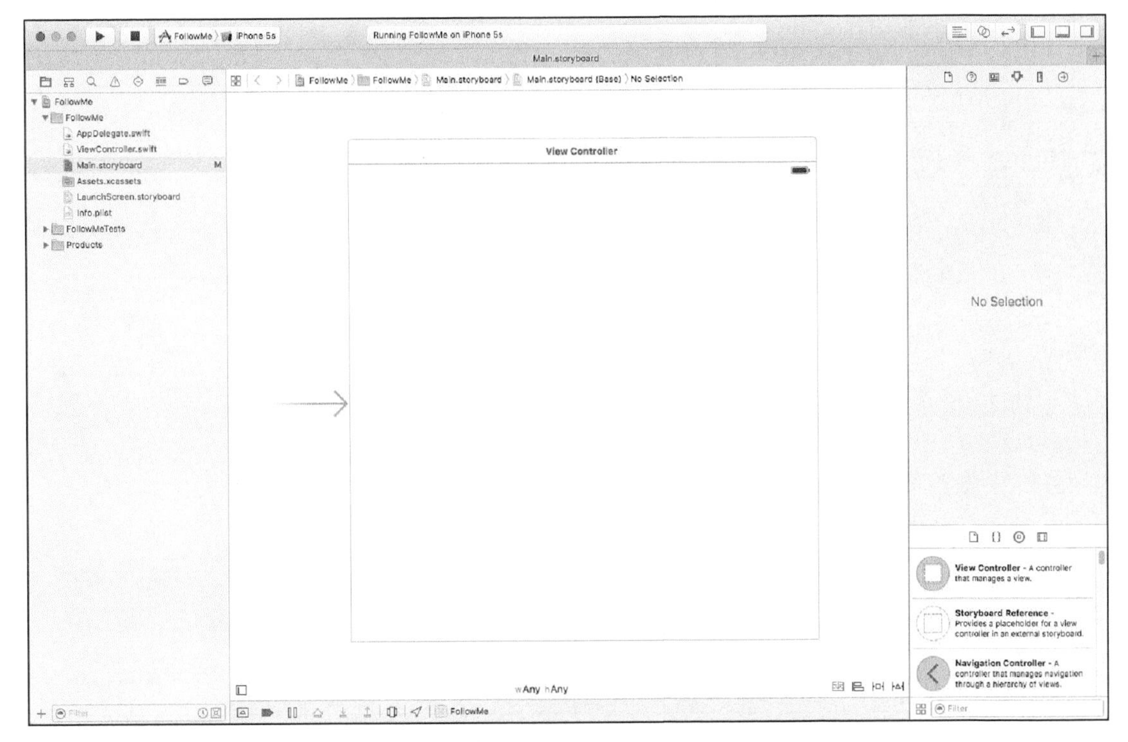

图9-6 编辑器区域中显示的故事板主视图

9.4.1 创建按钮

基于这款游戏的工作原理，将Cocoa Touch中的UIButton用为界面对象是最佳的选择。UIButton的背景色可以修改，还能接受触摸输入。

在对象库中找到UIButton，将其拖曳到视图中，再在Utilities区域顶部的大小检查器中将尺寸改为128 × 128，如图9-7所示。现在暂时不用管指定位置的X和Y。

检查器

在Xcode窗口右上角的Utilities区域顶部，有一行图标，这些图标随你在Xcode中选择的文件类型而异。如果你将鼠标指向其中一个检查器图标，其名称将出现在一个帮助标记中。

调整这个按钮的尺寸后，单击Utilities区域顶部的属性检查器图标。在Title文本框中，删除文本Button，因为这个按钮不需要显示文本。在属性检查器中向下滚动并找到View部分；将这个按钮的背景色（Background）改为红色，方法是单击Background右边的颜色，在出现的Colors窗口中选择标签Color Palettes，再选择红色（Red），如图9-8所示。

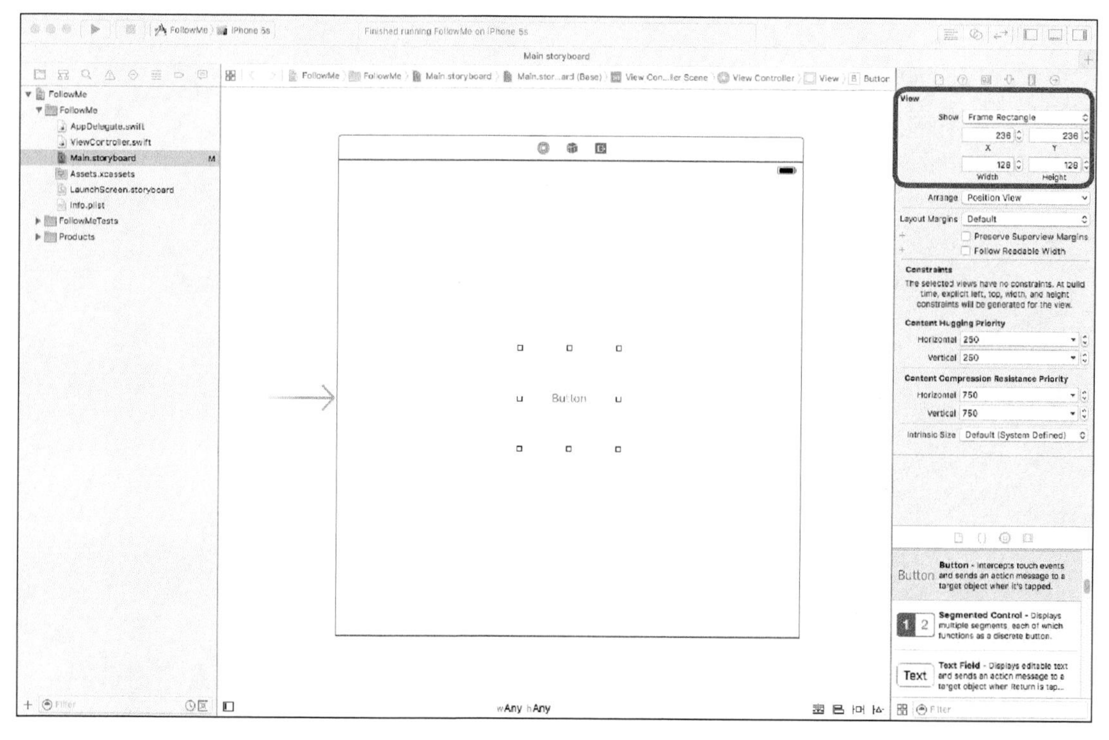

图9-7　创建第一个按钮

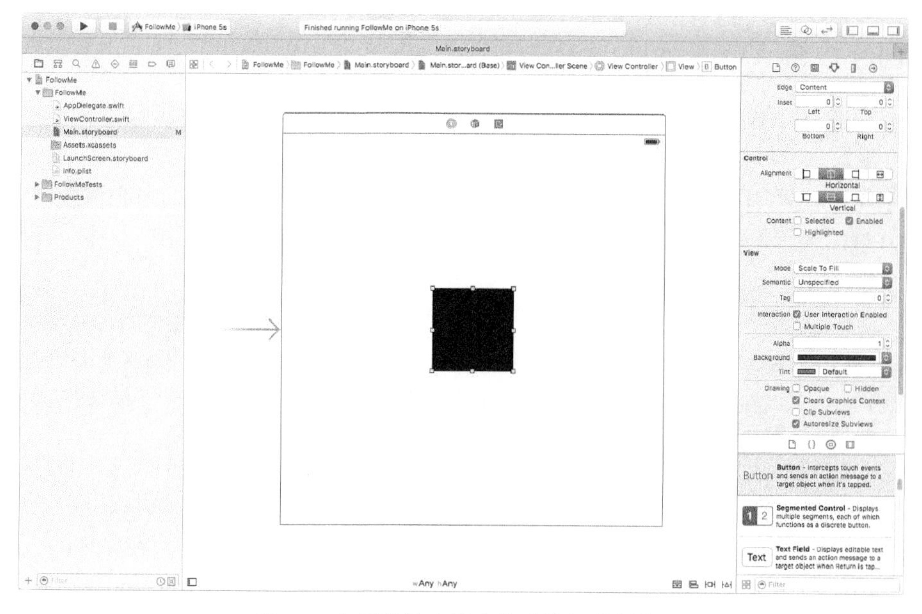

图9-8　在属性检查器中修改按钮的颜色

下面来创建其他三个按钮。为此，最简单的方法是选择红色按钮，再选择菜单Edit > Duplicate三次再创建三个按钮。将复制的按钮按网格方式排列，再将它们的颜色分别改为黄色、蓝色和绿色，如图9-9所示。

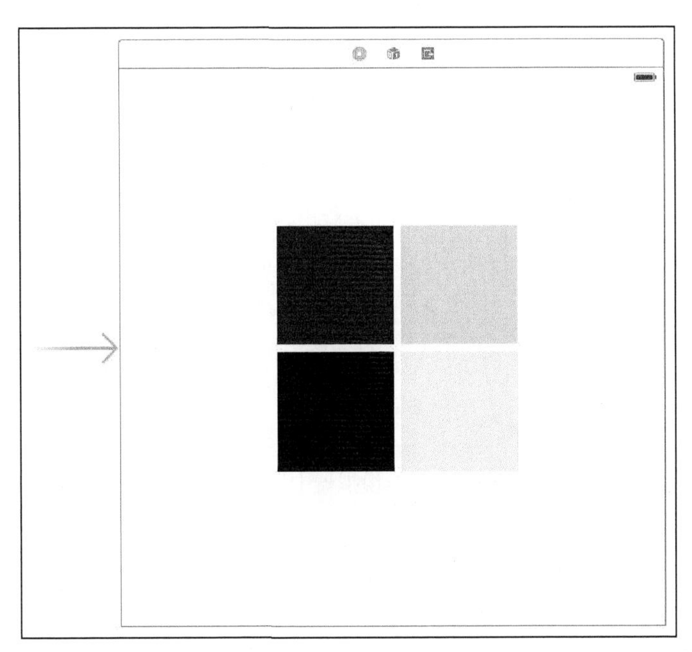

图9-9 全部四个按钮都创建并放置好了

现在，选择全部四个按钮。为此，可先选择一个按钮，再按住Command键并单击其他三个按钮。选择全部四个按钮后，选择菜单Editor > Embed In > View。创建这个新视图后拖曳它，使其在外部视图内水平和垂直居中。这将全部四个按钮都嵌入到了一个容器视图中，这样做旨在让约束设置起来更容易，这将在9.4.3节介绍。

9.4.2 在模拟器中运行

按钮创建好并放在一个容器视图中后，该看看这个应用运行时什么样的了。Xcode让你能够在模拟器中运行应用，该模拟器能够模拟很多iOS设备的屏幕尺寸和高宽比。对于这个应用，暂时使用iPhone 5s模拟器。你可在Xcode窗口的左上角选择它，如图9-10所示。

图9-10 在Xcode中选择了iPhone 5s模拟器

现在可以选择菜单在模拟器中运行应用了，这将编译应用并启动选定的iOS模拟器。图9-11显示了这个应用的运行情况。

9

图9-11　在iPhone 5s模拟器中运行的FollowMe

好像什么地方出了问题，按钮并未居中，而有一部分落在屏幕外面。这是因为编辑器中视图的宽度（600）与iPhone 5s屏幕的宽度不同。为解决这个问题，需要介绍一下自动布局。

9.4.3　设置约束

苹果有很多硬件产品都运行iOS，包括屏幕尺寸和宽高比各异的iPhone和iPad。通过使用自动布局，开发适合不同屏幕尺寸和分辨率的用户界面将容易得多，你将在你的应用中使用这种技术。

约束指的是对象之间的关系，可限制对象的位置和大小调整行为。例如，如果你旋转iPhone，UI应相应地调整。通过正确地配置一组约束，无论应用运行在iPhone 6还是iPhone 4上，界面都将是最佳的。

就这个应用而言，最重要的约束是，确保无论该应用在哪种设备上运行，按钮都位于屏幕中央。为实现这个目标，可对包含四个按钮的容器视图设置约束。

退出模拟器并返回到Xcode中的视图。单击四个按钮外面选择容器视图，容器视图将呈现出被选定的状态，如图9-12所示。

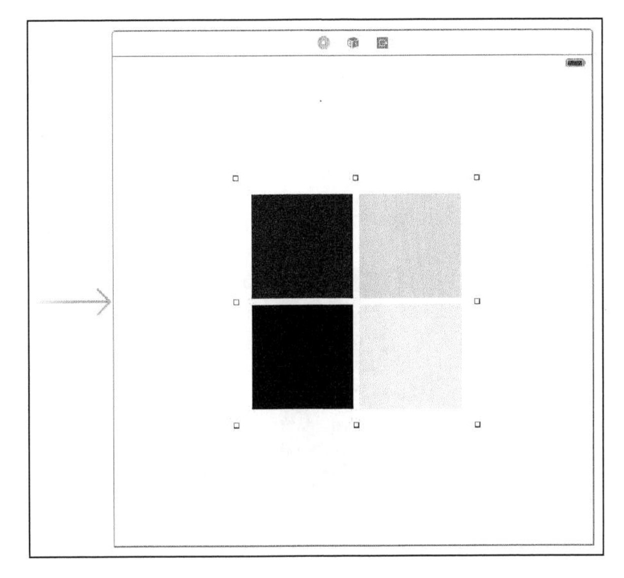

图9-12 选择容器视图

选择容器视图后，将目光转向编辑器右下角包含约束设置图标的区域。单击对齐（Align）约束图标（左数第二个），并在弹出窗口中选择复选框Horizontal Center in Container和Vertical Center in Container，如图9-13所示。单击按钮Add 2 Constraints添加这两个约束。

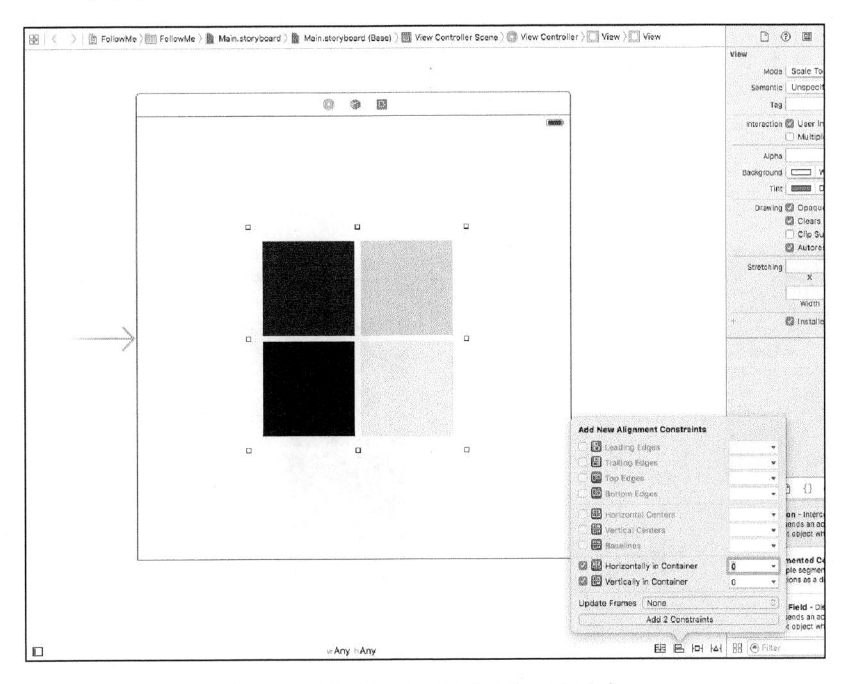

图9-13 设置水平居中和垂直居中约束

设置这些约束后，将出现图9-14所示的线条。

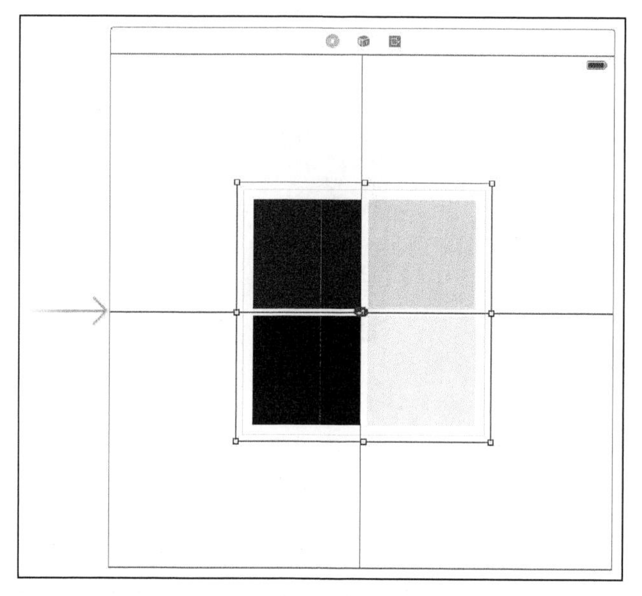

图9-14　设置约束后的视图

设置约束后，再次在模拟器中运行该应用，这次按钮在屏幕上居中了。你可在模拟器中模拟旋转iPhone 5s的情形，为此可按住Command键，再按左箭头键和右箭头键。在所有朝向下，按钮都应该位于屏幕中央，如图9-15所示。

图9-15　约束确保设备旋转时按钮始终位于屏幕中央

模拟完旋转后，退出模拟器并返回到Xcode。

至此，用户界面已接近完美了，稍后你将回过头来添加几个设置，但现在该编写控制游戏的代码了。在此之前，先来讨论你将在本章遇到的一种重要的设计模式，要成为Swift高手，你必须明白它。

9.5 MVC

在软件开发中，设计模式是通行而有用的做法，程序员反复使用它们来解决一系列常见问题。设计模式很多，适用情形各不相同，但模型–视图–控制器（Model-View-Controller，MVC）在iOS和MacY应用程序开发中无处不在。顾名思义，这种设计模式由三部分组成。

- 模型：表示由代码操纵和处理的数据，如变量、常量以及处理游戏（如FollowMe）逻辑的函数。
- 视图：是一系列可见的对象。在FollowMe中，为出现在屏幕上的按钮。
- 控制器：协调和帮助模型和视图进行通信的对象。游戏FollowMe运行时，控制器将成为通信渠道，通过它对视图和模型进行更新。

MVC设计模式的优点在于，让你能够从如下角度思考应用程序：要模拟哪些数据和功能、要向用户显示什么以及如何在这这两者之间进行协调。这种关注点分离让你能够将代码组织成可在其他应用程序和项目中重用的组件。

模型、视图和控制器可能是不同的类，也可能被组合成一个类，这取决于应用程序的复杂程度。就FollowMe而言，模型和控制器将包含在一个源文件中，但在源代码中将指出这两部分。

9.6 编写游戏代码

为编写更多Swift代码做好了准备吗？

在Xcode导航器中，找到并单击文件ViewController.swift，编辑器区域将显示其内容。在编辑器区域，删除除注释和空行（第1~8行）之外的代码，再输入如下代码：

```
import UIKit

class ViewController: UIViewController, UIAlertViewDelegate {
    enum ButtonColor: Int {
        case Red = 1
        case Green = 2
        case Blue = 3
        case Yellow = 4
    }

    enum WhoseTurn {
        case Human
        case Computer
    }

    // 与视图相关的对象和变量
    @IBOutlet weak var redButton: UIButton!
```

```
    @IBOutlet weak var greenButton: UIButton!
    @IBOutlet weak var blueButton: UIButton!
    @IBOutlet weak var yellowButton: UIButton!

    // 与模型相关的对象和变量
    let winningNumber: Int = 25
    var currentPlayer: WhoseTurn = .Computer
    var inputs = [ButtonColor]()
    var indexOfNextButtonToTouch: Int = 0
    var highlightSquareTime = 0.5


    override func viewDidLoad() {
        super.viewDidLoad()
        // 加载视图后做额外的设置；视图通常是从nib文件加载的
    }

    override func didReceiveMemoryWarning() {
        super.didReceiveMemoryWarning()
        // 释放所有可重新创建的资源
    }

    override func viewDidAppear(animated: Bool) {
        startNewGame()
    }

    func buttonByColor(color: ButtonColor) -> UIButton {
        switch color {
        case .Red:
            return redButton
        case.Green:
            return greenButton
        case.Blue:
            return blueButton
        case.Yellow:
            return yellowButton
        }
    }

    func playSequence(index: Int, highlightTime: Double) {
        currentPlayer = .Computer

        if index == inputs.count {
            currentPlayer = .Human
            return
        }

        let button: UIButton = buttonByColor(inputs[index])
        let originalColor: UIColor? = button.backgroundColor
        let highlightColor: UIColor = UIColor.whiteColor()

        UIView.animateWithDuration(highlightTime,
            delay: 0.0,
options:UIViewAnimationOptions.CurveLinear.intersect(.AllowUserInteraction).
```

```
→ intersect(.BeginFromCurrentState),
          animations: {
              button.backgroundColor = highlightColor
          }, completion: { finished in
              button.backgroundColor = originalColor
              let newIndex: Int = index + 1
              self.playSequence(newIndex, highlightTime: highlightTime)
          })
    }

    @IBAction func buttonTouched(sender: UIButton) {
        // 根据tag确定触摸的是哪个按钮
        let buttonTag: Int = sender.tag

        if let colorTouched = ButtonColor(rawValue: buttonTag) {
            if currentPlayer == .Computer {
                // 只要这个条件为true，就忽略触摸
                return
            }

            if colorTouched == inputs[indexOfNextButtonToTouch] {
                // 玩家触摸了正确的按钮……
                indexOfNextButtonToTouch++

                // 判断这一轮是否还有其他按钮要触摸
                if indexOfNextButtonToTouch == inputs.count {
                    // 玩家成功地完成了这一轮
                    if advanceGame() == false {
                        playerWins()
                    }
                    indexOfNextButtonToTouch = 0
                }
                else {
                    // 还有其他按钮需要触摸
                }
            }
            else {
                // 玩家触摸的按钮不对
                playerLoses()
                indexOfNextButtonToTouch = 0
            }
        }
    }

    func alertView(alertView: UIAlertView, clickedButtonAtIndex buttonIndex:
    → Int) {
        startNewGame()
    }

    func playerWins() {
        let winner: UIAlertView = UIAlertView(title: "You won!", message:
        → "Congratulations!", delegate: self, cancelButtonTitle: nil,
        → otherButtonTitles: "Awesome!")
        winner.show()
```

```
    }

    func playerLoses() {
        let loser: UIAlertView = UIAlertView(title: "You lost!", message:
        → "Sorry!", delegate: self, cancelButtonTitle: nil, otherButtonTitles:
        → "Try again!")
        loser.show()
    }

    func randomButton() -> ButtonColor {
        let v: Int = Int(arc4random_uniform(UInt32(4))) + 1
        let result = ButtonColor(rawValue: v)
        return result!
    }

    func startNewGame() -> Void {
        // 生成随机的输入数组
        inputs = [ButtonColor]()
        advanceGame()
    }

    func advanceGame() -> Bool {
        var result: Bool = true

        if inputs.count == winningNumber {
            result = false
        }
        else {
            // 亮起一个按钮或等待玩家开始触摸按钮
            inputs += [randomButton()]

            // play the button sequence
            playSequence(0, highlightTime: highlightSquareTime)
        }

        return result
    }
}
```

输入代码后，下面详细解释它们，让你明白这个程序的工作原理。

智能编辑

当你输入代码时，Swift编辑器会在后台工作以发现错误。因此，输入代码时，你可能看到错误时而出现时而消失。这很正常，只管继续输入就是了，直到输入所有的代码。另外，当你输入左大括号时，Xcode编辑器可能自动在相应的位置输入右大括号。这种智能编辑器可能需要一段时间才能习惯，输入代码时对此心中有数就好了。

9.6.1 类

由于这个类需要处理UI元素，因此必须导入UIKit框架：

```
import UIKit
```

与这个文件的原始内容一样，这个类依然名为ViewController，它是UIViewController类的子类。另外，添加了协议UIAlertViewDelegate。由于后面的代码使用了提醒框，这个类必须遵循该协议。

```
class ViewController: UIViewController, UIAlertViewDelegate {
```

9.6.2　枚举

枚举ButtonColor用于表示这个游戏中的全部四种按钮颜色：红色、绿色、蓝色和黄色。这个枚举是基于Int类型的，每个成员都被设置为独一无二的Int类型原始值。这样做的原因稍后将显而易见。

```
enum ButtonColor: Int {
    case Red = 1
    case Green = 2
    case Blue = 3
    case Yellow = 4
}
```

这个游戏有计算机（决定亮起哪个按钮）和玩家（人）一起玩，因此需要确定该轮到谁了。这是使用下面的枚举来记录的：

```
enum WhoseTurn {
    case Human
    case Computer
}
```

注意到这两个枚举都是在ViewController类中声明的，因此在这个类外部，不知道它们存在，也无法访问它们。

9.6.3　视图对象

接下来，声明了这个游戏所需的变量和常量。在文件Main.storyboard中，总共包含四个视图（UIButton对象），这个类需要有指向它们的引用，以便能够在游戏运行期间操纵它们。关键字@IBOutlet和weak提示你需要将这些变量连接到故事板中对应的对象，稍后这样做。

```
// 与视图相关的对象和数组
@IBOutlet weak var redButton: UIButton!
@IBOutlet weak var greenButton: UIButton!
@IBOutlet weak var blueButton: UIButton!
@IBOutlet weak var yellowButton: UIButton!
```


9.6.4　模型对象

接下来定义了与模型相关的对象和变量。在纯正MVC模式中，模型、视图和控制器由不同的类实现，但这里将模型对象放在了控制器类ViewController中，这些对象表示与游戏相关联的数据。

winningNumber是一个Int变量，指出了获胜的条件——玩到连续亮起按钮25次且玩家按按钮的顺序是对的。当前将其设置成了25，这有点难。你可将其设置为更小的值，让玩家更容易获胜。

```
// 与模型相关的对象和变量
let winningNumber: Int = 25
```

为跟踪该轮到玩家还是计算机，声明了类型为枚举WhoseTurn的变量currentPlayer，并将其设置成了Computer。

```
var currentPlayer: WhoseTurn = .Computer
```

游戏的进度是基于“轮”的。在每轮中，计算机都亮起前一轮亮起的按钮，再随机地亮起一个按钮。玩家必须按亮起的顺序触摸按钮，这种顺序存储在变量inputs中，而这个变量被声明为ButtonColor对象数组：

```
var inputs = [ButtonColor]()
```

玩家触摸按钮时，计算机跟踪数组inputs中下一个按钮的索引。该索引存储下面这个变量中：

```
var indexOfNextButtonToTouch: Int = 0
```

在这个游戏中，一个影响难度的因素是计算机将按钮亮起多长时间。将控制这种时间的变量设置成了0.5秒。这个变量的值越大，按钮亮起的时间就越长，而游戏就越容易；这个变量的值越小，游戏的速度就越快，而游戏就越难。

```
var highlightSquareTime = 0.5
```

9.6.5　可重写的方法

Cocoa Touch类UIViewController有多个方法都可重写。其中一个是viewDidLoad，它在视图被加载，即将出现在iOS屏幕上时被调用。在这个应用程序中，我们没有重写它。

```
override func viewDidLoad() {
    super.viewDidLoad()
    // 加载视图后做额外的设置；视图通常是从nib文件加载的.
}
```

UIViewController类的另一个方法是didReceiveMemoryWarning，iOS在设备内存不足时调用它。收到这样的警告时，应用程序通常尝试释放资源、卸载图像或采取其他措施来缓解内存压力。在这个应用程序中，我们在这个方法中调用超类的实现。

```
override func didReceiveMemoryWarning() {
    super.didReceiveMemoryWarning()
    // 释放所有可重新创建的资源
}
```

viewDidAppear方法在视图已加载但还未出现在屏幕上时被调用。这里是调用方法startNewGame来开始游戏的理想之地。

```
override func viewDidAppear(animated: Bool) {
    startNewGame()
}
```

9.6.6 游戏的方法

游戏运行期间，需要的一个便利方法是buttonByColor，它接受一个ButtonColor参数，并返回屏幕上对应的UIButton，可帮助将颜色名关联到视图中的按钮。使用了结构switch/case来遍历支持的各种按钮颜色，并返回正确的UIButton引用。

```
func buttonByColor(color: ButtonColor) -> UIButton {
    switch color {
    case.Red:
        return redButton
    case.Green:
        return greenButton
    case .Blue:
        return blueButton
    case .Yellow:
        return yellowButton
    }
}
```

下面的方法是这个游戏的核心，它让计算机按特定顺序亮起按钮。给它传递了两个参数：用于访问数组inputs的索引（将根据它决定亮起哪个按钮）以及亮多长时间。

这个方法非常复杂，有必要花时间深入探索，让你能够准确地了解其工作原理。下面就开始。

```
func playSequence(index: Int, highlightTime: Double) {
```

进入这个方法后，首先设置变量currentPlayer以指出当前轮到计算机了，因此此时应将游戏的控制权交给计算机。

```
currentPlayer = .Computer
```

下面的if语句执行特殊检查，看看变量index是否等于数组inputs包含的元素数。如果是这样，就该轮到玩家了，因此立即返回到调用者。

```
if index == inputs.count {
    currentPlayer = .Human
    return
}
```

接下来声明了三个变量。其中第一个（button）被设置为inputs数组中的当前UIButton。方法buttonByColor在前面介绍过，这里使用它根据数组中存储的ButtonColor来获取实际的UIButton。

第二个变量（originalColor）被设置为刚获取的按钮的背景色，以便以后能够恢复到这种颜色。注意到这里将这个UIColor对象声明成了可选的，这是因为按钮的backgroundColor属性可能被设置为nil。在这个游戏中，不会出现这样的情况，但还是需要这样声明，因为backgroundColor的类型为UIColor?，而不是UIColor。

第三个变量（highlightColor）是将用来亮起按钮的颜色，通过调用UIColor类的方法whiteColor将其设置成了白色。

```
let button: UIButton = buttonByColor(inputs[index])
let originalColor: UIColor? = button.backgroundColor
let highlightColor: UIColor = UIColor.whiteColor()
```

下面的代码行亮起选定的按钮。这里使用了方法animateWithDuration来显示动画，让玩家知道该触摸哪个按钮。这是一个被称为*类型方法*的特殊方法，是直接通过类本身（这里为UIView）而不是其对象调用的。类型方法通常旨在提供便利——不用创建类的实例就可执行特定的功能。Swift中的类型方法类似于Objective-C中的类方法。

显示动画时使用的参数很多，但与这个游戏最密切相关的是highlightTime（它指定了动画将持续多长时间）和两个闭包（一个指定用于制作动画的要素，另一个指定动画结束后要执行的操作）。

```
UIView.animateWithDuration(highlightTime,
    delay: 0.0,
    options:
UIViewAnimationOptions.CurveLinear.intersect(.AllowUserInteraction).intersect(BeginFromCurrentState),
```

第一个闭包只是将按钮的背景色设置为高亮色（白色），这意味着按钮将从当前颜色（红色、蓝色、绿色或黄色）变成白色，并持续0.5秒（这个时间是在创建变量highlightSquareTime时设置的）。

```
    animations: {
        button.backgroundColor = highlightColor
```

动画结束后，将执行第二个闭包中的代码。

在这个闭包中，将按钮的backgroundColor属性恢复到前面保存的原始颜色。另外，还创建了一个新变量——newIndex，并将其设置为比传入的参数index大1。

这个闭包的最后一行代码调用方法playSequence，并传入newIndex和highlightTime。这将导致数组inputs中的下一个按钮亮起。

如果你觉得调用自己的方法有点像咬自己尾巴的蛇，不是只有你这么想。在计算机科学中，这种概念被称为*递归*，对像这里这样执行相关的重复操作很有帮助。递归的终点是前面介绍过的return语句：数组中的所有按钮都亮起过。

变量finished是动画方法提供给闭包的一个布尔值，它后面有关键字in。在闭包中，我们忽略了它。

```
    }, completion: { finished in
        button.backgroundColor = originalColor
        let newIndex: Int = index + 1
        self.playSequence(newIndex, highlightTime: highlightTime)
    })
}
```

接着看下一个方法。它是在玩家触摸四个按钮之一时将调用的操作方法（稍后将把这个操作方法连接到故事板中的按钮）。这是另一个非常复杂的方法，需要深入探索。

```
@IBAction func buttonTouched(sender: UIButton) {
```

UIButton有一个tag属性，这是一个整型属性，可将其设置为一个数字。出于方便考虑，全部四个按钮都将连接到这个操作方法。稍后，你将把每个按钮的tag属性都设置为枚举ButtonColor中对应的颜色代码，以帮助这个方法确定触摸的是哪个按钮。

```
// 根据tag确定触摸的是哪个按钮
let buttonTag: Int = sender.tag
```

下一行代码可能有点怪，但这实际上是一种常见方式，它根据赋值有条件地执行代码块。在Swift中，这被称为可选链（optional chaining），它检查创建ButtonColor的结果是否为nil。

根据buttonTag的值将新常量colorTouched设置为枚举ButtonColor的相应成员。由于前面将buttonTag声明成了Int类型，必须使用初始化方法ButtonColor的参数rawValue将其转换为ButtonColor。

```
if let colorTouched = ButtonColor(rawValue: buttonTag) {
```

如果ButtonColor(rawValue: buttonTag)返回nil（出现这种情况的可能性不大），将不会执行if语句中的代码。

计算机还在亮起按钮时，玩家可能触摸按钮。在这种情况下，将在错误的时机调用这个方法，进而可能干扰正常的游戏流程。因此，你检查当前轮到谁，如果轮到的是计算机，就忽略触摸并立即返回。

```
if currentPlayer == .Computer {
    // 只要这个条件为true，就忽略触摸
    return
}
```

接下来，将前面创建并赋值的常量colorTouched同数组inputs中当前按钮的颜色进行比较，这旨在判断玩家触摸的按钮是否是对的。

```
if colorTouched == inputs[indexOfNextButtonToTouch] {
```

如果是对的，就将indexOfNextButtonToTouch加1，再将其与数组长度（inputs.count）进行比较。

```
// 玩家触摸了正确的按钮……
indexOfNextButtonToTouch++

// 判断这一轮是否还有其他按钮要触摸
if indexOfNextButtonToTouch == inputs.count {
```

如果上述条件为true，说明玩家正确地触摸了本轮最后一个按钮，因此调用方法advanceGame（稍后会讨论）。调用结果决定了是否还有下一轮；如果没有将返回false，表明玩家获胜。

```
// 玩家成功地完成了这一轮
if advanceGame() == false {
    playerWins()
}
```

无论是否还有下一轮，这一轮都结束了（因为玩家按正确的顺序触摸了按钮），因此将indexOfNextButtonToTouch重置为零。

```
    indexOfNextButtonToTouch = 0
}
```

清晰起见，在这里放置了一个else子句，但它没有采取任何措施。游戏将继续往下进行，因为玩家既没有赢也没有输，且还有其他按钮等待玩家去触摸。

```
        else {
            // 还有其他按钮需要触摸
        }
    }
```

下面的else子句对应于前面检查colorTouched是否与inputs[indexOfNextButtonToTouch]相等的if语句。如果执行到了这个地方，就说明玩家触摸的按钮不对，因此输了。这里调用了相应的方法，并将indexOfNextButtonToTouch重置为零，为重新开始游戏做好准备。

```
        else {
            // 玩家触摸了错误的按钮
            playerLoses()
            indexOfNextButtonToTouch = 0
        }
    }
```

9.6.7　处理输赢

游戏的一个重要部分是，提供必要的视觉线索让玩家知道赢了还是输了。Cocoa Touch提供了一个UIAlertView类，可用于实现这种功能。方法playerWins和playerLoses都创建了这个类的一个实例，并在其中包含指出输赢的消息。

下面的方法是在这个类遵循的协议UIAlertViewDelegate中定义的，在玩家单击提醒框中的确定按钮时被调用。它重新开始游戏，无论玩家是赢了还是输了。

```
    func alertView(alertView: UIAlertView, clickedButtonAtIndex: Int) {
        startNewGame()
    }
```

根据玩家赢了还是输了，调用下面两个方法之一。在这两个方法中，都使用多个参数来创建一个UIAlertView对象，其中包括title、message、delegate（用于调用alertView方法）以及可选的按钮标题。

最后，对UIAlertView对象调用方法show，将该对话框显示出来。

```
    func playerWins() {
        let winner: UIAlertView = UIAlertView(title: "You won!", message:
        → "Congratulations!", delegate: self, cancelButtonTitle: nil,
        → otherButtonTitles: "Awesome!")
        winner.show()
    }

    func playerLoses() {
        let loser: UIAlertView = UIAlertView(title: "You lost!", message:
        → "Sorry!", delegate: self, cancelButtonTitle: nil, otherButtonTitles:
        → "Try again!")
        loser.show()
    }
```

随机性是使用下面的方法实现的，它不接受任何参数并返回一个ButtonColor。在这个方法中，声明了一个变量，其值是通过调用方法arc4random_uniform得到的。这个方法由iOS提供用于生成随机数，生成的随机数在零和传入的参数减1之间（这里按照这个方法的要求将4转换成了UInt32类型）。

按这里这样调用时，方法arc4random_uniform返回一个0~3的随机整数。因此，将结果加1，变成1~4的整数，以对应于枚举ButtonColor的原始值。

接下来，将这个Int值传递给ButtonColor的创建方法awValue，以返回一个ButtonColor?。由于返回的是可选类型，因此将其拆封，这就是最后一行代码末尾包含惊叹号的原因。

```
func randomButton() -> ButtonColor {
    let v: Int = Int(arc4random_uniform(UInt32(4))) + 1
    let result = ButtonColor(rawValue: v)
    return result!
}
```

下面的方法重新开始游戏。它将inputs初始化为空的ButtonColor对象数组，并调用方法advanceGame来启动游戏流程。

```
func startNewGame() -> Void {
    // 生成随机的输入数组
    inputs = [ButtonColor]()
    advanceGame()
}
```

下面是代码中的最后一个方法，通过调用它让游戏一轮一轮地往下走。

```
func advanceGame() -> Bool {
```

从赋给变量result的值可知，这里首先假设还未到最后一轮。然而，如果数组inputs包含的元素数等于常量winningNumber，说明游戏结束了。

```
var result: Bool = true

if inputs.count == winningNumber {
    result = false
}
else {
```

如果游戏还没有结束，就使用拼接表示法在数组inputs中新增一个按钮。为此，调用方法randomButton返回一个随机的ButtonColor。将返回的值包装并加入到数组末尾，这相当于将按钮数加1。

```
// 在输入数组中添加一个随机数
inputs += [randomButton()]
```

添加随机按钮后，调用方法playSequence，它让计算机向玩家显示要按顺序触摸的按钮序列。

```
// 亮起一个按钮或等待玩家开始触摸按钮
playSequence(0, highlightTime: highlightSquareTime)
}
```


最后，将这个方法开头的比较结果返回给调用者。

```
        return result
    }
}
```

9.7　回到故事板

将所有代码都加入到ViewController.swift类中后，来建立几个到故事板中用户界面元素的连接。

在编辑器区域中显示文件Main.storyboard，再将编辑器区域左边View Controller图标下的IBOutlet连接到视图中相应的按钮。为此，可右击图标View Controller，再从输出口拖曳到合适的按钮。对全部四个输出口（blueButton、redButton、greenButton和yellowButton）都这样做。

接下来，给每个按钮设置tag。在包含四个按钮的视图中，单击红色按钮；在Utilities区域中单击属性检查器图标，再向下滚动找到Tag属性；然后将其设置为1，如图9-16所示。这个值对应于枚举ButtonColor的成员Red。

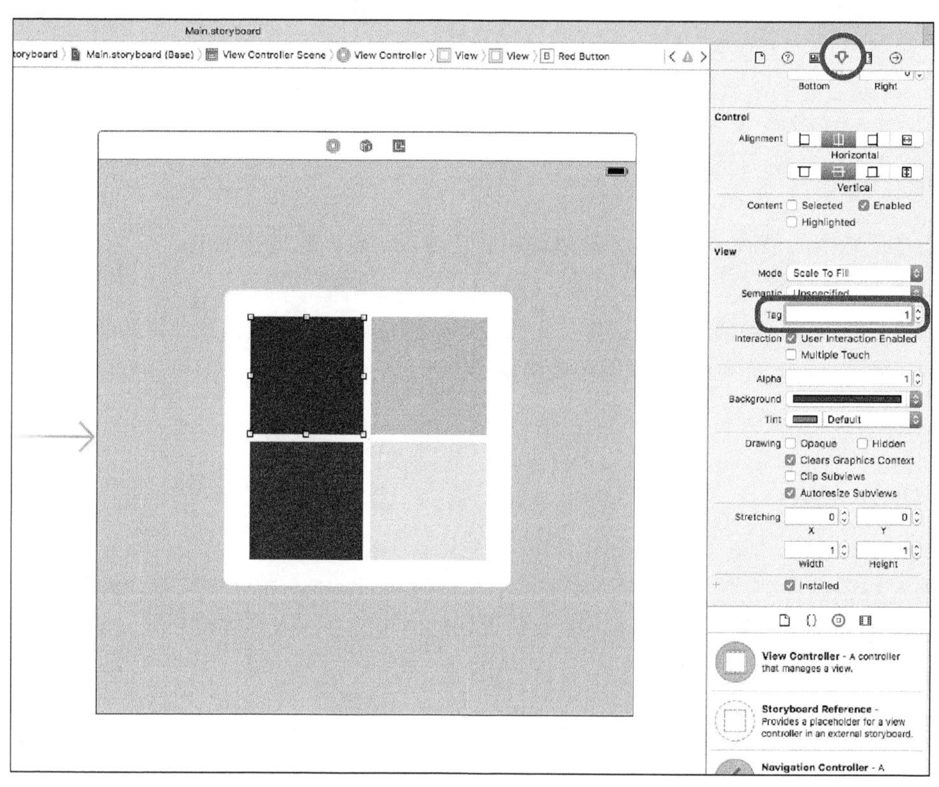

图9-16　设置红色按钮的Tag属性

对绿色、蓝色和黄色按钮重复上述操作，将它们的Tag分别设置为2、3和4。通过这样设置Tag，让方法buttonTouched能够确定触摸的是哪个按钮。

接下来，必须将每个按钮都连接到操作方法buttonTouched。为此，首先单击红色按钮以选择它，再右击这个按钮以显示平视显示器窗口。

在平视显示器窗口中，找到事件Touch Up Inside（如图9-17所示），并单击这行最右端的圆圈。

拖曳一条直线到编辑器区域左边的View Controller，再松开鼠标，并连接到出现在第二个平视显示器窗口中的方法buttonTouched，如图9-18所示。对其他三个按钮做同样的处理，将它们都连接到这个操作方法。

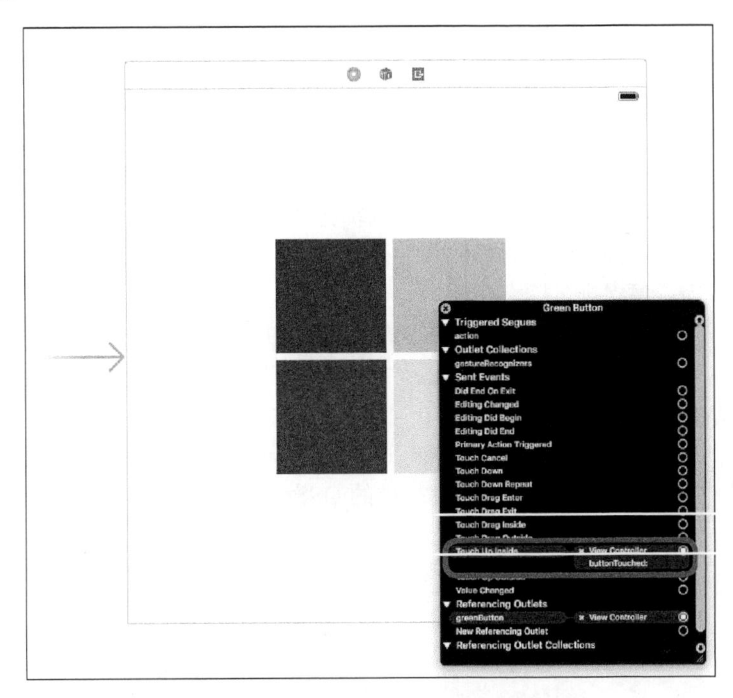

图9-17　在代码和用户界面元素之间建立连接

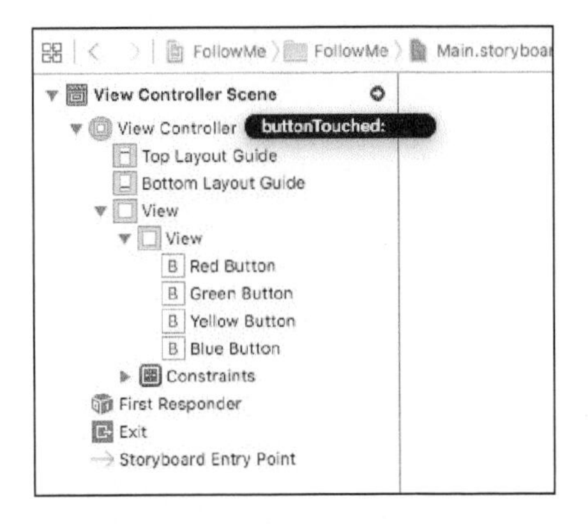

图9-18　连接到方法buttonTouched

对这个游戏做最后的修饰。使用鼠标选择各个按钮，在属性检查器中选择Shows touch on highlight。这样用户触摸按钮时，它将呈高亮显示，让用户清楚地知道选择了哪个按钮。

9.8　开玩

输入代码并建立到UI元素的连接后，该玩玩游戏FollowMe了！运行这个应用程序，如果一切正常且没有输入错误，iOS模拟器将出现，其中运行着该应用程序。请玩几轮。

如果游戏不能正确运行，检查全部四个按钮是否都连接到了操作方法，输出口变量是否连接到了按钮；另外，确保正确地设置了Tag属性。要让这个游戏正常运行，这些连接都必须建立。另外，这提供了很好的机会，让你能够尝试设置断点并跟踪程序的运行过程。

请尝试修改highlightTime和winningNumber的值，以调整游戏难度。这个游戏有很多可调整和改进的地方，请考虑采取如下措施让这个游戏玩起来更有趣。

- 在计算机亮起每个按钮的同时播放声音。
- 记录最好成绩或建立排名榜。
- 在玩家轻按的按钮不对时，让玩家应该轻按的按钮亮起。

祝贺你使用Swift编写了第一个iOS游戏。你在本章学到的Swift概念将为你在开发之路上继续前行打下坚实的基础。

还有两章，你的Swift之旅就要结束了。在这两章中，我们将简要地介绍其他一些语言特性，深入探讨几个高级主题，并开发一个更具挑战性的iOS游戏。

第 10 章

成为专家

这是一次激动人心的Swift语言之旅，你又来到了一站。在前面的旅程中，你学习了如何使用REPL，在游乐场中测试过代码，还创建了一个Mac OS X应用和一个iOS应用，并顺带着学习了Swift语言方面的知识。

你的Swift学习之旅不会就此结束。在使用Swift编写应用程序的过程中，你将继续探索其丰富的知识，还有Cocoa和Cocoa Touch中不断被苹果改进的众多框架。学习永无止境，趣味永不消失。

本章将介绍一系列Swift主题，包括内存管理、逻辑运算、运算符重载和错误处理。要成为Swift专家，你必须对这些主题了如指掌。

10.1 Swift 内存管理

无论是小如Int类型还是大如BLOB，每个对象都需要占用内存资源。即便你的Mac、iPhone或iPad有很多内存，也是有限的稀缺资源，必须妥善管理。系统并非只运行你的应用程序，要成为良好的“应用程序市民”，就得行为得当，妥善而明智地使用内存。

如果你有其他语言的编程经验，可能一直在期待，想知道本书会不会介绍内存管理以及什么时候介绍。确实，本书前面从未提及Swift的这个方面。使用其他编程语言时，开发人员通常必须了解内存处理细节，但Swift让这种细节尽可能透明。

在Swift中，好像不需要考虑内存管理，其中的秘密武器就是苹果使用的高级编译器基础设施LLVM（Low Level Virtual Machine，低级虚拟机）。LLVM不仅将Swift语句转换为机器代码，还跟踪代码路径，确定对象何时不再在作用域内，可回收它们占用的内存。

虽然内存管理看起来是透明的，你在Swift开发中依然需要注意一些有趣的细节。

10.1.1 值和引用

本书前面比较了值类型和引用类型，这决定了将在类型的生命周期内如何使用和传递它们。

Int、String、结构和枚举都属于值类型，例如，将值类型传递给方法时，将在内存中创建其副本，并传递个副本。这让内存管理相对简单。通过使用String值的副本，方法可随心所欲地修改它，而不用担心这会修改传入的原始值。

另一方面，传递引用类型时不会复制它，而将其地址提供给可能使用它们的函数或方法。闭包以及从类实例化得到的对象都属于引用类型。将闭包或对象传递给方法时，不会创建其副本，而是传递引用（*内存地址*）。

由于传递引用类型时不会创建其副本，因此需要特别小心，确保在正确的时间妥善地释放它们。如果将引用类型占用的内存过早地归还到系统内存池，将导致崩溃或数据受损。这种问题称为*悬挂引用*（dangling reference），意味着有一个或多个变量指向的内存已释放，并试图读写该内存区域。

相反，如果在引用类型不再需要时没有将其占用的内存归还到系统内存池，这些内存相当于被“拘禁”，无法再分配。这被称为*内存泄露*。内存泄露没有悬挂引用那么危险，因为这通常不会导致应用程序崩溃，但确实会浪费内存资源。

为何要同时支持值类型和引用类型呢？为何不让一切都是值类型呢？在包含可执行代码的类和闭包等结构中，特殊的内存保护约束禁止复制代码。从资源分配和执行时间的角度看，按引用（而不是值）传递对象的效率也更高。别忘了，值需要复制，而复制数据需要占用处理器时间。另外，存储副本需要占用额外的内存。使用引用可避免这样的开销；在有些情况下，通过使用指向同一个对象的多个引用，可在程序的不同部分之间共享数据。

10.1.2　引用计数

Swift使用一种新颖的方式为引用类型管理内存。这种内存管理方法被称为ARC（Automatic Reference Counting，自动引用计数），由苹果公司设计并由LLVM编译器提供支持。

ARC的基本假设是，每个对象都有一个被称为*引用计数*的数字。引用的对象被创建时，这个数字被设置为1。随着这个对象在应用程序中被传递，它可能有一个或多个“所有者”，这些所有者将以这样或那样的方式使用它。对象的所有者获得所有权时，负责将引用计数加1（保留），而在放弃所有权时负责将引用计数减1（放弃）。引用计数变成0（即最后一位所有者放弃）后，对象将被销毁，而它占用的内存将归还到可用内存池，供其他对象重用。

在Objective-C中，这种*保留/放弃*内存管理模型最初由应用程序开发人员手工实现。即开发人员编写使用引用对象的代码时，负责保留对象（将其引用计数加1），并在使用完毕后放弃对象（将其引用计数减1）。

最近引入了ARC，将保留和放弃的负担从开发人员的肩上移交给了编译器。通过巧妙地分析代码流，编译器能够判断出该在哪些地方执行保留和放弃操作，而不需要开发人员的干预。Swift是这种内存管理模型的受益者，让你完全不用操心何时该保留对象，何时该放弃对象这种乏味的工作。

然而，在Swift开发中，你并非可以完全不考虑内存管理。有时候，使用引用内存可能让你陷入困境，因此对ARC的功能有大致了解很重要。事实上，在前几章编写的代码中，你已经见到过ARC的痕迹，只是当时没有重点指出而已。

10.1.3 引用循环

在很大程度上说，要在代码中使用类和闭包，只需声明并创建它们即可。然后，你就可以根据需要完成的工作传递变量。虽然不太明显，但当你声明引用类型的变量并将对象赋给它时，你实际上创建了指向该对象的强（strong）引用，这意味着该对象的引用计数将加1。

然而，两个对象彼此引用对方（这种情况在Swift开发中很常见）时，一种独特的问题可能悄然而至，这就是*引用循环*。可将这种问题视为致命拥抱。对象A有一个指向对象B的引用，而对象B有一个指向对象A的引用，如图10-1所示。它们彼此抱得很紧，需要分开时却分不开了。

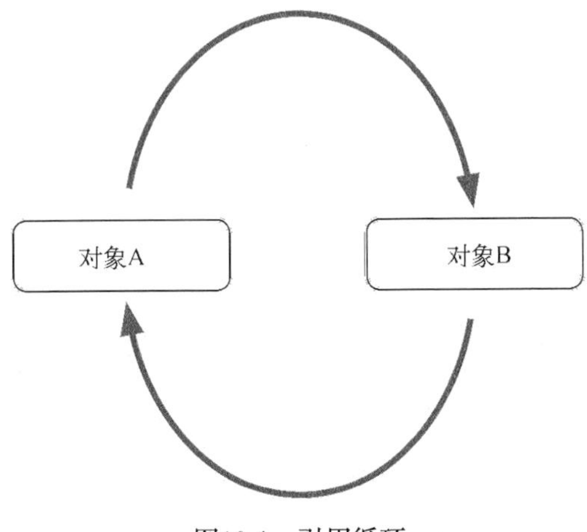

图10-1 引用循环

引用循环的后果是，只要应用程序还在运行，涉及的对象就不会释放，它们占用的内存也不会归还给系统。

来看一个演示这种问题的代码示例。如果还没有启动Xcode，现在就启动它，再选择菜单File > New > Project新建一个OS X项目。选择OS X部分的Cocoa Application。务必将语言设置为Swift语句，并确保没有选中复选框Use Storyboards。将这个项目命名为ReferenceCycleExample。

10.1.4 演示引用循环

为演示引用循环，你将创建两个Swift类：一个`Letter`类，表示要邮寄给人的信函；一个`MailBox`类，表示要将信函投入其中的邮箱。

```
class Letter {
    let addressedTo: String
    var mailbox : MailBox?

    init(addressedTo: String) {
        self.addressedTo = addressedTo
    }

    deinit {
```

```
        print("The letter addressed to \(addressedTo) is being discarded")
    }
}
```

这个类包含一个名为addressedTo的常量，它是收信人的姓名；还有一个变量，是指向可选MailBox对象的引用。

init方法接受一个String参数，并将其赋给Letter类的成员变量addressedTo。还有一个以前没介绍过的deinit方法，它在对象即将被释放，且该对象占用的内存被归还给系统前被调用。这个方法显示一条消息，指出正在将信函销毁。

现在来看MailBox类：

```
class MailBox {
    let poNumber: Int
    var letter: Letter?

    init(poNumber: Int) {
        self.poNumber = poNumber
    }

    deinit {
        print("P.O. Box \(poNumber) is going away")
    }
}
```

MailBox类的结构与Letter类相似——包含类型为Int的成员常量poNumber，表示邮箱的编号；还有成员变量letter，是指向可选Letter对象的引用。

10.1.5　编写测试代码

下面编写使用这两个类来演示引用循环的代码。

在下面的代码片段中，声明了两个变量：一个名为firstClassLetter的可选Letter变量，以及一个名为homeMailBox的可选MailBox变量。

```
var firstClassLetter: Letter?
var homeMailBox: MailBox?
```

接下来，使用合适的参数创建了两个对象，并将它们赋给前面声明的变量。

```
// 初始化对象
firstClassLetter = Letter(addressedTo: "John Prestigiacomo")
homeMailBox = MailBox(poNumber: 355)
```

下面的代码将对象homeMailBox赋给对象firstClassLetter的成员变量mailbox，并将对象引用firstClassLetter赋给对象homeMailBox的成员变量letter。

```
firstClassLetter!.mailbox = homeMailBox
homeMailBox!.letter = firstClassLetter
```

最后，将对象firstClassLetter和homeMailBox都设置为nil。之所以可以这样做，是因为这两个对象变量都被声明为可选类型。将nil赋给包含可选引用的变量时，该引用将被销毁，而指向对象的引用数将减1。如果引用数变成了0，将调用被指向的对象的deinit方法，它占用的内存将交还给系统。

```
// 销毁对象
firstClassLetter = nil
homeMailBox = nil
```

图10-2显示了这些代码在新建项目的文件AppDelegate.swift中的位置。Letter和MailBox类位于这个文件末尾的第41~65行，而测试代码位于方法applicationDidFinishLaunching中的第19~31行。

```
ReferenceCycleExample 〉 ReferenceCycleExample 〉 AppDelegate.swift 〉 No Selection
1  //
2  //  AppDelegate.swift
3  //  ReferenceCycleExample
4  //
5  //  Created by Boisy Pitre on 9/29/15.
6  //  Copyright © 2015 MyCompany. All rights reserved.
7  //
8
9  import Cocoa
10
11 @NSApplicationMain
12 class AppDelegate: NSObject, NSApplicationDelegate {
13
14     @IBOutlet weak var window: NSWindow!
15
16
17     func applicationDidFinishLaunching(aNotification: NSNotification) {
18         // Insert code here to initialize your application
19         var firstClassLetter: Letter?
20         var homeMailBox: MailBox?
21
22         // initialize the objects
23         firstClassLetter = Letter(addressedTo: "John Prestigiacomo")
24         homeMailBox = MailBox(poNumber: 355)
25
26         firstClassLetter!.mailbox = homeMailBox
27         homeMailBox!.letter = firstClassLetter
28
29         // deinitialize the objects
30         firstClassLetter = nil
31         homeMailBox = nil
32     }
33
34     func applicationWillTerminate(aNotification: NSNotification) {
35         // Insert code here to tear down your application
36     }
37
38
39 }
40
41 class Letter {
42     let addressedTo: String
43     var mailbox : MailBox?
44
45     init(addressedTo: String) {
46         self.addressedTo = addressedTo
47     }
48
49     deinit {
50         print("The letter addressed to \(addressedTo) is being discarded")
51     }
52 }
53
54 class MailBox {
55     let poNumber: Int
56     var letter: Letter?
57
58     init(poNumber: Int) {
59         self.poNumber = poNumber
60     }
61
62     deinit {
63         print("P.O. Box \(poNumber) is going away")
64     }
65 }
66
```

图10-2　引用循环示例代码在文件AppDelegate.swift中的位置

在这个应用程序中，两个类都在方法deinit中使用方法print来指出对象被销毁，因此调试区域必须是可见的，因为方法print的输出将显示到这里。运行该应用程序前，确保在Xcode窗口底部能够看到调试区域。如果看不到，可单击Xcode窗口右上角的调试区域图标，如图10-3所示。

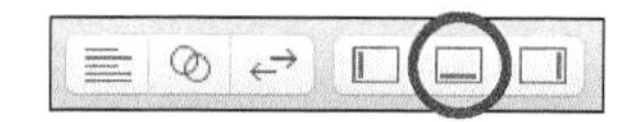

图10-3　显示/隐藏调试区域的调试区域图标

代码准备就绪后，在下述行设置断点，方法是单击编辑器区域左边的行号（别忘了，深蓝色箭头表明设置了断点）。

第30行：firstClassLetter = nil。

第50行：print("The letter address to \(addressedTo) is being discarded")。

第63行：print("P.O. Box \(poNumber) is going away")。

设置断点后，选择菜单Product > Run在Xcode中运行该应用程序。将在执行到第30行时暂停，如图10-4所示。

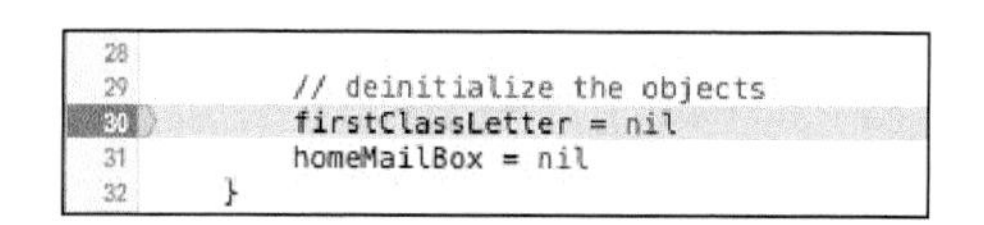

图10-4　遇到第30行的断点

对象firstClassLetter即将被设置为nil。这种操作将导致Letter类的方法deinit被调用，从而遇到第二个断点。会遇到吗？为核实这一点，单击调试区域顶部的继续执行程序按钮，如图10-5所示。没有遇到第二个断点，程序继续往下执行。

图10-5　继续执行程序按钮

出现了一个空窗口，但这个简单应用程序的焦点是查看显示的信息，你可以完全不管这个窗口。按Command + Q或使用菜单退出应用程序。

至此，变量firstClassLetter和homeMailBox都被设置为nil，但相应类的方法deinit并没有被调用。这清晰地表明，存在引用循环，因此即便对象不再被引用，它们依然没有被销毁，还占用着内存。

10.1.6　断开引用循环

既然存在引用循环，该如何断开它呢？

问题的根源在于，指向对象的变量默认为强引用。解决方案是让变量之一——Letter类中的letter或MailBox类中的mailbox——不要将引用计数加1。这被称为*弱*（weak）*引用*，你实际上在本书前面的代码中见过这个weak关键字。

将引用变量声明为weak，意味着它不会“拥有”被引用的对象，而只是引用它。赋值不会导致引用计数加1，从而解除两个对象之间的致命拥抱。

在前面的代码示例中，将哪个变量声明为weak无关紧要，只要对其中一个这样做就行。将第43行的成员变量mailbox修改成下面这样。

```
weak var mailbox : MailBox?
```

只需在关键字var前面加上关键字weak，就能让Swift知道mailbox是一个弱变量。执行修改后，再次运行这个应用程序。

与以前一样，执行到第30行的断点处将暂停。现在继续执行时，你将发现遇到了第63行的断点。这是MailBox对象的deinit方法，在该对象销毁时被调用。单击继续执行程序按钮，将在执行到第50行的断点处暂停，这行是Letter对象的deinit方法。引用循环断开后，两个对象都被销毁。方法print的输出也出现在调试区域中，表明这两个对象都已销毁。

10.1.7　闭包中的引用循环

闭包也是引用类型，因此可能成为引用循环的受害者，虽然受害的方式稍有不同。请看下面的类，它创建一个MailBox对象和一个Letter对象。

```
class MailChecker {
    let mailbox: MailBox
    let letter: Letter

    lazy var whoseMail: () -> String = {
        return "Letter is addressed to \(self.letter.addressedTo)"
    }

    init(name: String) {
        self.mailbox = MailBox(poNumber: 311)
        self.letter = Letter(addressedTo: name)
    }

    deinit {
        print("class is being deinitialized")
    }
}
```

除属性mailbox和letter外，这个类还包含以前没介绍过的东西：一个名为whoseMail的延迟（lazy）属性，它检查函件的收信人。关键字lazy用于推迟属性的计算，直到属性在代码中被使用。在这个示例中，由于计算属性whoseMail的闭包引用了self.letter.addressedTo，因此必须使用关键字lazy，否则将导致编译器错误。

由于这个闭包使用了self来引用包含它的MailChecker对象，Swift将以强引用的方式捕获这个对象。同样，MailChecker对象也以强引用的方式拥有这个闭包，这也导致了致命拥抱，即两个对象都以强引用的方式引用对方。（在这里，这两个对象分别是类和闭包。）

为证明这一点，在文件AppDelegate.swift末尾输入MailChecker类的代码，在方法application

DidFinishLaunching中的第32行插入一个空行，再输入如下代码行（如图10-6的第33~37行所示）。

```
// 创建并销毁一个MailChecker对象
var checker : MailChecker? = MailChecker(name: "Mark Marlette")
let result : String = checker!.whoseMail()
print(result)
checker = nil
```

这些代码实例化一个MailChecker对象，将其赋给变量checker，再显示该对象的成员变量whoseMail（该变量为前面讨论的闭包）。最后，将变量checker设置为nil，这应该导致MailChecker对象的方法deinit被调用，从而将其占用的内存还给系统。

```
29        // deinitialize the objects
30        firstClassLetter = nil
31        homeMailBox = nil
32
33        // create and destroy a MailCheck object
34        var checker : MailChecker? = MailChecker(name: "Mark Marlette")
35        let result : String = checker!.whoseMail()
36        print(result)
37        checker = nil
38    }
39
```

图10-6　在方法applicationDidFinishLaunching中添加代码

代码准备就绪后，在MailChecker类的deinit方法所在的行（即第87行，如图10-7所示）设置一个断点，再在Xcode中运行这个应用程序。

```
68     deinit {
69         print("P.O. Box \(poNumber) is going away")
70     }
71 }
72
73 class MailChecker {
74     let mailbox: MailBox
75     let letter: Letter
76
77     lazy var whoseMail: () -> String = {
78         return "Letter is addressed to \(self.letter.addressedTo)"
79     }
80
81     init(name: String) {
82         self.mailbox = MailBox(poNumber: 311)
83         self.letter = Letter(addressedTo: name)
84     }
85
86     deinit {
87         print("class is being deinitialized")
88     }
89 }
90
```

图10-7　在MailChecker类的方法deinit所在的行设置一个断点

该应用程序运行时，将遇到前面设置的断点，单击继续执行程序按钮往下执行即可。然而，并没有遇到第87行的断点，这是引用循环导致的。

要断开这种引用循环，必须在MailChecker类中的闭包声明中添加一种特殊表示法。为此，将第77行修改成下面这样：

```
lazy var whoseMail: () -> String = { [unowned self] in
```

通过在闭包定义中添加[unowned self]，让Swift知道不应保留self对象，从而断开了引用循环。

添加上述代码后，再次在Xcode运行这个应用程序。将执行到第87行的断点处并暂停，这证明不再存在引用循环，而MailChecker对象也被妥善地销毁。

10.1.8 感恩

除需要注意引用循环等问题外，Swift内存管理几乎是隐藏起来的细节，由LLVM编译器在幕后处理。这是使用Swift进行开发如此简单而直观的众多原因之一——你可以将重点放在应用程序上，其他的事情都交给Swift和编译器去操心。

10.2 逻辑运算符

虽然Swift有一些创新性新功能，但在某些方面它依然借鉴了以前的计算机语言。这在数学表达式等基本方面表现得尤其明显——在数学表达式方面，很多语言使用的语法都相同。

Swift借鉴了其他语言的另一个方面是逻辑运算符的用法。逻辑运算指的是对包含and、or和not等单词的句子判断其真假。我们每天说话都在使用它们，例如下面两句。

晚上10点后，如果起居室的灯还亮着，就关掉。

如果没下雨，就让窗户开着。

这些句子要求判断子句的真假，进而采取相应的措施。

在编程中，这种结构经常会出现，Swift提供了逻辑运算符，你可使用它们来创建结果要么为true要么为false的表达式。

我们重回游乐场，对这些概念进行测试。在Xcode中，创建一个游乐场。为此，可选择菜单File > New > Playground，再选择平台OS X，然后将游乐场保存为Chapter 10。

10.2.1 逻辑非

一种常见的逻辑运算符是*逻辑非*，用于对结果取反，这是在表达式前面使用惊叹号（!）表示的。

请在新创建的游乐场中输入下面的代码：

```
// 逻辑非
var a : String = "pumpkin"
var b : String = "watermelon"

if a == b {
    print("The strings match!")
}
```

这个代码片段使用第1章介绍的比较运算符相等（==）比较a和b的值。显然，字符串"pumpkin"和"watermelon"不相等，结果为false，因此不会执行大括号内的代码。

但只要使用逻辑非运算符，就可将结果反转，让这个代码块执行。请在游乐场中输入下述代码，并注意观察结果侧栏。

```
if !(a == b) {
    print("The strings don't match!")
}
```

字符!将结果false反转为true，导致方法print被执行。另外，必须将比较表达式放在括号内，这样逻辑非运算符反转的才是比较结果。

10.2.2　逻辑与

你必须熟悉的第二种逻辑运算符是*逻辑与*，它用于合并多个布尔表达式。只要其中有一个布尔表达式为false，整个表达式就为false。

这种逻辑运算用两个&字符表示。下面的代码片段演示了如何使用这种运算符，请将这些代码输入到游乐场中。

```
// 逻辑与
let c = true
let d = true

if c == true && d == true {
    print("both are true!")
}
```

其中使用了逻辑与来评估断言。c和d都被设置为true，因此逻辑与的结果也为true，进而调用方法print。

如果其中有一个变量被设置为false而不是true，整个断言就将为false，而大括号的代码将不会执行。

10.2.3　逻辑或

第三种也是最后一种逻辑运算符是*逻辑或*。同逻辑与一样，逻辑或也用于组合多个布尔表达式，但只要其中有一个表达式为true，整个表达式就为true。

逻辑或用两个竖线字符（||）表示。为实际使用逻辑或，请在游乐场中输入下面的代码。

```
// 逻辑或
let e = true
let f = false

if e == true || f == true {
    print("one or the other is true!")
}
```

这些代码表明，虽然f被设置为false，但e被设置为true，因此整个断言为true，而方法print被执行。图10-8显示了游乐场中的代码和结果。可随心所欲地修改变量的值，看看这对if语句的结果有何影响。

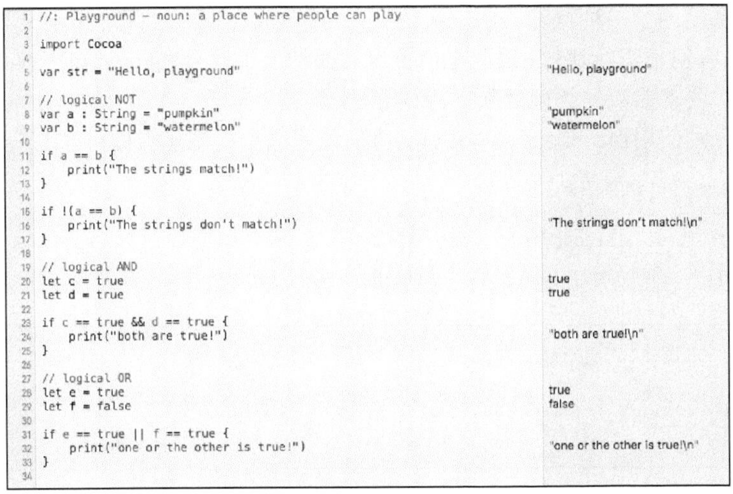
//: Playground - noun: a place where people can play
import Cocoa
var str = "Hello, playground"
"Hello, playground"
// logical NOT
var a : String = "pumpkin"
var b : String = "watermelon"
"pumpkin"
"watermelon"
if a == b {
print("The strings match!")
}
if !(a == b) {
print("The strings don't match!")
}
"The strings don't match!\n"
// logical AND
let c = true
let d = true
true
true
if c == true && d == true {
print("both are true!")
}
"both are true!\n"
// logical OR
let e = true
let f = false
true
false
if e == true || f == true {
print("one or the other is true!")
}
"one or the other is true!\n"

图10-8 演示逻辑运算符的代码

10.3 泛型

在软件开发中，你常常会遇到这样的情形，即希望函数或方法能够对不同的类型执行类似的操作。在其他语言中，这通常意味着需要为支持的每种类型编写一个方法或函数。

例如，就拿这样一个简单的函数来说吧，它接受两个类型相同的参数，并返回一个布尔值，指出这两个参数是否相等。如果为Int、Double和String类型都编写一个这样的函数，总共将需要编写三个函数。

```
// 检查两个Int值是否相等
func areValuesEqual(firstValue: Int, secondValue: Int) -> Bool {
    return firstValue == secondValue
}

// 检查两个Double值是否相等
func areValuesEqual(firstValue: Double, secondValue: Double) -> Bool {
    return firstValue == secondValue
}

// 检查两个String值是否相等
func areValuesEqual(firstValue: String, secondValue: String) -> Bool {
    return firstValue == secondValue
}
```

Swift提供了泛型功能，让这种重复一去不复返。泛型函数或方法不指定类型，而指定占位符。下面的函数将类型指定为泛型，可替代前述全部三个函数。

```
func areValuesEqual<T: Equatable>(firstValue: T, secondValue: T) -> Bool {
    return firstValue == secondValue
}
```

这个泛型方法使用了一种特殊语法：将泛型占位符T放在<和>之间。通常只需指定占位符即可，但这里使用了==对值进行比较，因此在占位符后面加上了冒号和Equatable。Equatable是Swift提供的一种协议，要求参数的类型必须支持相等比较。

现在，只需分别使用Int、Double和String值来调用这个泛型函数即可。

```
areValuesEqual(3, secondValue: 3)
areValuesEqual(3.3, secondValue: 1.4)
areValuesEqual("first", secondValue: "second")
```

图10-9显示了这些代码及其结果。

```
34
35 func areValuesEqual<T: Equatable>(firstValue: T, secondValue: T) -> Bool {
36     return firstValue == secondValue                                    (3 times)
37 }
38
39 areValuesEqual(3, secondValue: 3)                                       true
40 areValuesEqual(3.3, secondValue: 1.4)                                   false
41 areValuesEqual("first", secondValue: "second")                          false
42
```

图10-9　泛型方法以及调用它的代码

10.4　运算符重载

在本书前面，你学习了如何使用扩展来添加新方法以改进类，这种给语言结构添加新功能的方式也适用于最基本的Swift元素——运算符。

使用运算符重载可让自定义类或结构支持加减乘除等基本数学运算，方法是类或结构中重新定义这些运算符的行为。

你可能会问，为何要考虑重新定义加法（+）或乘法（*）运算呢？修改这些基本运算符的含义不会导致混乱吗？如何在Swift源代码中使用它们呢？

这种看法很有道理，但这些基本运算符除用于执行整数或浮点数数学运算外，在其他方面也很有用。就拿线性代数来说吧，它致力于探讨矩阵数学运算。

相比于普通数字，矩阵的相加和相乘运算更复杂。虽然有些计算机语言天然支持矩阵数学运算，但它们通常是领域特定的语言，专注于科学计算。

使用运算符重载，可在Swift中支持矩阵运算。虽然可以编写一个通用类，用于对各种大小的矩阵执行运算，但为简单起见，这里只考虑一种特殊情形：2 × 2矩阵。在线性代数中，将两个2 × 2矩阵相加的算法如下：

$$\begin{bmatrix} a_{11} & a_{12} \\ a_{21} & a_{22} \end{bmatrix} + \begin{bmatrix} b_{11} & b_{12} \\ b_{21} & b_{22} \end{bmatrix} = \begin{bmatrix} a_{11}+b_{11} & a_{12}+b_{12} \\ a_{21}+b_{21} & a_{22}+b_{22} \end{bmatrix}$$

将第一个矩阵的每个成员都与第二个矩阵的相应成员相加，并将结果放在结果矩阵的相应位置。

矩阵乘法要复杂些，其算法如下：

$$\begin{bmatrix} a_{11} & a_{12} \\ a_{21} & a_{22} \end{bmatrix} \times \begin{bmatrix} b_{11} & b_{12} \\ b_{21} & b_{22} \end{bmatrix} = \begin{bmatrix} a_{11} \times b_{11} + a_{12} \times b_{21} & a_{11} \times b_{12} + a_{12} \times b_{22} \\ a_{21} \times b_{11} + a_{22} \times b_{21} & a_{21} \times b_{12} + a_{22} \times b_{22} \end{bmatrix}$$

Swift支持修改基本运算符的行为，对执行矩阵运算很有帮助。请看下面的结构，它表示一个2×2矩阵。

```
struct Matrix2x2 {
    var a11 = 0.0, a12 = 0.0
    var a21 = 0.0, a22 = 0.0
}
```

这个结构包含四个类型为Double的变量。变量名中的第一个数字表示行号，第二个数字表示列号。

在Swift中，要给运算符添加新功能，只需定义一个函数，并将运算符名用作函数名。下面的函数重载了加法运算符，它接受两个类型为Matrix2x2的参数，并返回一个类型也为Matrix2x2的值，这个值表示两个矩阵的和。

```
func + (left: Matrix2x2, right: Matrix2x2) -> Matrix2x2 {
    return Matrix2x2(a11: left.a11 + right.a11,
        a12: left.a12 + right.a12,
        a21: left.a21 + right.a21,
        a22: left.a22 + right.a22)
}
```

这个函数返回一个新的Matrix2x2对象，其成员a11、a12、a21和a22为矩阵left和right的相应成员之和。

下面这个函数通过重载乘法运算符定义了矩阵乘法运算，其参数与加法运算函数相同。其中的代码执行矩阵乘法运算，并返回一个新的Matrix2x2结构，表示矩阵left和right的乘积。

```
func * (left: Matrix2x2, right: Matrix2x2) -> Matrix2x2 {
    return Matrix2x2(a11: left.a11 * right.a11 + left.a12 * right.a21,
        a12: left.a11 * right.a12 + left.a12 * right.a22,
        a21: left.a21 * right.a11 + left.a22 * right.a21,
        a22: left.a21 * right.a12 + left.a22 * right.a22)
}
```

将这些运算符用于Matrix2x2结构很自然，就像在Swift中表示常规数学运算一样。下面定义了两个矩阵（***A***和***B***），并将它们的和存储到矩阵***C***中。

```
var A : Matrix2x2 = Matrix2x2(a11: 1, a12: 3, a21: 5, a22: 6)
var B : Matrix2x2 = Matrix2x2(a11: 2, a12: 6, a21: 4, a22: 8)

var C = A + B
```

演示矩阵乘法的代码与此类似。

```
var E : Matrix2x2 = Matrix2x2(a11: 2, a12: 3, a21: 1, a22: 4)
var F : Matrix2x2 = Matrix2x2(a11: 3, a12: 2, a21: 1, a22: -6)

var G = E * F
```

要查看这些代码的执行情况，请将它们输入游乐场，并注意观察结果侧栏中的计算结果，如图10-10所示。

```
43 struct Matrix2x2 {
44     var a11 = 0.0, a12 = 0.0
45     var a21 = 0.0, a22 = 0.0
46 }
47
48 func + (left: Matrix2x2, right: Matrix2x2) -> Matrix2x2 {
49     return Matrix2x2(a11: left.a11 + right.a11,                     Matrix2x2
50         a12: left.a12 + right.a12,
51         a21: left.a21 + right.a21,
52         a22: left.a22 + right.a22)
53 }
54
55 func * (left: Matrix2x2, right: Matrix2x2) -> Matrix2x2 {
56     return Matrix2x2(a11: left.a11 * right.a11 + left.a12 * right.a21,   Matrix2x2
57         a12: left.a11 * right.a12 + left.a12 * right.a22,
58         a21: left.a21 * right.a11 + left.a22 * right.a21,
59         a22: left.a21 * right.a12 + left.a22 * right.a22)
60 }
61
62 var A : Matrix2x2 = Matrix2x2(a11: 1, a12: 3, a21: 5, a22: 6)       Matrix2x2
63 var B : Matrix2x2 = Matrix2x2(a11: 2, a12: 6, a21: 4, a22: 8)       Matrix2x2
64
65 var C = A + B                                                       Matrix2x2

    a11 3
    a12 9
    a21 9
    a22 14

66
67 var E : Matrix2x2 = Matrix2x2(a11: 2, a12: 3, a21: 1, a22: 4)       Matrix2x2
68 var F : Matrix2x2 = Matrix2x2(a11: 3, a12: 2, a21: 1, a22: -6)      Matrix2x2
69
70 var G = E * F                                                       Matrix2x2

    a11 9
    a12 -14
    a21 7
    a22 -22

71
```

图10-10　矩阵加法和乘法代码的执行情况

10.5　相等和相同

本章前面介绍了如何检查两个Int、Double或String值是否相等。要判断两个整数是否相等很简单，只需在游乐场中输入类似下面的代码：

```
1 == 3
```

上述比较的结果当然为false。其他类型呢？能够比较两个对象是否相等吗？当然可以，但这种比较的结果是两个对象是否相同，而不是是否相等。

有时候，对两个变量进行比较，看它们指向的是否是同一个对象（而不是它们指向的对象的值是否相等）很有用。在Swift中，要进行这种比较，可使用运算符===和!==，它们是用于比较数字或字符串的运算符==和!=的变种。

为演示如何判断两个对象是否相同，请在游乐场中输入下面的代码：

```
// 判断两个对象是否相同
class Test1 {
}

class Test2 {
}

var t1 : Test1 = Test1()
var t2 : Test2 = Test2()
var t3 : Test2 = Test2()
var t4 = t2

t1 === t2
t2 === t3
t4 === t2
t4 !== t2
```

类Test1和Test2都是空的，这里编写它们只是为了演示。这些类也可以很大，包含大量的成员变量和方法。

接下来，定义了四个变量（t1、t2、t3和t4）。t2和t3指向Test2类的不同实例；t1指向Test1类的一个实例，并将其赋给了变量t4。

然后，进行了三次对象相同性比较，并进行了一次不同性比较。图10-11显示了这些比较的结果。

第85~86行的语句的结果为false，因为t1和t2存储的引用指向不同的对象（如果指向的是不同类的对象，结果也将为false）。只有第87行的比较结果为true——变量t4和t2指向的确实是同一个对象，因为第83行将t2赋给了t4。最后，第88行的比较结果为false，因为变量t2和t4相等，这在前一行已经确定。

请记住，对象相同性比较基于对象而不是类。即便两个变量指向的对象属于同一个类，只要它们指向的是不同的对象，也将被视为不同的。

```
71
72  1 == 3                                  false
73
74  // testing the identity of objects
75  class Test1 {
76  }
77
78  class Test2 {
79  }
80
81  var t1 : Test1 = Test1()                Test1
82  var t2 : Test2 = Test2()                Test2
83  var t3 : Test2 = Test2()                Test2
84  var t4 = t2                             Test2
85
86  t1 === t2                               false
87  t2 === t3                               false
88  t4 === t2                               true
89  t4 !== t2                               false
90
```

图10-11　判断两个对象是否相同

10.6　错误处理

真是不幸，在编程中错误不可避免。作为开发人员，你将花大量时间来编写处理各种错误的代码。C++和Objective-C等编程语言使用throw、try和catch结构以独特的方式处理错误，Swift也使用类似的方式来处理错误。

10.6.1　引发错误

在Swift中，错误由被调用的函数引发，由发起调用的函数捕获。捕获到错误后，函数可根据错误类型决定如何处理。

在Swift中，可根据具体情况扩展基本协议ErrorType，以创建包含一系列错误的枚举。例如，假设有一个密码验证系统，它检查密码是否满足下面三个要求：

- 长度不少于8个字符；
- 至少包含一个大写字母；
- 至少包含一个小写字母。

根据上述对密码的要求，你可使用一个继承协议ErrorType的枚举来表示三种错误。为大致了解这是如何实现的，请在游乐场中输入如下代码：

```
// 错误处理示例
enum PasswordError : ErrorType {
    case TooShort
    case NoUppercaseCharacter
    case NoLowercaseCharacter
}
```

在这个枚举中，定义并命名了三种错误，它们分别表示三种密码规则的情况。定义错误后，接着输入下面的密码验证函数。请注意函数定义后面的关键字，它告诉Swift，这个函数可能引发错误。

```
func checkValidPassword(password : String) throws -> Bool {
    var containsUppercase : Bool = false
    var containsLowercase : Bool = false

    // 检查密码是否太短
    if password.lengthOfBytesUsingEncoding(NSUTF8StringEncoding) < 8 {
        throw PasswordError.TooShort
    }

    for c in password.characters {
        if c >= "A" && c <= "Z"  {
            containsUppercase = true
            break
        }
    }

    for c in password.characters {
```

```
        if c >= "a" && c <= "z" {
            containsLowercase = true
            break
        }
    }

    if containsLowercase == false {
        throw PasswordError.NoLowercaseCharacter
    }

    if containsUppercase == false {
        throw PasswordError.NoUppercaseCharacter
    }

    return true
}
```

这个函数做多种检查。首先，它核实密码是否不少于8个字符，如果不符合这个标准，就使用关键字throw引发错误PasswordError.TooShort。接下来，它检查密码是否至少包含一个大写字符和一个小写字母，如果其中的条件满足，就将相应的布尔标志设置为true。最后，它分别检查这两个标志，如果为false，就引发相应的错误。

10.6.2 捕获错误

编写函数checkValidPassword()函数后，在游乐场中输入函数tryPassword：

```
func tryPassword(password: String) {
    do {
        try checkValidPassword(password)
        print("Password is ok")
    } catch {
        print("Error: \(error)")
    }
}
```

这个函数使用了结构do/try/catch。在子句do中，调用了函数checkValidPassword()，并将字符串变量password传递给它。注意到该函数调用前面有关键字try，这必不可少，因为函数checkValidPassword()指出它可能引发错误。如果省略了关键字try，编译时Swift将指出这种错误。

do子句引发了错误时，将执行catch子句包含的代码。在这种情况下，Swift自动将ErrorType赋给变量error。在上述catch子句中，打印了变量error。

为测试这个函数，在游乐场中输入如下代码：

```
tryPassword("ValidPassword")
```

向函数tryPassword()传递的密码ValidPassword是有效的，它显然能够通过测试：其长度超过了8个字符，且既包含大写字母又包含小写字母。图10-12所示的结果侧栏表明，函数checkValidPassword()在第129行返回了true，而没有引发错误。

```
91  // Error Handling Example
92  enum PasswordError : ErrorType {
93      case TooShort
94      case NoUppercaseCharacter
95      case NoLowercaseCharacter
96  }
97
98  func checkValidPassword(password : String) throws -> Bool {
99      var containsUppercase : Bool = false                                      false
100     var containsLowercase : Bool = false                                      false
101
102     // check if password is too short
103     if password.lengthOfBytesUsingEncoding(NSUTF8StringEncoding) < 8 {
104         throw PasswordError.TooShort
105     }
106
107     for c in password.characters {
108         if c >= "A" && c <= "Z"  {
109             containsUppercase = true                                          true
110             break
111         }
112     }
113
114     for c in password.characters {
115         if c >= "a" && c <= "z" {
116             containsLowercase = true                                          true
117             break
118         }
119     }
120
121     if containsLowercase == false {
122         throw PasswordError.NoLowercaseCharacter
123     }
124
125     if containsUppercase == false {
126         throw PasswordError.NoUppercaseCharacter
127     }
128
129     return true                                                               true
130 }
131
132 func tryPassword(password: String) {
133     do {
134         try checkValidPassword(password)                                      true
135         print("Password is ok")                                               "Password is ok\n"
136     } catch {
137         print("Error: \(error)")
138     }
139 }
140
141 tryPassword("ValidPassword")
142
```

图10-12　传递有效密码的结果

现在，将第141行的函数调用修改成下面这样：

```
tryPassword("2Short")
```

这次密码没有通过有效性测试（太短了），因此第104行引发相应的错误。第137行捕获并打印了这个错误，如图10-13所示。

```
    for c in password.characters {
        if c >= "a" && c <= "z" {
            containsLowercase = true
            break
        }
    }

    if containsLowercase == false {
        throw PasswordError.NoLowercaseCharacter
    }

    if containsUppercase == false {
        throw PasswordError.NoUppercaseCharacter
    }

    return true
}

func tryPassword(password: String) {
    do {
        try checkValidPassword(password)
        print("Password is ok")
    } catch {
        print("Error: \(error)")                    "Error: TooShort\n"
    }
}

tryPassword("2Short")
```

图10-13 传递无效密码的结果

10.7 Swift脚本编程

如果你在Terminal应用程序中使用过命令行工具，就与shell交互过。实际上，你在第1章执行命令来启动REPL时，使用的就是Bash shell。在Mac中可运行多个shell，但Bash是最常用的。

shell脚本是包含一系列使用shell语言编写的可执行代码行的文件。你可以不在shell提示符下输入大量代码行，而在shell脚本文件中输入它们，再像执行命令一样调用该文件名。很多开发人员都熟悉命令行，对他们来说，shell脚本很有用，可用来反复执行包含众多代码行的任务。

shell脚本虽然很有用，但要使用它们，你必须学习并掌握另一门语言，这样才能充分发挥它们的作用。另外，有些shell脚本是使用Bourne shell、C shell、KornShell等其他shell语言编写的，要理解这样的shell脚本可能比较困难。

前面讨论shell脚本旨在引出这样一个事实，那就是在shell脚本中可运行Swift代码！考虑到Swift也是一种编译型语言，这可了不得，这充分说明了这门语言的强大功能和灵活性。如果你使用过C、C++或Objective-C，就能明白倘若能够在shell脚本中使用这些语言，那该有多方便。

编写shell脚本包括多个步骤。

- 在编辑器中创建脚本。
- 设置脚本的权限，使其能够执行。
- 执行脚本。

10.7.1 创建脚本

Xcode是个很好的编辑器，为何不使用它来创建shell脚本呢？

选择菜单File > New > File，在左边的OS X下选择Other，再在右边选择Shell Script，如图10-14所示。

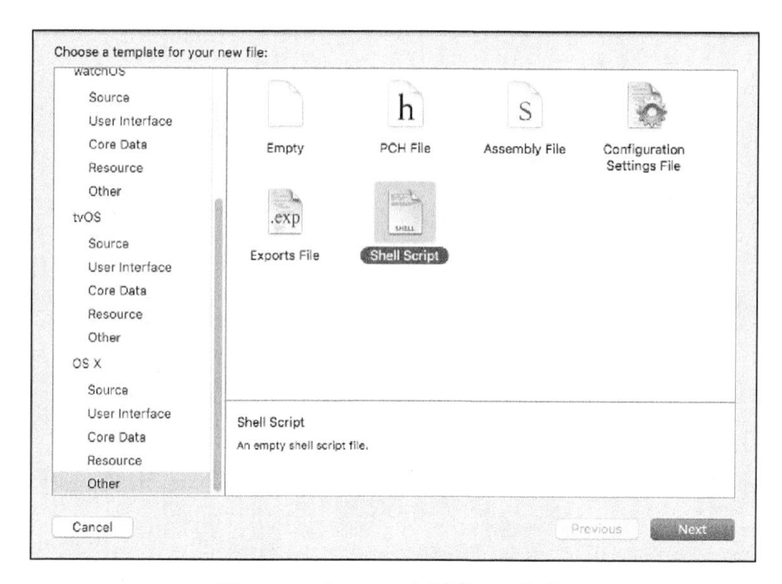

图10-14　在Xcode中创建shell脚本

单击Next按钮。在文件保存对话框中，将文件命名为SwiftScript，并将其保存到桌面（Xcode自动给shell脚本文件名添加扩展名.sh）。将出现一个窗口，你可在其中编辑脚本。

Xcode在这个文件开头自动添加了几行代码，其中最重要的是第一行：

```
#!/bin/sh
```

这被称为hash bang语法，指定了要用来运行后续代码行的shell在文件系统中的完整路径。这里指定的是/bin/sh（Bash shell）。进行Swift脚本编程时，需要移除这行代码。事实上，请删除所有这些代码行，并输入如下代码行：

```
#!/usr/bin/env xcrun swift
import Foundation

class Execution {
    class func execute(path path: String, arguments: [String]? = nil) -> Int {
        let task = NSTask()
        task.launchPath = path
        if arguments != nil {
            task.arguments = arguments!
        }
        task.launch()
        task.waitUntilExit()
        return Int(task.terminationStatus)
    }
}

var status : Int = 0

status = Execution.execute(path: "/bin/ls")
print("Status = \(status)")
```

```
status = Execution.execute(path: "/bin/ls", arguments: ["/"])
print("Status = \(status)")
```

稍后将详细介绍该脚本。现在，只管在Xcode编辑器中输入这些代码行，再选择菜单File > Save保存文件。

10.7.2 设置权限

脚本是从命令行运行的，因此请启动应用程序Terminal（在第1章这样做过）。Terminal启动并显示shell提示符后，执行下面的命令：

```
cd ~/Desktop
chmod +x SwiftScript.sh
```

第一行将当前目录改为文件夹Desktop（你的脚本存储在这里）。第二行只需执行一次，它设置脚本文件的权限，使其能够被shell执行。

现在可以运行脚本了，如图10-15所示。

```
1  #!/usr/bin/env xcrun swift
2  import Foundation
3
4  class Execution {
5  class func execute(path path: String, arguments: [String]? = nil) -> Int {
6          let task = NSTask()
7          task.launchPath = path
8          if arguments != nil {
9              task.arguments = arguments!
10         }
11         task.launch()
12         task.waitUntilExit()
13         return Int(task.terminationStatus)
14     }
15 }
16
17 var status : Int = 0
18
19 status = Execution.execute(path: "/bin/ls")
20 print("Status = \(status)")
21
22 status = Execution.execute(path: "/bin/ls", arguments: ["/"])
23 print("Status = \(status)")
```

图10-15 可以运行的脚本文件

10.7.3 执行脚本

运行脚本很容易，只需指定脚本的名称，并在它前面加上一些额外内容：

```
./SwiftScript.sh
```

./告诉shell，该脚本位于当前目录中。必须显式地指出这一点，否则shell会找不到脚本。

该脚本运行时，你将看到文件夹Desktop和磁盘根文件夹的文件清单。你还将看到消息Status = 0，表明用于显示文件的命令运行正常，没有出现问题。

执行这个脚本后，下面更详细地研究一下它都做了什么。

10.7.4　工作原理

第1行是前面说过的hash bang，这里指定的应用程序路径为/usr/bin/env，它是一个为shell脚本设置环境的特殊命令。路径后面是一个你应该很熟悉的命令——启动REPL的命令：

```
#!/usr/bin/env xcrun swift
```

下一行你也应该很熟悉，这是一条import语句，你在本书前面的源代码示例中见过。与应用程序一样，Swift脚本也需要有基本代码库才能运行。Foundation是向Swift脚本提供基本功能的框架，因此这里导入它：

```
import Foundation
```

接下来是一个名为Execution的Swift类，其使命是执行命令，这样的工作脚本做得很多。正如你看到的，要在Swift中执行命令，需要做些设置工作。通过将执行这些设置工作的代码封装在类中，后面再执行命令时将容易得多。

```
class Execution {
```

这个类中唯一的方法是execute，它接受两个参数：一个名为path的String参数（用于指定要运行的可执行文件的路径）以及一个名为arguments的String数组参数（这个参数是可选的）。这个方法返回一个Int值，指出了命令的执行状态。

你可能还记得，调用方法或函数时，可以传递可选参数，也可以不传递。在这里，参数arguments还是可选类型，这意味着可以将其设置为nil。

你可能有点陌生的是方法定义前面的关键字class。这是一个特殊方法，被称为*类型方法*。类型方法的调用方式不同于你熟悉的实例方法。

类型方法可直接通过类调用，而无需创建实例。类型方法通常旨在提供便利，你稍后将看到这一点。

```
class func execute(path path: String, arguments: [String]? = nil) -> Int {
```

在这个方法中，是启动命令的步骤。使用了Foundation类NSTask来设置启动路径和参数：

```
let task = NSTask()
task.launchPath = path
```

对于参数arguments，必须检查其值是否为nil。仅当不为nil时，才使用惊叹号（!）将其拆封并赋给task对象的属性arguments。

```
if arguments != nil {
    task.arguments = arguments!
}
```

设置好task对象后，调用其launch方法来执行指定的命令：

```
task.launch()
```

有关NSTask的文档指出，必须调用方法waitUntilExit让任务结束。

```
task.waitUntilExit()
```

最后，将task对象的属性terminationStatus作为Int值返回（在task对象中，这个属性的类型为Int32，因此这里将其转换为Int，以方便调用者）：

```
        return Int(task.terminationStatus)
    }
}
```

在类定义的后面，是实际使用这个类的代码。首先，定义了一个变量，用于存储方法execute返回的状态：

```
var status : Int = 0
```

接下来，调用方法execute来执行命令/bin/ls（它显示目录中的文件）。注意到使用了命令参数path:，在方法的定义中使用该参数名指定了必须这样做。要求用户指定参数名可突显参数的用途，让方法的用法更清晰。

另外，注意到这里没有传入参数arguments。

在接下来的一行，显示了返回的状态。

```
status = Execution.execute(path: "/bin/ls")
print("Status = \(status)")
```

接下来，再次调用方法execute来执行命令/bin/ls，但这次通过参数arguments指定了根路径/。

```
status = Execution.execute(path: "/bin/ls", arguments: ["/"])
print("Status = \(status)")
```

刚才看到的场景将语言的灵活性推到了极致。可以使用Swift编写一个类，并在shell脚本中使用它。你花时间使用Swift为应用程序编写的代码，可在脚本编程中重用。

10.8 获取帮助

有一流的文档是一回事，知道如何获取和使用它们是另一回事。苹果投入了大量的资源，为其工具和类编写了一流的文档，请务必使用，为此只需在Xcode中选择菜单Help > Documentation and API Reference，如图10-16所示。这将打开文档浏览器，你需要知道的有关苹果的所有技术（包括Swift、Cocoa、Cocoa Touch等）的信息都可在这里找到，如图10-17所示。

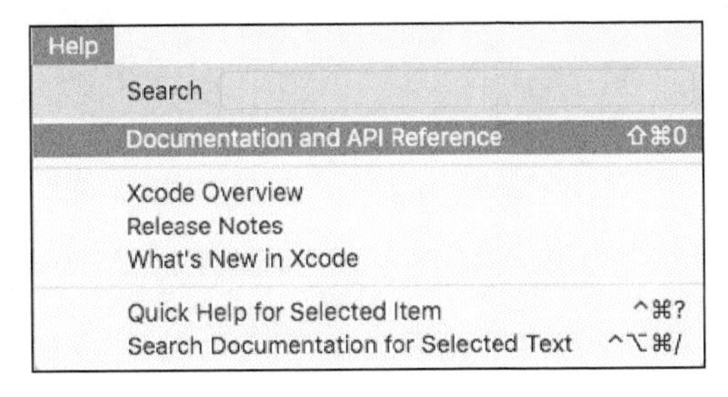

图10-16 Xcode的菜单Help让你能够访问苹果的所有文档资源

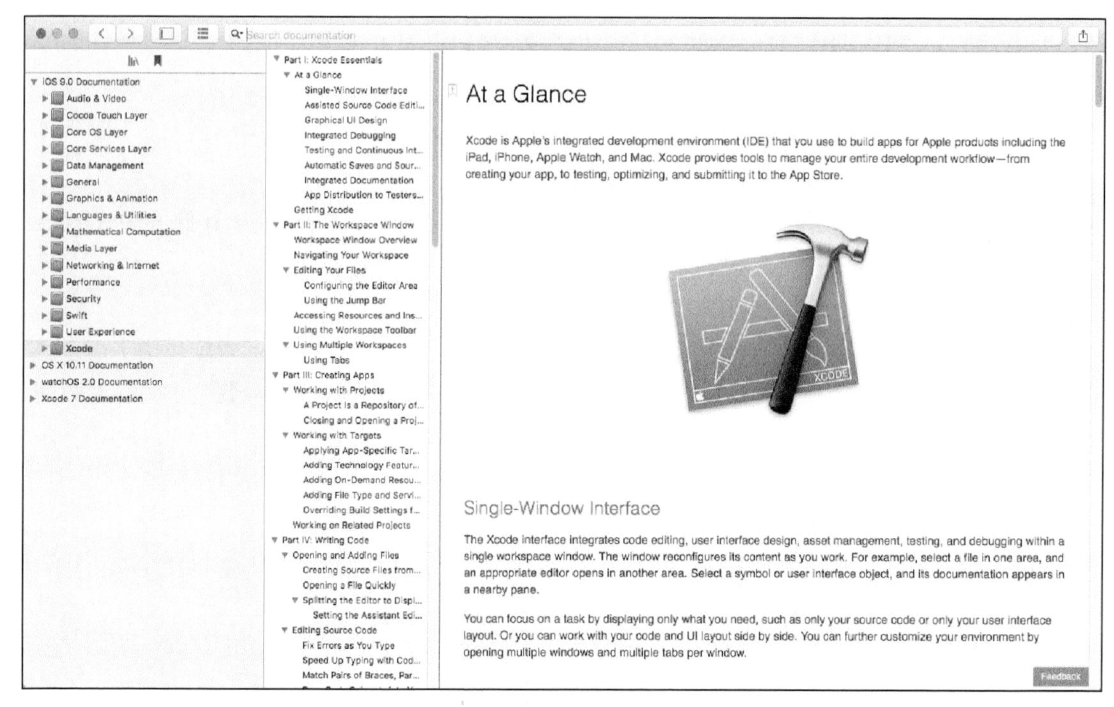

图10-17　Xcode文档浏览器是你的中心信息源

除Help菜单外，还可通过其他途径访问文档。本书前面介绍过，在Xcode中，可通过按住Command或Option键并单击来详细了解苹果提供的Swift类。第8章说过，可将鼠标指向源代码中的Cocoa或Cocoa Touch类名，再按住Command键并单击带下划线的类名，以查看这个类的所有细节。

请养成使用这些快捷方式的习惯，它们可节省时间，带你来到文档的正确位置，从而帮助你完成工作。别忘了，如果将鼠标指向源代码中的类型名、变量或常量，再按住Option键，鼠标将变成问号。然后，可单击鼠标来打开一个弹出框，其中包含与鼠标所指内容相关的信息，如图10-18所示。

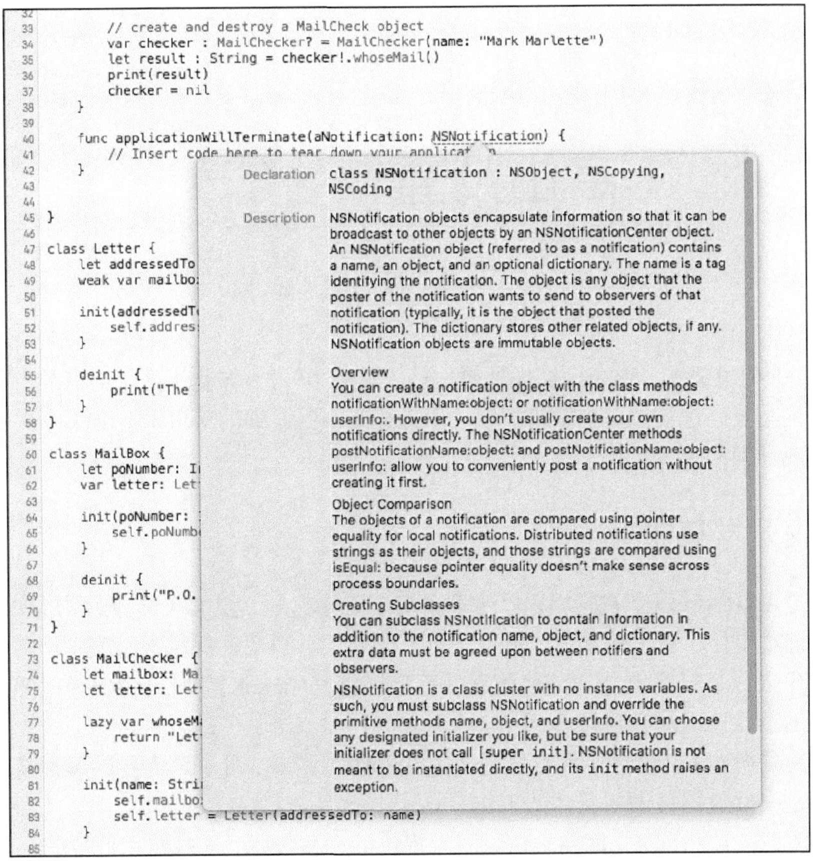

```
32
33          // create and destroy a MailCheck object
34          var checker : MailChecker? = MailChecker(name: "Mark Marlette")
35          let result : String = checker!.whoseMail()
36          print(result)
37          checker = nil
38      }
39
40      func applicationWillTerminate(aNotification: NSNotification) {
41          // Insert code here to tear down your applicat  n
42      }
43
44
45  }
46
47  class Letter {
48      let addressedTo
49      weak var mailbo:
50
51      init(addressedT
52          self.addres
53      }
54
55      deinit {
56          print("The
57      }
58  }
59
60  class MailBox {
61      let poNumber: I
62      var letter: Let
63
64      init(poNumber: 
65          self.poNumb
66      }
67
68      deinit {
69          print("P.O.
70      }
71  }
72
73  class MailChecker {
74      let mailbox: Ma
75      let letter: Let
76
77      lazy var whoseM
78          return "Let
79      }
80
81      init(name: Stri
82          self.mailbo
83          self.letter = Letter(addressedTo: name)
84      }
85
```

Declaration　class NSNotification : NSObject, NSCopying, NSCoding

Description　NSNotification objects encapsulate information so that it can be broadcast to other objects by an NSNotificationCenter object. An NSNotification object (referred to as a notification) contains a name, an object, and an optional dictionary. The name is a tag identifying the notification. The object is any object that the poster of the notification wants to send to observers of that notification (typically, it is the object that posted the notification). The dictionary stores other related objects, if any. NSNotification objects are immutable objects.

Overview
You can create a notification object with the class methods notificationWithName:object: or notificationWithName:object: userInfo:. However, you don't usually create your own notifications directly. The NSNotificationCenter methods postNotificationName:object: and postNotificationName:object: userInfo: allow you to conveniently post a notification without creating it first.

Object Comparison
The objects of a notification are compared using pointer equality for local notifications. Distributed notifications use strings as their objects, and those strings are compared using isEqual: because pointer equality doesn't make sense across process boundaries.

Creating Subclasses
You can subclass NSNotification to contain information in addition to the notification name, object, and dictionary. This extra data must be agreed upon between notifiers and observers.

NSNotification is a class cluster with no instance variables. As such, you must subclass NSNotification and override the primitive methods name, object, and userInfo. You can choose any designated initializer you like, but be sure that your initializer does not call [super init]. NSNotification is not meant to be instantiated directly, and its init method raises an exception.

图10-18　在Xcode中，使用按住Option键并单击这种快捷方式来查看有关NSNotifcation的文档

10.9　小结

本章涉及众多主题，包括内存管理、泛型、运算符重载、错误处理等。需要消化的知识很多，请再复习一遍，再好好地休息一下。本书就要结束了！

下一章是本书最后一章，但包含的Swift代码也是最多的，你可得有心理准备啰！

第 11 章

高山滑雪

有两个Xcode项目垫底，现在该切换到超速档了。在第9章，你基于简单而有趣的概念——检验记忆力——编写了一个游戏，本章将演示一个更优雅、更详细的Swift移动游戏，并介绍苹果提供的专用于游戏开发的技术。

11.1 游戏开发技术

在苹果通过App Store建立的应用程序生态系统中，游戏占了很大一部分。图形硬件的性能在不断提高，给游戏提供了更大的动力，被程序员充分利用。游戏还提供了社交功能，让玩家能够与朋友乃至陌生人分享最高得分和其他信息。苹果提供了GameKit和SpriteKit等框架，让设计和开发功能齐备的游戏比以前容易得多。

玩自己编写的游戏令人激动，而且通过使用Swift编写游戏，可了解大量的编程技巧和开发工具。编写游戏是一件值得去做的有趣的工作。

深入介绍本章的项目前，先简要地讨论苹果提供的一些技术，这些技术可帮助Swift开发人员编写iOS和Mac OS X游戏。

11.1.1 GameKit

互联网无处不在，让玩家能够相互联系，而苹果提供的GameKit让这样的联系易如反掌。GameKit让应用程序能够访问Game Center——苹果的网络游戏中央网站；在这个网站，玩家可通过排行榜分享得分，并与其他游戏玩家建立联系。无论是iOS应用程序还是OS X应用程序，都可访问Game Center。

GameKit的另一个重要功能是，让iOS设备能够通过本地网络以点对点的方式连接，进而实时地分享数据。多人动作游戏因这种实时交互而受益——它让玩家能够与当前房间内乃至地球另一端的人一起去探索虚拟环境和虚拟空间。

最后，GameKit提供了语音聊天功能，让玩家在玩游戏的同时，能够听到其他玩家的声音。这为在虚拟环境中玩游戏提供了极佳的体验。

11.1.2 SpriteKit

精灵是游戏中移动的虚拟元素，可以是英雄和恶棍等人物，可以是子弹和飞箭等发射物，还可以是建筑物和车辆等目标。无论编写哪种类型的游戏，都需要使用精灵来表示这些东西。

在SpriteKit中，SKNode表示精灵的核心类，所有“角色”都是使用它表示的——即便是光源和文本标签也是基于这个类创建的。稍后将更详细地介绍SKNode。

SpriteKit专注于二维（2D）游戏体验，适合用于开发平面型游戏。为帮助开发三维（3D）游戏，苹果提供了SceneKit框架。本章不介绍SceneKit，如果要创建三维游戏，请务必研究这个框架。

SpriteKit非常适合用于开发本章这样的游戏，它提供了创建精灵及其生存空间所需的工具。要使用SpriteKit，需要熟悉众多的术语，请别担心，我将在文中阐释这些术语。

11.2 始于构思

游戏可以非常简单，也可能极度复杂。让游戏引人入胜的主要因素有三个：玩家与游戏内容交互的方式、游戏的难度和控制方式。

本章介绍一款让人上瘾的有趣的游戏，它是使用Swift编写的，名为Downhill Challenge；因此，你不用考虑构思的问题。

11.2.1 高山滑雪

游戏Downhill Challenge的构思很简单：玩家控制着滑雪者从高山上往下滑；在下滑的过程中，玩家必须左右移动滑雪者，以避开途中的树木。

除避开障碍物外，还给玩家提供了激励：沿途捡拾金币。捡到金币后，得分将增加，这是游戏检验玩家技能的方式。在不撞上树木的情况下，玩家滑得越远，捡到金币进而提高得分的机会越多。

11.2.2 社交功能

通过记录得分，还可让玩家与其他玩家分享得分。分享得分增加了游戏的竞争性和挑战性。

前面说过，苹果的Game Center是iOS和OS X游戏玩家的社交中心。GameKit 框架内置了连接到Game Center的所有功能，游戏Downhill Challenge使用了这个框架。iPhone、iPad乃至Mac都安装了应用程序Game Center；如果你不熟悉这个应用程序，现在是启动它并尝试使用其中一些功能的绝佳时机。

11.3 出发

你准备好了吗？咱们出发！好消息是你无需输入任何源代码，只需下载这个现成的项目即可。它包含所有的源代码和游戏素材（如音频和精灵），可直接在iPhone模拟器或物理设备上运行（在

Xcode 7中，苹果解除了在物理设备上运行应用程序的限制）。

请访问www.peachpit.com/swiftbeginners2，并下载项目包。

下载这个压缩文件时，它将自动存储到文件夹Downloads/DownhillChallenge中。双击这个文件夹以查看其内容，其中包含很多文件夹，还有一个名为DownhillChallenge.xcodeproj的文件，如图11-1所示。双击这个文件，在Xcode 7中加载这个项目。

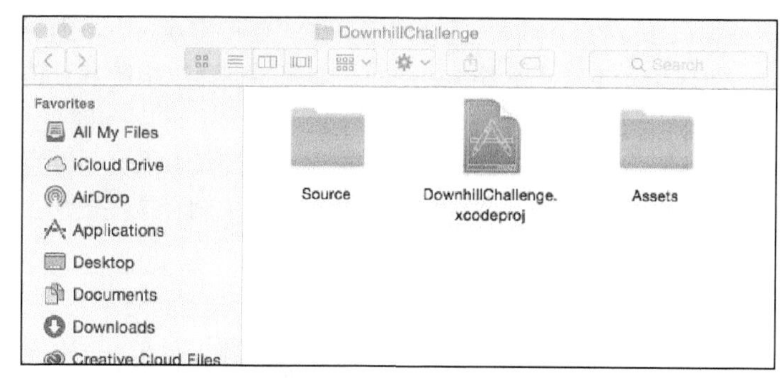

图11-1　下载的文件夹DownhillChallenge包含的内容

在Xcode中加载这个项目后，该来研究研究这个游戏怎么玩了。

11.3.1　怎么玩

前面说过，在这个游戏中，你将扮演滑雪者从覆盖着皑皑白雪的高山上往下滑，一路上你将不断地遇到树木和金币。玩这个游戏时，你必须左右移动以避开途中众多的树木，同时触摸尽可能多的金币。如果撞到树上，游戏就结束；而每触摸到一个金币，得分就增加一点。

在下滑过程中，你通过触摸山坡上随机出现的金币来增加得分。一旦滑雪者撞到树上，游戏便结束了，而得分将被记录到Game Center。在Game Over场景中，你可查看排行榜，看看你在使用iOS设备玩这款游戏的玩家中的排名情况。

你可能觉得过于单调，但还有其他内容。除触摸金币和避开树木外，滑雪者还必须警惕另外两个隐藏的危险因素：令人恐怖的雪球和危险的卡车。它们都可能在意想不到的时候出现，在后面追着滑雪者并从滑雪者身上碾过。

11.3.2　玩一玩

既然这款游戏玩起来简单而有趣，为何不玩一玩呢？在Xcode 7顶部的工具栏中选择模拟器iPhone 6（如图11-2所示），再选择菜单Product > Run。

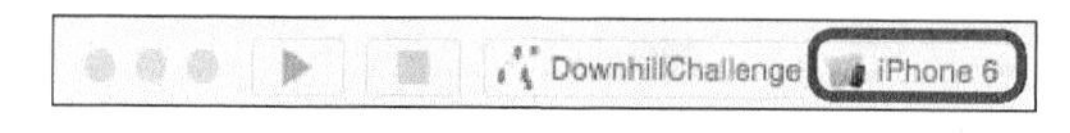

图11-2　为在模拟器中运行这款游戏做准备

游戏启动后，将显示Game Center登录屏幕，如图11-3所示。使用Apple ID登录后，将看到场景Home。在这里，你可开始新游戏，还可显示Game Center提供的排行榜。

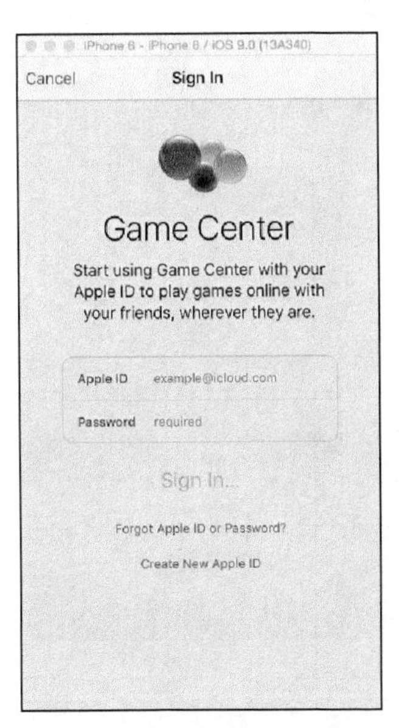

图11-3 Game Center

轻按Play显示场景Game，该屏幕的中央包含消息Tap or hold sides to move。轻按任何地方开始游戏。

游戏开始后，轻按屏幕左右边缘来避开树木以及捡拾金币（你可能发现，使用拇指玩游戏是一种比较自然的控制方法）。一旦撞到树上，游戏将结束，进而进入场景Game Over。在这个场景中，你可轻按Main Menu返回到场景Home，也可轻按Restart进入场景Game并开始新游戏。在这个场景中，还显示了最后一次的得分和最高得分，如图11-4所示。

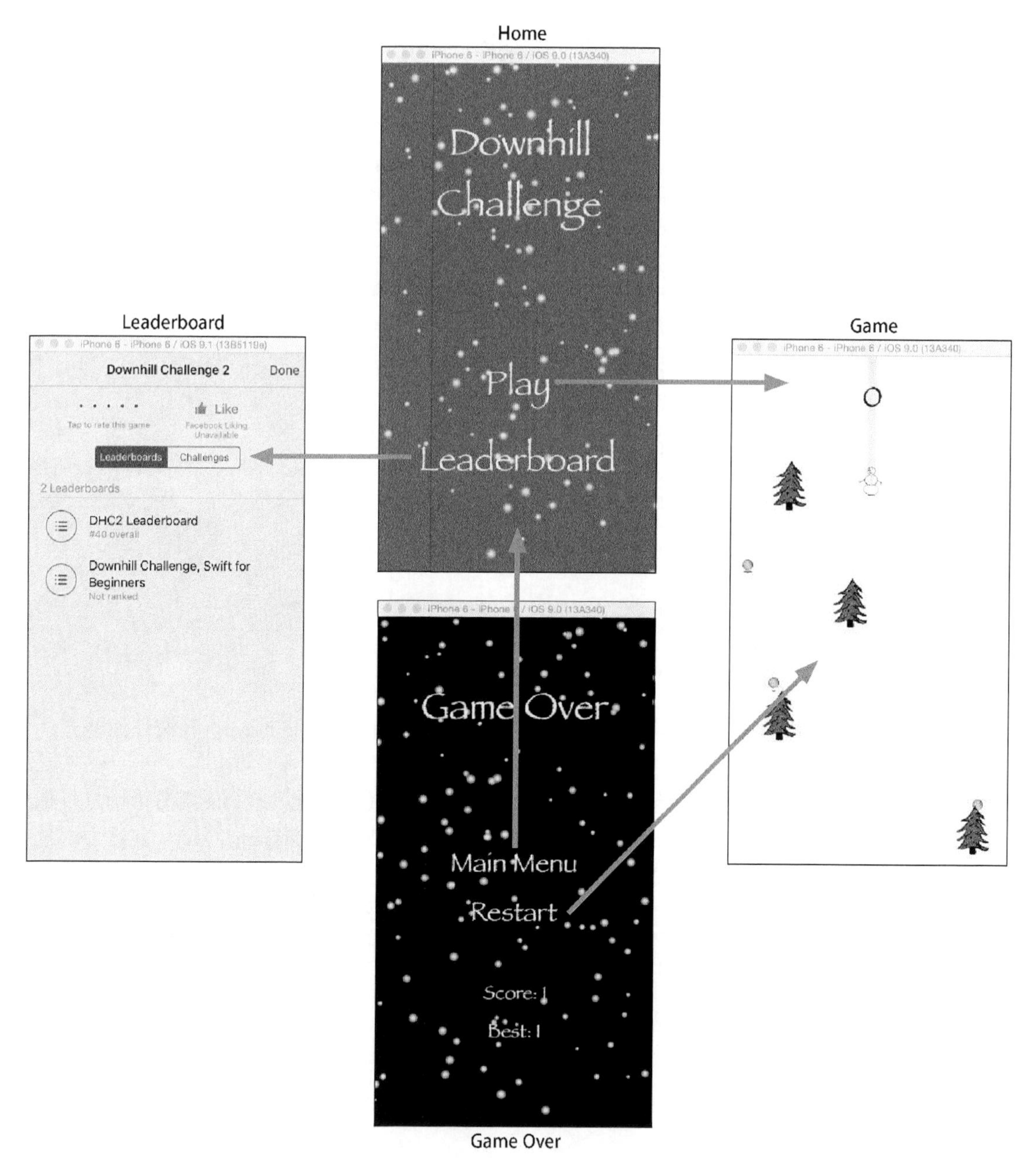

图11-4　场景Home、Game、Game Over和Leaderboard

要了解这个游戏的流程，你可能需要玩多次。注意到滑雪者下滑时不断挥动胳膊，并在身后留下了踪迹。玩游戏时请注意音乐和音效，它们都是游戏体验的重要方面，其工作原理将稍后介绍。

11.4 研究这个项目的组织结构

玩了玩这款游戏后，该深入研究这个项目的组织结构了。返回到Xcode 7，并将视线转向左边的导航器区域，其中列出了这个项目引用的大量编组和文件，如图11-5所示。

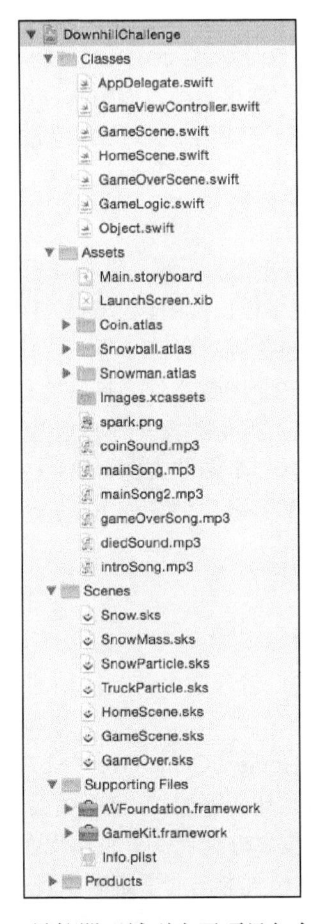

图11-5 导航器区域列出了项目包含的文件

11.4.1 类

编组Classes包含Swift源文件，这些文件负责处理游戏逻辑、视图控制器等。要研究这个游戏，你必须熟悉下列文件。

- AppDelegate.swift：你在本书的其他项目中见过这个文件，它定义了应用程序的各种入口和出口方法。
- GameViewController.swift：这个类是从UIViewController派生而来的，包含支持游戏主

视图的代码。

- GameScene.swift：这个类是从特殊的SpriteKit类SKScene派生而来的，它提供了创建环境的Swift代码，精灵和其他游戏内容将渲染到这个环境中。
- HomeScene.swift：这个类也是从SpriteKit类SKScene派生而来的，它包含创建场景Home（游戏开始后显示的场景）的代码。
- GameOverScene.swift：这个类也是从SKScene派生而来的，包含场景Game Over的逻辑。
- Object.swift：这个类用于表示游戏元素，如树木和金币。
- GameLogic.swift：这个类实现了这款游戏涉及的其他逻辑。

11.4.2　素材

编组Assets包含游戏素材，这包括音效、图像文件和音乐等。

- Main.storyboard：游戏的主故事板，其中包含GameViewController。
- LaunchScreen.xib：这个文件包含游戏启动屏幕。
- Coin.atlas：这个文件夹包含12个图像文件，这些文件用于表示金币动画帧。
- Snowball.atlas：这个文件夹包含4个图像文件，这些文件用于表示雪球动画帧。
- Snowman.atlas：这个文件夹包含3个图像文件，这些文件用于表示滑雪者动画帧。

这个编组还包含游戏使用的音乐和音效文件。你可单击每个图像和声音文件，在Xcode中预览它，这有助于理解动画的工作原理。

11.4.3　场景

编组Scenes包含一些.sks文件，它们包含这个游戏使用的图形素材。请尝试在导航器区域中单击这些文件，以查看其内容。

- Snow.sks：这个文件包含场景Home和Game Over中下落的雪花。
- SnowMass.sks：这个文件包含雪球向下滚时出现在它后面的雪花。
- SnowParticle.sks：这个文件包含滑雪者下滑时出现在他身后的踪迹。
- TruckParticle.sks：这个文件包含卡车向下走时出现在它后面的大雪花。

其他的.sks文件都被用于场景Home、Game和Game Over。

11.5　探索源代码

现在该深入研究一些源代码了。考虑到这款游戏的规模，要研究每个文件的每行代码不现实，因此这里只介绍最重要的部分，并为你自行研究其他部分提供一般性指南。

11.5.1　场景 Home

在场景Home中，玩家可开始游戏，还可查看Game Center排行榜。这是游戏启动后你看到的第一个场景，很有必要对其进行探索。它类似于其他两个场景类：GameScene.swift和GameOver-Scene.swift。

单击导航器区域中的文件HomeScene.swift，以显示其源代码，再将注意力转向从第15行开始的代码。

HomeScene类是从SpriteKit类SKScene派生而来的，它还遵守了协议GKGameCenterController-Delegate。为处理游戏的背景音乐以及类型为SKLabelNode的文本节点，声明了一个变量和众多的常量。还有一个SKEmitterNode对象，它加载在前面见过的文件Snow.sks。

```
class HomeScene: SKScene, GKGameCenterControllerDelegate {

    var backgroundMusic = AVAudioPlayer()

    let title1 : SKLabelNode = SKLabelNode(text: "Downhill")
    let title2 : SKLabelNode = SKLabelNode(text: "Challenge")
    let playButton : SKLabelNode = SKLabelNode(text: "Play")
    let gamecenter : SKLabelNode = SKLabelNode(text: "Leaderboard")

    let snow : SKEmitterNode = SKEmitterNode(fileNamed: "Snow.sks")!
```

咱们暂时跳过第26~33行，将重点放在始于第35行的方法setupAudioPlayerWithFile()上。这个函数负责使用一个音频文件创建一个音频播放器（第56行将调用这个音频播放器，给这个场景播放背景音乐）。

```
func setupAudioPlayerWithFile(file: String, type: String) -> AVAudioPlayer {
    let path = NSBundle.mainBundle().pathForResource(file, ofType: type)
    let url = NSURL.fileURLWithPath(path!)

    var audioPlayer : AVAudioPlayer?
```

接下来的几行你应该不陌生，因为Swift错误处理在前一章刚讨论过：

```
    do {
        audioPlayer = try AVAudioPlayer(contentsOfURL: url)
    } catch let error1 as NSError {
        print("\(error1)")
        audioPlayer = nil
    }

    return audioPlayer!
}
```

你应该还记得，所有可能引发错误的代码都应放在do子句中。创建AVAudioPlayer实例的函数可能引发错误（为核实这一点，可按住Command键并单击这个类名以显示其init方法，你将发现其中使用了关键字throws），因此在调用这个函数的代码前添加了关键字try。最后，catch子句包含发生错误时将指定的代码。

接下来的方法gameCenterViewControllerDidFinish()是一个简单的回调函数，在玩家触摸Done按钮以关闭Game Center排行榜时被调用。要让它被调用，可在第51行设置一个断点，在运行游戏并在场景Home中选择Leaderboard；排行榜屏幕出现后，再触摸该视图右上角的Done。

```
func gameCenterViewControllerDidFinish(gameCenterViewController:
→ GKGameCenterViewController) {
    gameCenterViewController.dismissViewControllerAnimated(true,
    → completion: nil)
}
```

下一个方法在场景Home出现后被调用。它首先调用刚才介绍过的方法setupAudioPlayer-WithFile()来创建对象backgroundMusic。这首序曲是从应用程序包中加载的，将不断地播放（因为numberOfLoops被设置为−1）。

```
// 设置视图
override func didMoveToView(view: SKView) {
    backgroundMusic = setupAudioPlayerWithFile("introSong", type: "mp3")
    backgroundMusic.numberOfLoops = -1
    backgroundMusic.volume = 0.25
    backgroundMusic.play()
```

接下来的几行代码设置背景色，调用SKScene的方法addChild()将节点snow添加到场景Home中，并以相对于场景Home的方式设置该节点的位置。

```
    backgroundColor = UIColor(red: 0, green: 125/255, blue: 1, alpha: 1)

    addChild(snow)
    snow.position = CGPointMake(size.width / 2, size.height)
```

接下来的几行代码调用方法setLabel()。这个方法是在第26~33行定义的（前面我们跳过了这些代码）。基本上，这是一个便利方法，它接受如下参数：一个SKLabelNode对象，标签的字体名、字号、*x*和*y*坐标以及颜色。在这个游戏中，场景Home显示的4个标签就是这些代码创建的。

```
    setLabel(title1, labelName: "Title1", fontName: "Papyrus",
    → fontSize: 50, xPos: size.width / 2, yPos: size.height * 0.82,
    → fontColor: UIColor.whiteColor())
    setLabel(title2, labelName: "Title2", fontName: "Papyrus",
    → fontSize: 50, xPos: size.width / 2, yPos: size.height * 0.70,
    → fontColor: UIColor.whiteColor())
    setLabel(playButton, labelName: "Play", fontName: "Papyrus",
    → fontSize: 45, xPos: size.width / 2, yPos: size.height * 0.35,
    → fontColor: UIColor.whiteColor())
    setLabel(gamecenter, labelName: "Leaderboard", fontName: "Papyrus",
    → fontSize: 45, xPos: size.width / 2, yPos: size.height * 0.2,
    → fontColor: UIColor.whiteColor())
}
```

玩家轻按场景Home中的标签Leaderboard时，将调用下面的方法showLeaderboard()。这个方法创建Cocoa类GKCameCenterViewController的一个实例，并设置排行榜标识符。这是一个独一无二的ID，让玩家能够通过Game Center彼此比较得分。最后，这个方法显示这个视图控制器，让玩家能够与之交互。

```
func showLeaderboard() {
    let gcViewController: GKGameCenterViewController =
    → GKGameCenterViewController()
    gcViewController.gameCenterDelegate = self
```

```
        gcViewController.viewState = GKGameCenterViewControllerState.Leaderboards

        gcViewController.leaderboardIdentifier = "dhc-sfb.leaderboard"

        let vc : UIViewController = self.view!.window!.rootViewController!
        vc.presentViewController(gcViewController, animated: true, completion: nil)
    }
```

这个类的最后一个方法重写了方法touchesBegan()。这个方法在触摸开始时被调用，并将一个UITouch对象集合作为参数。在这个方法中，对集合中的每个UITouch对象都进行分析，看看它表示的触摸是否发生在这个场景内，如果是这样的，再确定触摸发生在该场景的哪个节点内。由于我们只关心触摸的是否是标签节点Play或Leaderboard，因此只检查触摸是否发生在这两个节点内。如果触摸的是节点Play，就暂停背景音乐，并显示场景Game；如果触摸的是节点Leaderboard，就调用方法showLeaderboard()。

```
    // 触摸开始时被调用
        override func touchesBegan(touches: Set<UITouch>, withEvent event:
        → UIEvent?) {
            for touch in (touches ) {

                let touchedScreen = touch.locationInNode(self)
                let touchedNode = self.nodeAtPoint(touchedScreen)

                if touchedNode.name == "Play" {
                    backgroundMusic.pause()
                    let scene = GameScene(size: self.scene!.size)
                    self.scene?.view?.presentScene(scene, transition:
                    → SKTransition.fadeWithColor(UIColor.whiteColor(),
                    → duration: 0.5))
                }
                if touchedNode.name == "Leaderboard" {
                    showLeaderboard()
                }
            }
        }
    }
```

至此，HomeScene类就介绍完了。这个类用于创建和处理游戏启动后用户看到的第一个屏幕中的交互式元素，这些元素是由SKNode对象表示的。

其他两个场景类文件GameScene.swift和GameOverScene.swift分别处理场景Game和Game Over。游戏本身的逻辑是在GameScene.swift中实现的，因此请单击导航器区域中的这个文件，在编辑器中显示其代码。

11.5.2 场景 Game

实现游戏行为的大部分代码都包含在文件GameScene.swift中，这个文件包含GameScene类的逻辑，而GameScene类是从SKScene派生而来的，并遵守了协议SKPhysicsContactDelegate。协议

SKPhysicsContactDelegate定义了两个方法，用于检测两个对象是否有接触。这被称为碰撞检测，对指定精灵如何彼此交互至关重要。

声明了大量与速度和计分相关的变量，声明了一个用于表示雪花的SKEmitterNode对象。还创建了一个GameLogic对象，用于处理各种对象的值。

```
class GameScene: SKScene, SKPhysicsContactDelegate {

    var backgroundMusic = AVAudioPlayer()
    var coinCounter : Int = 0
    var playerSpeed : CGFloat = 240
    var pSpeed : NSTimeInterval = 200
    var upSpawn : Bool = false
    var actionCounter : Bool = false
    let trailParticle : SKEmitterNode = SKEmitterNode(fileNamed:
    → "SnowParticle.sks")!
    var gameLogic = GameLogic(tSpeed: 4.5, tRespawn: 0.5, sSpeed: 10,
    → sRespawn: 18, cSpeed: 5.2, cRespawn: 0.6, trSpeed: 4, trRespawn: 18)
    var didComeToGame : Bool = true

    let number = NSUserDefaults.standardUserDefaults()

    let player = NewObject(imageName: "Snowman", scaleX: 0.63,
    → scaleY: 0.63).addSprite()
```

NewObject类是在文件Object.swift中定义的，它用于创建雪球、树木和金币对象。这个类跟踪这些对象的尺寸以及它们在屏幕上的位置。

```
    let snowball = NewObject(imageName: "Snowball", scaleX: 0.7, scaleY: 0.7)
    let tree = NewObject(imageName: "Tree", scaleX: 0.7, scaleY: 0.7)
    let coin = NewObject(imageName: "Coin", scaleX: 0.25, scaleY: 0.25)
```

接下来，创建了得分和帮助标签节点，并加载了滑雪者动画——一个包含一系列连续图像的atlas文件。在导航器区域中，列出了所有的atlas文件。

```
    var score : SKLabelNode = SKLabelNode(text: "0")
    let help : SKLabelNode = SKLabelNode(text: "Tap or hold sides to move")

    let snowmanAnimation : SKTextureAtlas = SKTextureAtlas(named:
    → "Snowman.atlas")
    var snowmanArray = Array<SKTexture>()
    var coinArray = Array<SKTexture>()
```

在屏幕上显示这个场景时，将调用下面的方法——didMoveToView()。它播放金币声音和新的背景音乐，并让玩家轻按或按住屏幕边缘来移动滑雪者。玩家轻按后，游戏便会开始。

```
/* 在这里设置场景 */
override func didMoveToView(view: SKView) {

    playCoinSound()

    snowmanArray.append(snowmanAnimation.textureNamed("Snowman1"))
    snowmanArray.append(snowmanAnimation.textureNamed("Snowman2"))
    snowmanArray.append(snowmanAnimation.textureNamed("Snowman3"))
```

```
    backgroundMusic = setupAudioPlayerWithFile("mainSong2", type: "mp3")
    backgroundMusic.numberOfLoops = -1
    backgroundMusic.play()
    backgroundMusic.volume = 0.2

    self.backgroundColor = UIColor.whiteColor()
    physicsWorld.contactDelegate = self

    trailParticle.targetNode = self.scene
    trailParticle.zPosition = 0

    // 得分标签
    score.position = CGPointMake(size.width / 2, size.height * 0.90)
    score.fontName = "Papyrus"
    score.fontColor = UIColor.blackColor()
    score.fontSize = 40
    score.zPosition = 10

    help.position = CGPointMake(size.width / 2, size.height / 2)
    help.fontName = "Papyrus"
    help.fontColor = UIColor.blackColor()
    help.fontSize = 25
    help.zPosition = 10
```

接下来，调用第101行定义的方法setPlayer()来创建滑雪者，并调用第162行定义的方法snowmanAnimate()来创建一个SKAction对象，以生成滑雪者动画。

```
    setPlayer()

    addChild(help)
    snowmanAnimate()
}
```

我们关心的第一个方法是第216行的didBeginContact()，它是检测滑雪者是否与其他对象（如树木或金币）发生碰撞的核心方法，由SpriteKit自动调用。

请在第219行放置一个断点，再选择Xcode菜单Product > Run，在模拟器中运行这个游戏。滑雪者与其他任何对象发生碰撞后，就将执行到这个断点处：

```
if contact.bodyA.categoryBitMask < contact.bodyB.categoryBitMask {
    firstBody = contact.bodyA
    secondBody = contact.bodyB
} else {
    firstBody = contact.bodyB
    secondBody = contact.bodyA
}
let contactMask = firstBody.categoryBitMask | secondBody.categoryBitMask
```

这个方法接受一个SKPhysicsContact对象，其中包含两个发生碰撞的对象。每个对象都有一个categoryBitMask属性，该属性的值是在枚举Body（文件Object.swift的第13行）中定义的。通过将这两个对象的categoryBitMask值执行逻辑OR运算，得到一个contactMask对象。在第229行的switch语句中，根据这个contactMask对象决定要采取的措施。例如，如果与滑雪者碰撞的是一个金币（第244行的case 10），就播放金币声音，将得分加1，更新文本，并将表示该金币的节点secondBody从其父节点中删除——这相当于让这个金币消失。

接下来的函数在不同的时点被调用，以创建出现在屏幕上的对象。请在第286行设置一个断点，并接着执行程序。

```
func moveTree() {
addChild(tree.setMovingTree(randomTreeLocation(), destination:
→ CGPoint(x: 0, y: size.height * 2), speed: gameLogic.treeSpeed))
}
```

到达这个断点时，将在场景中添加一棵位置随机、速度特定的树。还有创建雪球、金币和卡车的函数。

第360行的方法update()来自SKScene类，在游戏中渲染每个帧时都将调用它。在这个方法中，可添加一些做出游戏决策的代码；这里使用switch语句检查表示得分的变量coinCounter的值：得分越高，在屏幕上显示的对象越多，游戏的节奏也越快。

```
/* 在渲染每一帧之前被调用*/
    override func update(currentTime: CFTimeInterval) {

        switch coinCounter {
        case 15:
            if upSpawn == false {
                gameLogic.treeRespawn = 0.3
                upSpawn = true
            }
        case 25:
            if upSpawn == false {
                gameLogic.treeRespawn = 0.22
                upSpawn = true
            }
        case 50:
            if upSpawn == false {
                playerSpeed += 5
                gameLogic.treeRespawn  = 0.18
                upSpawn = true
            }
        case 100:
            if upSpawn == false {
                gameLogic.snowballRespawn = 10
                gameLogic.treeRespawn  = 0.15
                upSpawn = true
            }
        case 200:
            if upSpawn == false {
                gameLogic.truckRespawn = 13
                upSpawn = true
            }
        default:
            upSpawn = false
        }
    }
```

接下来的方法didEvaluateActions()也来自SKScene类，在SKScene的子类中通常对其进行重写。在每一帧中，SpriteKit都会自动调用这个方法，它让你有机会调整精灵的行为。在这个函数中，确定玩家的得分。得分到达一定的程度后，就运行更多的操作（action）。作为一个有趣的练习，请将第396行的case 15改为case 2，并再次运行这个游戏。等你捡拾两个金币后，马上就有一个巨大的雪球在后面追你！

```
override func didEvaluateActions() {
    switch coinCounter {
    case 15:
        if actionCounter == false {
            //gameLogic.treeRespawn = 0.3
            runActions(runTree: true, runSnowball: true, runCoin: false,
            → runTruck: false)
            actionCounter = true
        }
    case 25:
        if actionCounter == false {
            runActions(runTree: true, runSnowball: false, runCoin: true,
            → runTruck: false)
            actionCounter = true
        }
    case 50:
        if actionCounter == false {
            runActions(runTree: true, runSnowball: false, runCoin: false,
            → runTruck: true)
            actionCounter = true
        }
    case 100:
        if actionCounter == false {
            runActions(runTree: true, runSnowball: true, runCoin: false,
            → runTruck: false)
            actionCounter = true
        }
    case 200:
        if actionCounter == false {
            runActions(runTree: false, runSnowball: false, runCoin: false,
            → runTruck: true)
            actionCounter = true
        }
    default:
        actionCounter = false
    }
  }
}
```

11.5.3 游戏视图控制器

最后，来看一下GameViewController.swift类。这个文件的代码用于支持文件Main.storyboard中的视图控制器。这个视图控制器是从UIViewController类派生而来的，负责显示和操作屏幕上的视图。

第9~11行导入这个游戏所需的框架：

```
import UIKit
import SpriteKit
import GameKit
```

你已见过SKNode及其子类多次，它是SpriteKit框架中的一个核心类，用于表示游戏中可见的元素。这里声明了一个SKNode类扩展，其中只包含一个类方法——unarchiveFromFile()；这个方法接受一个参数——一个文件名，指出了SpriteKit对象在文件系统中的位置。

```
extension SKNode {
    class func unarchiveFromFile(file : String) -> SKNode? {
        if let path = NSBundle.mainBundle().pathForResource(file, ofType: "sks") {
            let sceneData = try! NSData(contentsOfFile: path, options:
            →.DataReadingMappedIfSafe)
            let archiver = NSKeyedUnarchiver(forReadingWithData: sceneData)

            archiver.setClass(self.classForKeyedUnarchiver(), forClassName: "SKScene")
            let scene = archiver.decodeObjectForKey
            → (NSKeyedArchiveRootObjectKey) as! HomeScene
            archiver.finishDecoding()
            return scene
        } else {
            return nil
        }
    }
}

class GameViewController: UIViewController {
```

在这个类中，第一个方法是viewDidLoad()，它在视图已加载并即将显示时被调用。这个方法首先调用超类的同名方法，再调用GKLocalPlayer类的方法localPlayer()，以创建一个用于连接到Game Center的对象。

```
override func viewDidLoad() {
    super.viewDidLoad()

    let localPlayer : GKLocalPlayer = GKLocalPlayer.localPlayer()
```

这个对象的身份验证处理程序（authentication handler）被设置为一个闭包，游戏开始时将自动调用这个闭包。向这个闭包传递了一个视图控制器和一个错误。如果传入的视图控制器有效，将显示该视图控制器，让用户能够登录Game Center。如果用户已经登录，将在屏幕顶部显示一条通知，指出用户已通过身份验证。

```
    localPlayer.authenticateHandler = {(viewController, error) -> Void in
        if (viewController != nil) {
            self.presentViewController(viewController!, animated: true, completion: nil)
        } else {
            if GKLocalPlayer().authenticated == false {
                print("Player will be authenticated.")
            }
        }
```

```
    }
```

下一个代码块加载HomeScene对象。如果成功，变量scene将包含一个引用，该引用指向加载的HomeScene（导航器区域中相应的.sks文件）。还将创建一个新变量——skView，并让它指向该视图控制器的视图。关键字as将self.view强制转换为一个SKView（UIView子类）对象，因为self.view原本就是一个SKView对象。如果没有这个关键字，self.view的类型将被视为UIView。

SKView类包含指定是否显示帧速和节点数的属性，这些属性都被设置为false。

```
if let scene = HomeScene.unarchiveFromFile("HomeScene") as? HomeScene {
        // 配置视图.
        let skView = self.view as! SKView
        skView.showsFPS = false
        skView.showsNodeCount = false
        scene.size = skView.bounds.size

        /* SpriteKit执行额外的优化，以提高渲染性能 */
        skView.ignoresSiblingOrder = true

        /* 设置缩放模式，让视图适合窗口 */
        scene.scaleMode = .AspectFill
```

最后，这个视图需要显示前面加载的场景，让场景出现在视图和设备屏幕上。

```
        skView.presentScene(scene)
    }
}
```

11.5.4 全面了解

终于可以歇口气了！前面通过介绍源代码澄清了这个游戏中的几个要点，但可能给你带来了更多的疑问。这是可以理解的，因为幕后发生的事情很多。建议你花时间详细研究这个游戏的源代码，并阅读有关SpriteKit和GameKit的Xcode文档，更深入地了解这些功能强大的框架。

在源代码中寻找有趣的地方，在那里放置一个断点，并运行游戏。到达断点处后查看栈跟踪和方法中的变量，并四处查看以了解这款游戏的工作原理。大胆地修改代码，再重新运行游戏，看看修改带来的影响。这就是学习新东西的方式！

11.6 独闯江湖

祝贺你阅读完了本书，但坦率地说，你的Swift旅程才刚刚开始。你阅读了本书，完成了其中的示例，输入并运行了其中的代码；这些投资等你将所学知识付诸应用时将慢慢带来回报。

在你独自踏上Swift探索之旅前，要送给你几句箴言，但愿能在你前行时提供指导。

11.6.1 研究苹果公司提供的框架

Cocoa和Cocoa Touch包含很多框架和库。与这些框架一道提供的还是大量的文档，可通过Xcode

的Help菜单访问它们。一开始可能难以消化，但假以时日你的知识将稳步增长。训练有素的木工能够根据手头的工作选择最佳的工具，同样，你也将学会根据要执行的任务选择合适的框架和类。

11.6.2　加入苹果开发者计划

如果你要将编写的应用程序提交到App Store，必须加入苹果开发者计划，其年费为99美元。这样你就可获得软件和开发工具的最新beta版以及大量其他的资源（如苹果提供的示例应用程序代码）。

除上述显而易见的好处外，加入开发人员计划后，你还能获得苹果支持工程师提供的大量技术支持，让你能够利用个性化的支持服务来解决难题。你还能够访问开发人员论坛，其中有开发人员和苹果工程师参与帮助解决问题。

11.6.3　成为社区的一分子

无论你身处有大量志同道合的Swift开发人员的大城市，还是身处远离城市喧嚣的乡间，都请考虑加入数量日益庞大的Swift和苹果在线社区。请加入公共论坛、邮件列表以及能够找到的任何在线社区。

如果经济条件允许，还可考虑参加众多iOS和Mac开发会议。传统上，CocoaConf和MacTech Conference等以技术为中心的会议都专注于Objective-C开发，但随着Swift成为苹果设备的主流开发语言，情况肯定会发生变化。通过参加这样的会议，你将有机会向社区中著名的发言人讨教。我个人的经验表明，他们人都很好，既平易近人又乐于助人。

11.6.4　活到老学到老

对任何投资来说，成功的关键都是长期的持续增长。建议你学习并研究苹果开发者网站及其他网站上众多的示例代码，以增长Swift知识。不耻下问，与人分享知识和想法并继续专注于基础知识。静下心来，把Swift语言中一些难懂的地方搞懂。

stackoverflow.com等网站专注于帮助解决编译器错误或与特定类相关的问题。请利用这个网站或类似网站上其他Swift开发人员的智慧加深你对这种语言的理解，同时别忘了在有人需要帮助时伸出援手。

11.6.5　一路平安

我们一起完成了一次有趣的旅行，是该你独自使用Swift给人们打造卓越产品的时候了。你已经打下了坚实的基础，请继续学习和探索Swift吧。以后你就得靠自己了。

现在就去改变这个世界吧！

延 展 阅 读

- 中文版累计销量逾 60000 册
- Swift 和 Objective-C 双语版
- 全球数百万开发者交口称赞的 iOS 开发圣经

书号：978-7-115-40111-3
定价：118.00 元

- Swift 和 Objective-C 双语讲解
- 畅销书全新升级，累计销量 60000 册
- 数百个项目案例 + 两个真实项目开发全过程

书号：978-7-115-42318-4
定价：109.00 元

- 美国国家安全局全球网络漏洞攻击分析师、连续 4 年 Pwn2Own 黑客竞赛大奖得主 Charlie Miller 主笔
- 作者阵容超级豪华，6 位均为信息安全领域大名鼎鼎的顶级专家，各有所长，且多有专著出版
- 国内唯一专注 iOS 平台漏洞、破解及安全攻防的中文专著

书号：978-7-115-32848-9
定价：69.00 元

延展阅读

维克多·雨果曾说过："未来将属于两种人：思想的人和劳动的人。"对各种事物都有着深刻好奇心和善于考据的思维方式的阮一峰，无疑是一个思想的人，一位对一切美好事物及感情充满向往的真正意义上的知识分子。阮一峰广泛涉猎，善于思考，勤于总结，并且乐于分享：他将自己从一本书、一部电影或者一段经历中所得的感受和思考，都发表在了2003年开通的博客上。累积至今的1500余篇博文，书写了各种庞杂的知识，理性且不乏人文关怀，试图以个人单薄的力量向社会传达一种向善的理想，希望通过这些文章来告诉大家如何做一个独立思考者。

书号：978-7-115-37364-9
定价：49.00 元

本书介绍了时下最流行的时间管理方法之一——番茄工作法。作者根据亲身运用番茄工作法的经历，以生动的语言，传神的图画，将番茄工作法的具体理论和实践呈现在读者面前。番茄工作法简约而不简单，本书亦然。在番茄工作法一个个短短的25 分钟内，你收获的不仅仅是效率，还会有意想不到的成就感。本书适合所有志在提高工作效率的人员，尤其是软件工作人员和办公人员。

书号：978-7-115-36936-9
定价：39.00 元

- **Amazon 计算机暨设计类榜首图书**
- **创全球百万销量的畅销书最新版**

在这个创意无处不在的时代，越来越多的人成为设计师。简历、论文、PPT、个人主页、博客、活动海报、给客人的邮件、名片……，处处都在考验你的设计能力。美术功课不好？没有艺术细胞？毫无设计经验？
没关系！在设计大师RobinWilliams看来，设计其实很简单。在这部畅销全球多年、影响了一代设计师的经典著作中，RobinWilliams将优秀设计的秘诀归纳为对比、重复、对齐和亲密性四条基本原则，并用简洁通俗、幽默生动的文笔，同时配以大量经过修改进行前后对比的实例图解和设计练习（并提供解答），直观清晰地传授给读者。通过本书，普通读者很快就能够自信地设计出专业级别的作品，而专业设计师也将从中获得灵感和解决问题的途径。

书号：978-7-115- 39598-6
定价：79.00 元